全国监理工程师职业资格考试辅导用书

建设工程目标控制（土木建筑工程）
历年真题+考点解读+专家指导

全国监理工程师职业资格考试辅导用书编写委员会　编写

中国建筑工业出版社

图书在版编目（CIP）数据

建设工程目标控制（土木建筑工程）历年真题＋考点
解读＋专家指导／全国监理工程师职业资格考试辅导用书
编写委员会编写．—北京：中国建筑工业出版社，
2024.1
全国监理工程师职业资格考试辅导用书
ISBN 978-7-112-28939-4

Ⅰ.①建…　Ⅱ.①全…　Ⅲ.①土木工程—目标管理—
资格考试—自学参考资料　Ⅳ.①TU723

中国国家版本馆CIP数据核字（2023）第130885号

　　本书按照考试大纲要求编写，在编写中将命题要点以图表结合方式作了深层次的剖析
和总结，并将重要采分点、易考查采分点等加注下划线，从而有效地帮助考生从纷繁复杂
的学习资料中脱离出来，达到事半功倍的复习效果。精选典型真题，对易错点、易混项、
计算难点等详细剖析讲解，悉心点拨考生破题技巧，帮助考生掌握考试命题规律和趋势。

　　编写组从各考点的复习难度、命题规律、考试特点、考试题型等方面进行分析、预测，
传授备考策略，提炼记忆口诀，帮助考生拓宽学习思路，解决死记硬背的问题。

　　本书具有较强的指导性和实用性，可供参加全国监理工程师职业资格考试的考生作为
复习指导书。

责任编辑：张　磊　王砾瑶
责任校对：姜小莲

全国监理工程师职业资格考试辅导用书

建设工程目标控制（土木建筑工程）历年真题＋考点解读＋专家指导
全国监理工程师职业资格考试辅导用书编写委员会　编写
＊
中国建筑工业出版社出版、发行（北京海淀三里河路9号）
各地新华书店、建筑书店经销
北京点击世代文化传媒有限公司制版
建工社（河北）印刷有限公司印刷
＊
开本：787毫米×1092毫米　1/16　印张：22½　字数：491千字
2024年1月第一版　2024年1月第一次印刷
定价：69.00元（含增值服务）
ISBN 978-7-112-28939-4
　　　（41668）

前/言

　　根据国务院推进"放管服"改革部署,规范职业资格设置和管理,经国务院同意,2017 年 9 月,人力资源社会保障部印发《人力资源社会保障部关于公布国家职业资格目录的通知》(人社部发〔2017〕68 号),将监理工程师列入国家职业资格目录清单,由住房和城乡建设部、交通运输部、水利部和人力资源社会保障部(以下简称四部门)实施。根据《国家职业资格目录》,为统一、规范监理工程师职业资格设置和管理,2020 年 2 月 28 日四部委印发《监理工程师职业资格制度规定》《监理工程师职业资格考试实施办法》,明确了监理工程师职业资格考试设置基础科目和土木建筑工程、交通运输工程、水利工程 3 类专业科目,全国统一大纲、统一命题、统一组织。考试共设《建设工程监理基本理论和相关法规》《建设工程合同管理》《建设工程目标控制》《建设工程监理案例分析》4 个科目。其中《建设工程监理基本理论和相关法规》《建设工程合同管理》为基础科目,《建设工程目标控制》《建设工程监理案例分析》为专业科目。

　　为了帮助广大考生能在较短时间内适应考试,掌握考试重点、难点,迅速提高应试能力和答题技巧,我们组织了一批优秀的考试辅导名师编写了《全国监理工程师职业资格考试辅导用书》。本套丛书包括 6 个分册,分别是:《建设工程监理基本理论和相关法规历年真题 + 考点解读 + 专家指导》《建设工程合同管理历年真题 + 考点解读 + 专家指导》《建设工程目标控制(土木建筑工程)历年真题 + 考点解读 + 专家指导》《建设工程目标控制(水利工程)历年真题 + 考点解读 + 专家指导》《建设工程监理案例分析(土木建筑工程)历年真题 + 考点解读 + 专家指导》《建设工程监理案例分析(水利工程)历年真题 + 考点解读 + 专家指导》。

　　本套丛书的基本内容包括:

　　【考生必掌握】这部分具有两大特点:

　　一是通过对监理工程师职业资格考试命题规律的总结、定位,将考试的命题要点作了深层次的剖析和总结,图表结合讲解,可帮助考生有效形成基础知识的提炼和升华。

　　二是将重要采分点、易考查采分点等加注下划线,提示考生要特别注意,省却了考生勾画重点的精力。

【**历年这样考**】依托历年众多真题，对易错点、易混项、计算难点等详细剖析讲解，全面引领考生答题方向，悉心点拨考生破题技巧，有效突破考生的思维固态。

【**还会这样考**】编写组在编写过程中，根据考试大纲，结合考试教材，重点筛选后编写了考试还可能会涉及的题目，有利于考生对知识点的全面掌握。

本书还有一大亮点，在文中穿插了【**想对考生说**】【**考生这样记**】等灵活板块。

【**想对考生说**】编写组从各考点的复习难度、命题规律、考试特点、考试题型等方面进行分析、预测，传授备考策略，帮助考生拓宽学习思路，提高学习效率。

【**考生这样记**】编写组根据多年的教学辅导经验，将难理解、难记忆的知识点进行总结，提炼记忆口诀，从而解决了考生死记硬背的问题，达到事半功倍的效果。

【**为考生服务**】为了配合考生的备考复习，我们配备了专家答疑团队，开通了答疑 QQ 群 832215589（加群密码：助考服务）和微信（wfxm-edu），及时为考生提供解答服务。考生还可以通过关注微信公众号（建知云服务）或扫描右方二维码获取考试资讯、了解行业动态，获取冲刺试卷。

建知云服务

目 / 录

本书特色

采分点2 总进度目标论证的工作步骤

【考生必掌握】

总进度目标论证的工作步骤如图3-1-2所示。

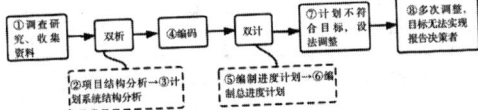

图 3-1-2 总进度目标论证的工作步骤

> 图表结合，
> 对比记忆，
> 重点勾画，
> 加深理解

一、赢得值法

【考生必掌握】

【想对考生说】

赢得值法要计算3个基本参数和4个评价指标，而且计算公式都很相似。

掌记忆容易混淆，下面给考生总结了记忆方案，考生可以按照此方法来复习。

1. 3个基本参数

3个基本参数可按表2-7-11记忆。

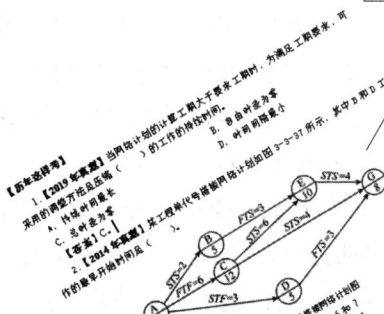

2. 4个评价指标

4个评价指标可按表2-7-13记忆。

【考生这样记】该采分点的计算公式比较多，在记忆上容易混淆，下面给考生总结一个方法，可以快速的记忆。

(1) 在到岸之前会产生4个费用，它们是货价、国外运费、国外运输保险费和银行财务费（三费一价），它们的计算基数是离岸价，乘以相应费费率或汇率。

(2) 在到岸之后会产生4个费用，它们是外贸手续费、进口关税、增值税和消费税（三税一费），它们的计算基数是到岸价，乘以相应费费率或税率。

(3) 特殊的公式是国外运输保险费、消费税，需要特别记忆。

> 总结记忆技巧，
> 分析考试题型，
> 提高复习效果

【历年这样考】

【想对考生说】该采分点会考查四种题型，增值税、进口关税考查较多。

一是各构成费用的计算；

二是对于公式的表述是否正确；

三是某项费用的计算基数；

四是低岸价的计算。

> 精心筛选典型真题，
> 重难真题深度解析，
> 指导考生答题方向

> 预测考试题目，
> 轻松应对考试

【正这样考】

应用价值工程原理进行功能评价时，表明评价对象的功能与成本较匹配，暂不需要意改进的情况是价值系数（ ）。

A. 大于1 B. 等于1

C. 大于0 D. 小于1

【答案】B。

价值工程应用中，如果评价对象的价值系数$V<1$，则正确的策略是（ ）。

A. 剔除不必要功能来降低成本 B. 提高对象的功能及降低现其成本

C. 不考价（工程技术对象 D. 提高对象某本或增加其功能来提高对象价值的方法是

【答案】B。

价值工程活动中，用来确定产品功能价值的方法是（ ）。

【历年这样考】

1.【2019年真题】当网络计划的计算工期大于要求工期时，为满足工期要求，可（ ）的工作（或工作的持续时间）。

A. 缩短关键线路上 B. 任意时差为零

C. 总时差为零 D. 时间间隔最小

【答案】A。

2.【2014年真题】某工程采用等等搭接网络计划如图组织施工，如图3-3-37所示。其中B和D工作的最早开始时间是（ ）。

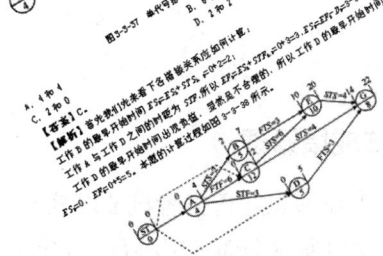

图 3-3-37 单代号搭接进度计划

A. 4 和 4 B. 6 和 2

C. 2 和 0 D. 1 和 2

【答案】

考试相关情况说明

一、报考条件

考试科目	报考条件
考全科	凡遵守中华人民共和国宪法、法律、法规，具有良好的业务素质和道德品行，具备下列条件之一者，可以申请参加监理工程师职业资格考试： 　　（1）具有各工程大类专业大学专科学历（或高等职业教育），从事工程施工、监理、设计等业务工作满4年； 　　（2）具有工学、管理科学与工程类专业大学本科学历或学位，从事工程施工、监理、设计等业务工作满3年； 　　（3）具有工学、管理科学与工程一级学科硕士学位或专业学位，从事工程施工、监理、设计等业务工作满2年； 　　（4）具有工学、管理科学与工程一级学科博士学位。 　　经批准同意开展试点的地区，申请参加监理工程师职业资格考试的，应当具有大学本科及以上学历或学位
免考基础科目	已取得监理工程师一种专业职业资格证书的人员，报名参加其他专业科目考试的，可免考基础科目。考试合格后，核发人力资源社会保障部门统一印制的相应专业考试合格证明。该证明作为注册时增加执业专业类别的依据。 　　具备以下条件之一的，参加监理工程师职业资格考试可免考基础科目： 　　（1）已取得公路水运工程监理工程师资格证书； 　　（2）已取得水利工程建设监理工程师资格证书

二、考试科目

　　监理工程师职业资格考试设《建设工程监理基本理论和相关法规》《建设工程合同管理》《建设工程目标控制》《建设工程监理案例分析》4个科目。其中《建设工程监理基本理论和相关法规》《建设工程合同管理》为基础科目，《建设工程目标控制》《建设工程监理案例分析》为专业科目。

　　监理工程师职业资格考试专业科目分为土木建筑工程、交通运输工程、水利工程3个专业类别，考生在报名时可根据实际工作需要选择。其中，土木建筑工程专业由住房和城乡建设部负责；交通运输工程专业由交通运输部负责；水利工程专业由水利部负责。

三、考试成绩管理

　　监理工程师职业资格考试成绩实行4年为一个周期的滚动管理办法，在连续的4个考试年度内通过全部考试科目，方可取得监理工程师职业资格证书。

免考基础科目和增加专业类别的人员，专业科目成绩按照 2 年为一个周期滚动管理。

四、注册管理

国家对监理工程师职业资格实行执业注册管理制度。取得监理工程师职业资格证书且从事工程监理相关工作的人员，经注册方可以监理工程师名义执业。

经批准注册的申请人，由住房和城乡建设部、交通运输部、水利部分别核发《中华人民共和国监理工程师注册证》（或电子证书）。

监理工程师执业时应持注册证书和执业印章。注册证书、执业印章样式以及注册证书编号规则由住房和城乡建设部会同交通运输部、水利部统一制定。执业印章由监理工程师按照统一规定自行制作。注册证书和执业印章由监理工程师本人保管和使用。

住房和城乡建设部、交通运输部、水利部按照职责分工建立监理工程师注册管理信息平台，保持通用数据标准统一。住房和城乡建设部负责归集全国监理工程师注册信息，促进监理工程师注册、执业和信用信息互通共享。

住房和城乡建设部、交通运输部、水利部负责建立完善监理工程师的注册和退出机制，对以不正当手段取得注册证书等违法违规行为，依照注册管理的有关规定撤销其注册证书。

01

第一部分

建设工程质量控制

微信扫码 免费听课

第一章
建设工程质量管理制度和责任体系

第一节　工程质量形成过程和影响因素

一、建设工程质量的特性

【考生必掌握】

质量特性包括七个方面:适用性(功能)、耐久性(满足功能要求使用)、安全性、可靠性(完成功能的能力)、经济性、节能性、与环境(生态环境、地区经济环境、周围已建工程)的协调性。

> 【想对考生说】
>
> 这部分内容在考查时有两种题型:
>
> 一是考查建设工程质量特性包括的内容。
>
> 二是对特性概念的考查。

【历年这样考】

1.【2023年真题】工程建设与使用中,保证人身和环境免受危害,是建设工程质量特性中的( )。

　A. 适用性　　　　B. 耐久性　　　　C. 安全性　　　　D. 可靠性

【答案】C。

2.【2022年真题】建设工程在竣工验收时达到规定的指标,且在规定的使用期内保持正常功能,体现的是建设工程质量的( )特性。

　A. 耐久性　　　　B. 安全性　　　　C. 可靠性　　　　D. 经济性

【答案】C。

3.【2021年真题】建设工程规定合理使用寿命期,体现了建设工程质量的( )特性。

　A. 适用性　　　　B. 耐久性　　　　C. 安全性　　　　D. 经济性

【答案】B。

【还会这样考】

建设工程质量特性表现为适用性、经济性、可靠性及（　　）等。

A. 耐久性　　　　　　　　　　　　B. 安全性

C. 与环境的协调性　　　　　　　　D. 系统性

E. 持续性

【答案】ABC。

二、工程建设阶段对质量形成的作用与影响

【考生必掌握】

工程建设阶段对质量形成的作用与影响如图 1-1-1 所示。

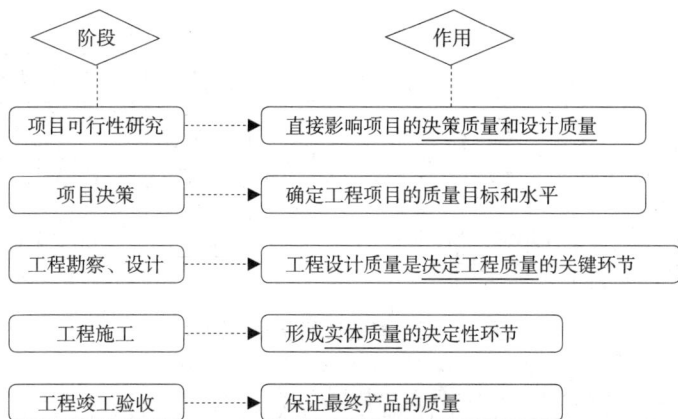

图 1-1-1　工程建设阶段对质量形成的作用与影响

【想对考生说】

这部分内容在考试时，一般会给出对质量形成的作用或影响，判断是哪个阶段。

【历年这样考】

1.【2020 年真题】工程建设的不同阶段，对工程项目质量的形成有不同的影响，其中直接影响项目决策质量和设计质量的阶段是（　　）。

A. 初步设计　　　　　　　　　　　B. 项目可行性研究

C. 施工图设计　　　　　　　　　　D. 方案设计

【答案】B。

2.【2019 年真题】工程建设过程中，形成工程实体质量的阶段是（　　）阶段。

A. 决策　　　　　　　　　　　　　B. 勘察

C．施工　　　　　　　　　　　　D．设计

【答案】C。

【还会这样考】

工程建设的不同阶段对工程项目质量的形成起着不同的作用和影响，决定工程质量的关键环节是（　　）。

A．项目可行性研究　　　　　　　B．项目决策

C．工程设计　　　　　　　　　　D．工程施工

【答案】C。

三、影响工程质量的因素

【考生必掌握】

影响工程质量的因素归纳起来有 5 个方面，即 4M1E，如图 1-1-2 所示。

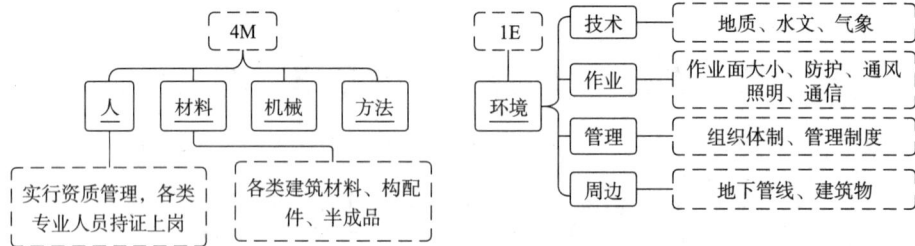

图 1-1-2　影响工程质量的因素

【考生这样记】

影响工程质量的因素：人材机法环。

【历年这样考】

【2016 年真题】在影响工程质量的诸多因素中，环境因素对工程质量特性起到重要作用。下列因素属于工程作业环境条件的有（　　）。

A．防护设施　　　　　　　　　　B．水文、气象

C．施工作业面　　　　　　　　　D．组织管理体系

E．通风照明

【答案】ACE。

【还会这样考】

1．建设工程质量受到多种因素的影响，下列因素中对工程质量产生影响的有（　　）。

A．人的身体素质　　　　　　　　B．材料的选用是否合理

C．施工机构设备的价格　　　　　D．施工工艺的先进性

E．工程社会环境

【答案】ABD。

2.工程材料是工程建设的物质条件，是工程质量的基础。工程材料包括（　　）。

A.建筑材料　　　　　　　　　　　B.构配件

C.施工机具设备　　　　　　　　　D.半成品

E.各类测量仪器

【答案】ABD。

第二节　工程质量控制原则

一、工程质量控制主体

【考生必掌握】

监控主体：政府、建设单位、监理单位。

自控主体：施工单位、勘察设计单位。

【想对考生说】

该考点的主要题型是判断备选项中的单位属于自控主体还是监控主体。

【历年这样考】

【2020年真题】下列工程质量控制主体中，属于自控主体的有（　　）。

A.政府质量监督部门　　　　　　　B.设计单位

C.施工单位　　　　　　　　　　　D.监理单位

E.勘察单位

【答案】BCE。

【还会这样考】

下列工程质量控制主体中，属于监控主体的有（　　）。

A.工程质量监督机构　　　　　　　B.设计单位

C.施工单位　　　　　　　　　　　D.建设单位

E.工程监理单位

【答案】ADE。

二、工程质量控制的原则

【考生必掌握】

工程质量控制的5个原则，分别是：①坚持质量第一的原则。②坚持以人为核心的原则。③坚持预防为主的原则。④以合同为依据，坚持质量标准的原则。⑤坚持科学、公平、守法的职业道德规范。

> **【想对考生说】**
>
> 这部分内容不仅会考查多项选择题，还会就其中某一项原则进行单独考查。
>
> [助记：科公守质，坚持预防标准第一人]

【历年这样考】

1.【2023年真题】加强过程和中间产品的质量检查与控制，体现了质量管理中的（   ）原则。

A. 持续改进   B. 预防为主

C. 以人为核心   D. 以合同为依据

【答案】B。

2.【2021年真题】通过对人的素质和行为控制，以工作质量保证工程质量的做法，体现了坚持（   ）的质量控制原则。

A. 质量第一   B. 预防为主

C. 以人为核心   D. 以合同为依据

【答案】C。

【还会这样考】

监理工程师在工程质量控制中，应遵循质量第一、预防为主、坚持质量标准、（   ）的原则。

A. 以人为核心   B. 提高质量效益

C. 质量进度并重   D. 减少质量损失

【答案】A。

第三节　工程质量管理制度

一、工程质量监督

【考生必掌握】

县级以上人民政府建设行政主管部门和其他有关部门履行监督检查职责时，有权采取下列措施：

（1）要求被检查的单位提供有关工程质量的文件和资料；

（2）进入被检查单位的施工现场进行检查；

（3）发现有影响工程质量的问题时，责令改正。

工程质量监理管理的8项内容如图1-1-3所示。

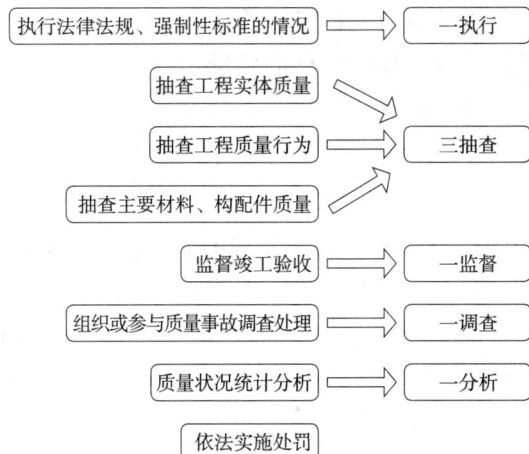

图 1-1-3　工程质量监理管理的内容

【想对考生说】

工程质量监督机构的内容主要考查题型有两种：

一是题干中给出某项内容，判断是属于哪个监督部门的任务。

二是工程质量监督管理的内容包括哪些。这是一个多项选择题采分点。

【历年这样考】

1.【2022 年真题】根据《建设工程质量管理条例》，建设工程自竣工验收合格之日起 15 日内，（　　）应将竣工验收报告和相关文件报有关行政主管部门备案。

A. 施工单位　　　　　　　　　　B. 检测单位

C. 监理单位　　　　　　　　　　D. 建设单位

【答案】D。

2.【2022 年真题】政府主管部门在履行工程质量监督检查职责时，具有的权力有（　　）。

A. 要求被检查单位提供有关工程质量文件和资料

B. 要求被检查单位采用指定的品牌材料

C. 进入被检查单位施工现场进行检查

D. 发现并责令改正影响工程质量的问题

E. 拒绝工程竣工验收报告和相关文件的备案

【答案】ACD。

3.【2021 年真题】根据《房屋建筑和市政基础设施工程质量监督管理规定》，建设行政主管部门对工程实体质量监督的内容有（　　）。

A. 抽查施工单位完成施工质量的行为

B. 抽查涉及工程主体结构安全的工程实体质量

C. 抽查涉及主要使用功能的工程实体质量

D. 抽查主要建筑材料和建筑构配件的质量

E. 对工程竣工验收进行监督

【答案】BCD。

【还会这样考】

建设工程质量监督机构对地基基础的混凝土强度进行监督检测，在质量监督的性质上属于（   ）。

A. 建设行为监督
B. 工程实体质量监督
C. 工程质量行为监督
D. 业务管理监督

【答案】B。

二、建筑工程施工许可

【考生必掌握】

建设工程施工许可的相关规定见表 1-1-1。

建设工程施工许可的相关规定　　　　　　　　　　　　　表 1-1-1

项目	内容
申领时间	建筑工程开工前
申领主体	建设单位
受理部门	工程所在地县级以上人民政府建设行政主管部门
办理条件	（1）已经办理该建筑工程用地批准手续。 （2）已经取得建设工程规划许可证（应当办理的）。 （3）需要拆迁的，其拆迁进度符合施工要求。 （4）已经确定建筑施工企业。 （5）有满足施工需要的资金安排、施工图纸及技术资料。 （6）有保证工程质量和安全的具体措施
颁发日期	建设行政主管部门应当自收到申请之日起 7 日内
开工的规定	建设单位应当自领取施工许可证之日起 3 个月内开工。因故不能按期开工的，应当向发证机构申请延期；延期以两次为限，每次不超过 3 个月
中止施工规定	在建的建筑工程因故中止施工的，建设单位应当自中止施工之日起 1 个月内，向发证机关报告，并按照规定做好建筑工程的维护管理工作
恢复施工规定	建筑工程恢复施工时，应当向发证机关报告；中止施工满 1 年的工程恢复施工前，建设单位应当报发证机关核验施工许可证

【想对考生说】

施工许可证的申领有七个采分点：申领时间、申领主体、受理部门、办理条件、颁发日期、开工的规定、中止施工、恢复施工规定。考生通过表 1-1-1 来记忆。

申请领取施工许可证的条件如果考查的话，会是多项选择题。

【历年这样考】

1.【2022 年真题】建设单位应自领取施工许可证之日起（   ）内开工，否则应向发证机构申请延期。

A．3 个月　　　　　　　　　　　B．6 个月

C．9 个月　　　　　　　　　　　D．1 年

【答案】A。

2．【2020 年真题】根据《建筑法》，中止施工满 1 年的工程恢复施工前，建设单位应当进行的工作是（　　）。

A．重新申请施工许可证　　　　　B．报发证机关核验施工许可证

C．申请换发施工许可证　　　　　D．报发证机关延期施工许可证

【答案】B。

【还会这样考】

建设工程开工前，（　　）应当按照国家有关规定向工程所在地县级以上人民政府建设行政主管部门申请领取施工许可证。

A．施工单位　　　　　　　　　　B．设计单位

C．建设单位　　　　　　　　　　D．监理单位

【答案】C。

三、工程竣工验收与备案

【考生必掌握】

工程竣工验收与备案见表 1-1-2。

工程竣工验收与备案　　　　　　　　　　　　　　表 1-1-2

项目		内容
验收	组织	建设单位收到建设工程竣工报告后，组织设计、施工、工程监理等有关单位进行竣工验收
	条件	（1）完成建设工程设计和合同约定的各项内容。 （2）有完整的技术档案和施工管理资料。 （3）有工程使用的主要建筑材料、建筑构配件和设备的进场试验报告。 （4）有勘察、设计、施工、工程监理等单位分别签署的质量合格文件。 （5）有施工单位签署的工程保修书
备案	主体	建设单位
	时间	工程竣工验收合格起 15 日内
	部门	工程所在地的县级以上地方人民政府建设行政主管部门

【想对考生说】

（1）竣工验收组织与备案都属于建设单位的工作。

（2）竣工验收的 5 个条件会考查多项选择题。

（3）竣工验收备案的时间会考查单项选择题。2017 年考核了这个数字题目。

【历年这样考】

1.【2020年真题】根据《房屋建筑和市政基础设施工程竣工验收备案管理办法》，工程竣工验收合格后，负责向工程所在地县级以上地方人民政府建设主管部门进行工程竣工验收备案的单位是（　　）。

A. 建设单位　　　　　　　　　　B. 施工单位

C. 监理单位　　　　　　　　　　D. 设计单位

【答案】A。

2.【2019年真题】工程竣工验收时，应当具备的条件有（　　）。

A. 上级部门的批准文件

B. 完整的技术档案与施工管理资料

C. 工程竣工验收备案表

D. 勘察、设计、施工、监理等单位分别签署的质量合格文件

E. 施工单位签署的工程保修书

【答案】BDE。

【还会这样考】

竣工验收应由（　　）在收到建设工程竣工报告后，组织有关单位进行。

A. 监理单位　　　　　　　　　　B. 施工单位

C. 设计单位　　　　　　　　　　D. 建设单位

【答案】D。

第四节　工程参建各方的质量责任和义务

一、建设单位的质量责任和义务

【考生必掌握】

建设单位的质量责任和义务主要掌握以下8条，尤其是第（1）、（4）、（8）条中的几项禁止性规定。

（1）将工程发包给具有相应资质等级的单位，不得肢解发包。

（2）应当依法对工程建设项目的勘察、设计、施工、监理以及与工程建设有关的重要设备、材料等的采购进行招标。

（3）提供与建设工程有关的原始资料。原始资料必须真实、准确、齐全。

（4）不得迫使承包方以低于成本的价格竞标，不得任意压缩合理工期。不得明示或者暗示设计单位或者施工单位违反工程建设强制性标准，降低建设工程质量。

（5）施工图设计文件未经审查批准的，不得使用。

（6）实行监理的建设工程，应当委托具有相应资质等级的工程监理单位进行监理，

也可以委托具有工程监理相应资质等级并与被监理工程的施工承包单位没有隶属关系或者其他利害关系的该工程的设计单位进行监理。

下列建设工程必须实行监理：

1）国家重点建设工程；

2）大中型公用事业工程；

3）成片开发建设的住宅小区工程；

4）利用外国政府或者国际组织贷款、援助资金的工程；

5）国家规定必须实行监理的其他工程。

（7）在建设工程开工前，应当按照国家有关规定办理工程质量监督手续。工程质量监督手续可以与<u>施工许可证</u>或者<u>开工报告</u>合并办理。

（8）不得明示或暗示施工单位使用不合格的建筑材料、建筑构配件和设备。

（9）涉及建筑主体和承重结构变动的装修工程，应当在施工前委托原设计单位或者具有相应资质等级的设计单位提出设计方案；没有设计方案的，不得施工。

【想对考生说】

这部分内容就考试而言很重要，在 2011 年、2013 ～ 2015 年、2020 年、2023 年都进行了考查。

【历年这样考】

1.【2023 年真题】关于建设单位行为的说法，正确的是（　）。

A. 将单位工程分解成若干标段，平行发包给不同施工单位

B. 向施工单位支付相应费用后可任意压缩工期

C. 将施工合同范围内的工程另行发包给承诺工期短的施工单位

D. 对于涉及建筑主体结构变动的装修工程，要求设计方案完成前不得施工

【答案】D。

2.【2020 年真题】根据《建设工程质量管理条例》，在建设工程开工前，应当按照国家有关规定办理工程质量监督手续，可以与工程质量监督手续合并办理的是（　）。

A. 施工许可证　　　　　　　　B. 招标备案

C. 施工图审查　　　　　　　　D. 委托监理

【答案】A。

【还会这样考】

建设单位在工程开工前应负责向建设行政管理部门办理（　）手续。

A. 建设资金贷款　　　　　　　B. 质量检测

C. 大型施工机械进场许可　　　D. 工程质量监督

【答案】D。

二、勘察、设计单位的质量责任和义务

【考生必掌握】

勘察、设计单位的质量责任和义务见表 1-1-3。

勘察、设计单位的质量责任和义务　　　　　　　　　表 1-1-3

项目	质量责任和义务
勘察单位	（1）在资质等级许可范围内承揽工程。 （2）组织编写勘察纲要，向勘察人员交底，组织开展工程勘察工作。 （3）提供的勘察成果必须真实、准确。 （4）应当对勘察后期服务工作负责
设计单位	（1）在资质等级许可范围内承揽工程。 （2）必须按照工程建设强制性标准进行设计，对设计质量负责。 （3）设计文件应注明工程合理使用年限。 （4）设计文件中选用的材料、构配件和设备，应当注明规格、型号、性能等技术指标，其质量必须符合国家规定的标准。 （5）就审查合格的施工图设计文件向施工单位作出详细说明。 （6）参与建设工程质量事故分析，对因设计造成的质量事故，提出相应的技术处理方案

【历年这样考】

【2019 年真题】勘察单位对其编制的勘察文件质量负责，应履行的主要职责有（　　）。

A．审查基础工程施工方案

B．参与施工验槽

C．解决工程施工中的勘察问题

D．提出因勘察原因造成质量事故的技术处理方案

E．提出因设计原因造成质量事故的技术处理方案

【答案】BCD。

【还会这样考】

根据《建设工程质量管理条例》，设计文件中选用的材料、构配件和设备，应当注明（　　）。

A．生产厂　　　　　　　　　　　　B．规格

C．型号　　　　　　　　　　　　　D．使用年限

E．性能

【答案】BCE。

三、施工单位的质量责任和义务

【考生必掌握】

施工单位的质量责任和义务主要掌握以下 8 条。

（1）在资质等级许可的范围内承揽工程。

（2）对建设工程的施工质量负责。

（3）总承包单位依法将建设工程分包给其他单位的，分包单位应当按照分包合同的约定对其分包工程的质量向总承包单位负责，总承包单位与分包单位对分包工程的质量承担连带责任。

（4）必须按照工程设计要求、施工技术标准和合同约定，对建筑材料、建筑构配件、设备和商品混凝土进行检验，检验应当有书面记录和专人签字。

（5）必须建立、健全施工质量的检验制度，严格工序管理，作好隐蔽工程的质量检查和记录。

（6）施工人员对涉及结构安全的试块、试件以及有关材料，应当在建设单位或者工程监理单位监督下现场取样，并送具有相应资质等级的质量检测单位进行检测。

（7）对施工中出现质量问题的建设工程或者竣工验收不合格的建设工程，应当负责返修。

（8）应当建立、健全教育培训制度，加强对职工的教育培训；未经教育培训或者考核不合格的人员，不得上岗作业。

【想对考生说】

本考点不仅以判断正确与错误说法的综合题目考查，第（3）、（4）、（6）条还会单独考查单项选择题。另外，还要掌握几个禁止性规定：

（1）禁止超越本单位资质等级许可的业务范围或者以其他施工单位的名义承揽工程。

（2）禁止允许其他单位或者个人以本单位的名义承揽工程。

（3）不得转包或者违法分包工程。

（4）不得擅自修改工程设计，不得偷工减料。

【历年这样考】

1.【2023年真题】在工程建设中，施工单位应履行的法定质量责任和义务有（　　）。

A. 建立质量责任制，对工程的施工质量负责

B. 分包单位对其分包工程的质量向建设单位负责

C. 施工中发现设计文件图纸有差错的，应及时提出意见和建议

D. 隐蔽工程隐蔽前，应通知建设单位和工程质量监督机构

E. 对涉及结构安全的试块，应自觉进行现场取样并检测

【答案】ACD。

2.【2021年真题】下列工作中，施工单位不得擅自开展的是（　　）。

A. 对已完成的分项工程进行自检　　　B. 对预拌混凝土进行检验

C. 对分包工程质量进行检查　　　D. 修改工程设计，纠正设计图纸差错

【答案】D。

【还会这样考】

实行总分包的工程，分包单位应按照分包合同约定对其分包工程的质量向总承包单位负责，总承包单位对分包工程的质量承担（   ）。

A. 主要责任   B. 直接责任

C. 连带责任   D. 次要责任

【答案】C。

四、工程监理单位的质量责任和义务

【考生必掌握】

监理单位的质量责任和义务主要掌握以下 5 条。

（1）在资质等级许可的范围内承担工程监理业务。

（2）与被监理工程的施工承包单位以及建筑材料、建筑构配件和设备供应单位有隶属关系或者其他利害关系的，不得承担该项建设工程的监理业务。

（3）代表建设单位对施工质量实施监理，并对施工质量承担监理责任。

（4）未经监理工程师签字，建筑材料、建筑构配件和设备不得在工程上使用或者安装，施工单位不得进行下一道工序的施工。未经总监理工程师签字，建设单位不拨付工程款，不进行竣工验收。

（5）监理工程师应当按照工程监理规范的要求，采取旁站、巡视和平行检验等形式，对建设工程实施监理。

【想对考生说】

本考点不仅以判断正确与错误说法的综合题目考查，第（3）、（4）、（5）条还会单独命题。另外，还要掌握几个禁止性规定：

（1）禁止超越本单位资质等级许可的范围或者以其他工程监理单位的名义承担工程监理业务。

（2）禁止允许其他单位或者个人以本单位的名义承担工程监理业务。

（3）不得转让工程监理业务。

【历年这样考】

【2020 年真题】关于工程监理单位的说法，正确的是（   ）。

A. 工程监理单位代表政府部门对施工质量实施监督管理

B. 工程监理单位代表施工单位对施工质量实施监督管理

C. 工程监理单位可将专业性较强的业务转让给其他监理单位

D. 工程监理单位选派具备相应资格的总监理工程师进驻施工现场

【答案】D。

【还会这样考】

1. 根据《建设工程质量管理条例》，工程实施过程中，未经（　　）签字，建筑材料、建筑构配件和设备不得在工程上使用或者安装。

A. 总监理工程师　　　　　　　　　B. 监理员

C. 监理工程师　　　　　　　　　　D. 项目经理

【答案】C。

2. 根据《建设工程质量管理条例》，监理工程师对建设工程实施监理的形式包括（　　）。

A. 旁站、巡视和班组自检　　　　　B. 巡视、平行检验和班组自检

C. 平行检验、班组互检和旁站　　　D. 旁站、巡视和平行检验

【答案】D。

五、工程质量检测单位的质量责任和义务

【考生必掌握】

工程质量检测单位的质量责任和义务见表1-1-4。

工程质量检测单位的质量责任和义务　　　　　表1-1-4

项目	内容
禁止性规定	（1）任何单位和个人不得涂改、倒卖、出租、出借或者以其他形式非法转让建设工程质量检测资质证书。 （2）任何单位和个人不得明示或者暗示检测机构出具虚假检测报告，不得篡改或者伪造检测报告。 （3）不得转包检测业务。检测人员不得同时受聘于两个或者两个以上的检测机构
质量责任和义务	（1）质量检测试样的取样应当严格执行有关工程建设标准和国家有关规定，在建设单位或者工程监理单位监督下现场取样。 （2）完成检测业务后，应当及时出具检测报告。检测报告经检测人员签字、检测机构法定代表人或者其授权的签字人签署，并加盖检测机构公章或者检测专用章后方可生效。检测报告经建设单位或者工程监理单位确认后，由施工单位归档。 （3）应当对其检测数据和检测报告的真实性和准确性负责。 （4）应当将检测过程中发现的建设单位、监理单位、施工单位违反有关法律、法规和工程建设强制性标准的情况，以及涉及结构安全检测结果的不合格情况，及时报告工程所在地建设主管部门。 （5）应当建立档案管理制度

【历年这样考】

【2023年真题】关于工程质量检测报告的确认和归档的说法，正确的是（　　）。

A. 经建设单位或监理单位确认后，由检测单位归档

B. 经建设单位或工程监理单位确认后，由施工单位归档

C. 经质量监督机构或建设单位确认后，由工程监理单位归档

D. 经质量监督机构或建设单位确认后，由施工单位归档

【答案】B。

【还会这样考】

质量检测试样的取样应当严格执行有关工程建设标准和国家有关规定，在（　　）监督下现场取样。

　　A．建设单位　　　　　　　　　　　B．质量监督管理部门

　　C．施工单位　　　　　　　　　　　D．材料供应单位

　　【答案】A。

第二章

ISO 质量管理体系及卓越绩效模式

第一节　ISO 质量管理体系构成和质量管理原则

【考生必掌握】

七项原则：以顾客为关注焦点、领导作用、全员参与、过程方法、改进、循证决策、关系管理。

【想对考生说】

对于该考点，主要考查题型有四种，第一种题型就是仿照 2019 年的形式来命题；第二种题型以多项选择题考查质量管理原则；第三种题型是概念题的考查；第四种题型是考查各项原则的基本内容。

【历年这样考】

1.【2023 年真题】ISO 质量管理体系中，过程方法管理原则的基本内容是（　　）。

A. 应用 PDCA 循环　　　　　　　　B. 组织全员参与

C. 坚持持续改进　　　　　　　　　D. 注重关系管理

【答案】A。

2.【2022 年真题】根据 ISO 质量管理体系中的质量管理原则，建立清晰与开放的沟通渠道，是（　　）的基本内容。

A. 过程方法　　　　　　　　　　　B. 持续改进

C. 循证决策　　　　　　　　　　　D. 关系管理

【答案】D。

3.【2019 年真题】ISO 质量管理体系提出的"持续改进"质量管理原则，其核心内容是（　　）。

A. 需求的变化要求组织不断改进　　B. 确立挑战性的改进目标

C. 提高有效性和效率　　　　　　　D. 全员参与

【答案】C。

【还会这样考】

ISO 质量管理体系的质量管理应遵循的原则有（　　）。

A. 以内部实力为关注焦点　　　　　　B. 领导作用

C. 循证决策　　　　　　　　　　　　D. 持续改进

E. 过程方法

【答案】BCDE。

第二节　工程监理单位质量管理体系的建立与实施

一、质量管理体系的建立

采分点1　质量管理体系总体设计

【考生必掌握】

在质量管理体系总体设计阶段，其主要工作包括：确定质量方针、目标；过程适用性评价和体系覆盖范围确定；组织结构调整方案。主要掌握以下几个采分点。

（1）确定质量方针、目标。

质量方针是由组织的最高管理者正式发布的该组织总的质量宗旨和方向，质量目标是指组织在质量方面所追求的目的。质量目标应以质量方针为框架具体展开。

（2）过程适用性评价和体系覆盖范围确定。

质量管理体系的范围界定应包含下列内容：①覆盖的产品或服务；②主要过程；③地点范围；④相关方要求。

> 【想对考生说】
>
> 从历年考试情况来看，考查均为单项选择题。

【历年这样考】

1.【2022年真题】建立监理单位质量管理体系时，明确工程建设相关方要求属于（　　）方面的工作。

A. 确定质量方针、目标　　　　　　　B. 过程适用性评价

C. 确定体系覆盖范围　　　　　　　　D. 组织结构调整方案

【答案】C。

2.【2017年真题】关于监理单位质量方针的说法，正确的是（　　）。

A. 质量方针应由管理者代表制定　　　B. 质量方针应由技术负责人制定

C. 质量方针应由最高管理者发布　　　D. 质量方针应由管理者代表发布

【答案】C。

【还会这样考】

根据 ISO 质量管理体系标准，"由组织的最高管理者正式发布的该组织总的质量宗旨和方向"称为（　　）。

A. 质量目标　　　　　　　　　　B. 质量战略

C. 质量方针　　　　　　　　　　D. 质量经营

【答案】C。

采分点2　质量管理体系文件的构成

【考生必掌握】

质量管理体系文件的构成如图 1-2-1 所示。

图 1-2-1　质量管理体系文件的构成

【历年这样考】

1.【2023 年真题】工程监理企业质量管理体系文件中，阐述企业内部质量管理纲领性文件的是（　　）。

A. 质量手册　　　　　　　　　　B. 程序文件

C. 作业文件　　　　　　　　　　D. 质量记录

【答案】A。

2.【2019 年真题】根据质量管理体系标准要求，监理单位质量管理体系文件由（　　）组成。

A. 规范与标准　　　　　　　　　B. 设计文件与图纸

C. 质量手册　　　　　　　　　　D. 程序文件

E. 作业文件

【答案】CDE。

【还会这样考】

1. 阐明监理单位的质量方针和质量目标的纲领性文件是（　　）。

A. 质量计划　　　　　　　　　　B. 质量记录

C. 质量手册　　　　　　　　　　D. 程序文件

【答案】C。

【想对考生说】

质量记录是产品满足质量要求的程度和监理单位质量管理体系中各项质量活动结果的客观反映，包括两方面：

> 　　一方面是与质量管理体系有关的记录，如合同评审记录、内部审核记录、管理评审记录、培训记录、文件控制记录等；
>
> 　　另一方面是与监理服务"产品"有关的质量记录，如监理旁站记录、材料设备验收记录、纠正预防措施记录、不合格品处理记录等。
>
> 　　在2016年考查了与监理服务"产品"有关的质量记录。

　　2. 在质量管理体系的文件中，属于质量手册支持性文件的是（　　）。

A. 程序文件 　　　　　　　　　　　　B. 质量计划

C. 质量记录 　　　　　　　　　　　　D. 质量方针

【答案】A。

二、质量管理体系的实施

【考生必掌握】

　　质量管理体系的实施包括两个阶段：体系运行与改进、质量管理体系认证。在这两个阶段中需要掌握以下几个知识点：

　　（1）质量管理体系运行及改进阶段需要完成的主要任务有：质量管理体系文件宣贯；运行、建立记录；纠正错误；内部审核；管理评审。

　　（2）质量管理体系的有效运行可以概括为：

　　全面贯彻：7项管理原则。

　　行为到位：文件规定到位、过程控制到位、方针目标管理到位和持续改进到位。

　　适时管理：管理行为的动态性、时间性和周期性。

　　适中控制：管理行为要适中。

　　有效识别：管理行为对事物状态的识别能力。质量管理体系要素管理到位的前提和保证是管理体系的识别能力，鉴别能力和解决能力。

　　不断改善：对内外环境的适应性。

　　（3）内部审核是监理单位内部的质量保证活动。

　　（4）管理评审是由监理单位最高管理者关于质量管理体系现状及其对质量方针和目标的适宜性、充分性和有效性所作的正式评价。

　　管理评审的目的主要是：①对现行的质量管理体系能否适应质量方针和质量目标作出正式的评价。②质量管理体系与组织的环境变化的适宜性作出评价。③调整质量管理体系结构，修改质量管理体系文件，使质量管理体系更加完整有效，持续改进。

　　（5）认证与认可的区别：

　　①认证是由第三方进行，认可是由授权的机构进行；

　　②认证是书面保证，认可是正式承认；

　　③认证是证明认证对象与认证所依据的标准符合性，认可是证明认可对象具备从事特定任务的能力。

【历年这样考】

1.【2023年真题】工程监理企业质量管理体系有效运行的表现有（　　）。

A．总体设计完美
B．通俗易懂
C．全面贯彻与行为到位
D．适时管理与适中控制
E．有效识别和不断完善

【答案】 CDE。

2.【2021年真题】监理单位质量管理体系运行中，定期召开监理例会体现了（　　）的要求。

A．文件标识与控制
B．产品质量追踪检查
C．物资管理
D．内部审核

【答案】 B。

3.【2018年真题】工程监理企业质量管理体系管理评审的目的有（　　）。

A．对现行质量目标的环境适应性作出评价
B．发现质量管理体系持续改进的机会
C．对现行质量管理体系能否适应质量方针作出评价
D．修改质量管理体系文件使其更加完整有效
E．对现行质量管理体系的环境适应性作出评价

【答案】 CDE。

【还会这样考】

质量管理体系运行中，体系要素管理到位的根本条件和基础是（　　）。

A．时间管理
B．持续改进
C．资源管理
D．过程控制

【答案】 A。

三、项目质量控制系统建立和运行的主要工作

【考生必掌握】

项目质量控制系统建立和运行的主要工作包括五项：建立组织机构；制定工作制度；明确工作程序；确定工作方法和手段；项目质量控制系统的改进。

九项工作制度包括：施工图纸会审及设计交底制定，施工组织设计/施工方案审核、审批制度，工程开工、复工审批制度，工程材料检验制度，工程质量检验制度，工程变更处理制度，工程质量验收制度，监理例会制度，监理工作日志制度。

【想对考生说】

工程材料检验制度、工程质量验收制度的具体内容考查较多，考查以单项选择题为主。

【历年这样考】

1.【2023年真题】项目监理机构建立项目质量控制系统时，应制定的工作制度有（　　）。

A. 施工图设计文件审查制度

B. 施工组织设计审核审批制度

C. 工程计量签证制度

D. 工程资料检验制度

E. 监理例会制度

【答案】BE。

2.【2022年真题】项目质量控制系统运行中，监理工作的主要手段有（　　）。

A. 编制监理规划和监理实施细则

B. 签发监理指令

C. 组织召开设计交底会议

D. 旁站与巡视

E. 平行检验与见证取样

【答案】BDE。

3.【2021年真题】项目监理机构应在（　　）后编制工程质量评估报告。

A. 单位工程完工

B. 竣工验收交付使用

C. 竣工预验收合格

D. 竣工验收

【答案】C。

【解析】工程竣工预验收合格后，项目监理机构应编写<u>工程质量评估报告</u>，并应经<u>总监理工程师和工程监理单位技术负责人</u>审核签字后报建设单位。

【还会这样考】

项目监理机构应定期组织召开监理例会，会议纪要须经（　　）批准签发后分发给各单位。

A. 专业监理工程师

B. 监理员

C. 总监理工程师

D. 监理工程师代表

【答案】C。

第三节　卓越绩效模式

一、卓越绩效模式的基本特征和核心价值观

【考生必掌握】

卓越绩效模式的基本特征包括五个方面，核心价值观包括九个方面。

考生掌握以下题目即可。

【历年这样考】

1.【2021年真题】在卓越绩效模式中，为了实现质量对组织绩效的增值作用，需要关注的要素有（　　）。

A．标准化导向   B．符合性评审

C．质量管理与质量经营的系统融合   D．促进组织效率最大化

E．促进顾客价值最大化

【答案】CDE。

2．【2020年真题】卓越绩效模式强调以系统的观点来管理整个组织及关键过程，这种系统管理的基本方法是（   ）。

A．反馈方法   B．过程方法

C．评价方法   D．监督方法

【答案】B。

【还会这样考】

卓越绩效管理模式的基本特征可以归结为（   ）。

A．强调"大质量"观   B．强调以顾客为中心和重视组织文化

C．强调战略导向和市场准入的驱动   D．强调可持续发展和社会责任

E．强调质量对组织绩效的增值和贡献

【答案】ABDE。

二、《卓越绩效评价准则》的结构模式与评价内容

【考生必掌握】

《卓越绩效评价准则》GB/T 19580—2012从领导作用、战略、以顾客和市场为中心、资源、过程管理、测量、分析与改进以及结果七个方面对评价的要求做出了规定。其逻辑关系为：

（1）"领导作用"掌握着组织的发展方向，并密切关注着"结果"，为组织寻找发展机会。

（2）"领导作用""战略"与"以顾客和市场为中心"构成了"领导作用"三角，关注的是组织如何做正确的事，是驱动力；"资源""过程管理"与"结果"构成了"过程结果"三角，关注的是组织如何正确地做事，解决的是效率和效果业绩的问题，是从动的。而"测量、分析与改进"是连接两个三角的"链条"、转动着PDCA循环。

【历年这样考】

【2022年真题】卓越绩效模式中，在关注组织如何做正确的事时，需要强调的组成要素有（   ）。

A．领导作用   B．战略

C．资源   D．过程管理

E．以顾客和市场为中心

【答案】ABE。

【还会这样考】

卓越绩效模式中，关注的是组织如何正确地做事，解决的是效率和效果业绩的

问题，需要强调的组成要素有（　　）。

    A．领导作用   B．资源

    C．过程管理   D．结果

    E．分析与改进

    【答案】BCD。

三、《卓越绩效评价准则》与 ISO 9000 的比较

【考生必掌握】

    《卓越绩效评价准则》与 ISO 9000 的比较见表 1-2-1。

《卓越绩效评价准则》与 ISO 9000 的比较　　　　　　表 1-2-1

项目		《卓越绩效评价准则》	ISO 9000
相同点		（1）基本原理和原则相同。 （2）基本理念和思维方式相同。 （3）使用方法（工具）相同	
不同点	导向不同	战略导向	标准化导向
	驱动力不同	市场竞争的驱动	市场准入的驱动
	评价方式不同	成熟度评价	符合性评审
	关注点不同	关注结果	关注过程
	目标不同	实现相关方的满意	顾客满意
	责任人不同	强调领导责任，提出领导要从企业发展的角度来考虑企业的价值观、发展战略、绩效目标以及社会责任	强调的管理职责是以满足顾客需求，以进行与质量管理体系相适应的管理活动为主
	对组织的要求不同	组织应具有追求有利于社会长远目标的义务	组织应提供满足顾客要求和适用的法律法规要求的产品

【想对考生说】

    这部分内容考查题型有三种：

    一是考查二者不同点的具体内容，比如 2021～2023 年考试题目。

    二是直接考查二者不同点或相同点体现在哪几个方面，比如 2016 年、2020 年考试题目，考查了不同点。

    三是关于《卓越绩效评价准则》与 ISO 9000 比较，说法是否正确的综合题目。

【历年这样考】

    1．【2023 年真题】《卓越绩效评价准则》的实质是一种（　　）评价。

A．标准化导向　　　　　　　　　B．符合性

C．合格性　　　　　　　　　　　　D．成熟度

【答案】D。

2．【2022年真题】与"卓越绩效"模式相比，ISO 9000质量管理体系的导向是（　　）。

A．成熟度评价　　　　　　　　　B．标准化管理

C．全过程控制　　　　　　　　　D．战略管理

【答案】B。

3．【2020年真题】《卓越绩效评价准则》与ISO 9000族质量标准的不同点体现在（　　）方面。

A．目标　　　　　　　　　　　　B．导向

C．评价方式　　　　　　　　　　D．基本理念

E．基本原理

【答案】ABC。

【还会这样考】

关于《卓越绩效评价准则》与ISO 9000的比较，说法正确的有（　　）。

A．ISO 9000是标准化导向，"卓越绩效"模式是战略导向

B．ISO 9000来自市场竞争的驱动，"卓越绩效"模式来自市场准入的驱动

C．ISO 9000是符合性评审，"卓越绩效"模式是成熟度评价

D．ISO 9000主要关注结果，"卓越绩效"模式更加关注过程

E．ISO 9000强调的管理职责是满足顾客需求，"卓越绩效"模式强调领导责任

【答案】ACE。

第三章
建设工程质量的统计分析和试验检测方法

第一节 工程质量统计分析

一、质量数据的特征值

【考生必掌握】

质量数据的特征值具体内容如图 1-3-1 所示。

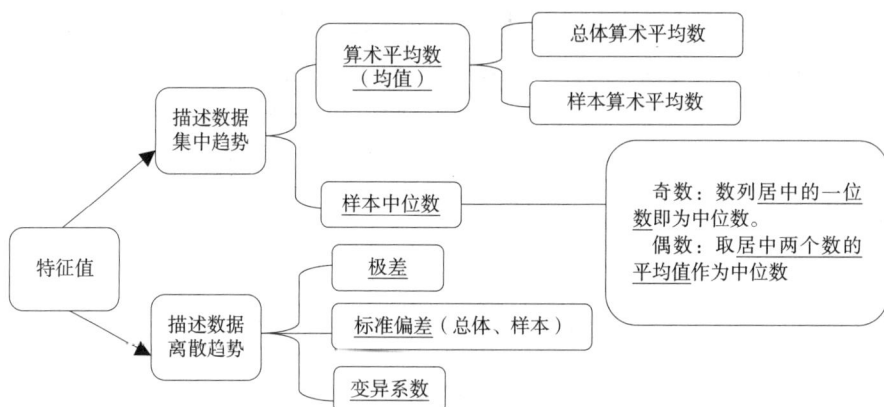

图 1-3-1 质量数据的特征值

【想对考生说】

本考点历年考试主要以单项选择题考查,仅在 2012 年考过一道多项选择题。在 2017 年、2020 年考查了描述集中趋势的特征值;在 2005 年、2009 年、2012 年、2014 年、2016 年、2021 年考过描述数据离散趋势的特征值。

【历年这样考】

1.【2020 年真题】工程质量统计分析中,用来描述样本数据集中趋势的特征值是（　　）。

  A．算术平均数和标准偏差   B．中位数和变异系数

  C．算术平均数和中位数   D．中位数和标准偏差

【答案】C。

2.【2019年真题】关于样本中位数的说法，正确的是（　　）。

  A．样本数为偶数时，中位数是数值大小排序后居中两数的平均值

  B．中位数反映了样本数据的分散状况

  C．中位数反映了中间数据的分布

  D．样本中位数是样本极差值的平均值

【答案】A。

【还会这样考】

  下列特征值中，描述质量特性数据离散程度的有（　　）。

  A．总体算数平均数   B．样本算术平均数

  C．样本中位数   D．总体标准偏差

  E．变异系数

【答案】DE。

二、质量数据的分布特征

【考生必掌握】

  质量数据的分布特征见表1-3-1。

质量数据的分布特征　　　　　　　　　　　　　　　　表 1-3-1

项目		内容
波动原因	偶然性原因	质量特性值的变化在质量标准允许范围内波动称之为正常波动，是由偶然性原因引起的。 人、机、料、法、环等因素的这类微小变化
	系统性原因	质量特性值的变化超越了质量标准允许范围的波动则称之为异常波动，是由系统原因引起的。 人、机、料、法、环等因素发生了较大变化，如工人未遵守操作规程、机械设备发生故障或过度磨损、原材料质量规格有显著差异等情况发生时，没有及时排除，次品、废品产生
分布规律性		（1）一般计量值数据服从正态分布，计件值数据服从二项分布，计点值数据服从泊松分布等。 （2）实践中只要是受许多起微小作用的因素影响的质量数据，都可认为是近似服从正态分布的。 （3）如果是随机抽取的样本，无论它来自的总体是何种分布，在样本容量较大时，其样本均值也将服从或近似服从正态分布

【考生这样记】

  偶然小正常、系统大异常。

【历年这样考】

  1.【2022年真题】正常情况下，混凝土强度检测数据服从（　　）分布。

A. 三角形   B. 梯形

C. 正态   D. 随机

【答案】C。

2.【2020年真题】工程质量特征值的正常波动是由（　　）引起的。

A. 单一性原因   B. 必然性原因

C. 系统性原因   D. 偶然性原因

【答案】D。

3.【2012年真题】下列造成质量波动的原因中，属于偶然性原因的是（　　）。

A. 现场温湿度的微小变化   B. 机械设备过度磨损

C. 材料质量规格显著差异   D. 工人未遵守操作规程

【答案】A。

【还会这样考】

工程质量会受到各种因素的影响，下列属于系统性因素的有（　　）。

A. 设计计算允许误差   B. 机械设备过度磨损

C. 设计中的安全系数过小   D. 施工虽然按规程进行，但规程已更改

E. 施工方法不当

【答案】BCDE。

三、抽样检验方法

【考生必掌握】

抽样检验方法见表1-3-2。

抽样检验方法   表1-3-2

方法	概念	适用
简单随机抽样（纯随机、完全随机）	排除人的主观因素，直接从包含N个抽样单元的总体中按不放回抽样抽取n个单元，使包含n个个体的所有可能的组合被抽出的概率都相等的一种抽样方法	用于原材料、购配件的进货检验和分项工程、分部工程、单位工程完工后的检验。常借用随机数骰子或随机数表进行抽样
系统随机抽样（机械随机）	将总体中的抽样单元按某种次序排列，在规定的范围内随机抽取一个或一组初始单元，然后按一套规则确定其他样本单元的抽样方法	第一个样本随机抽取，然后每隔一定时间或空间抽取一个样本
分层随机抽样	将总体分割成互不重叠的子总体（层），在每层中独立地按给定的样本量进行简单随机抽样	适用于较复杂的情况
多阶段抽样（多级）	将各种单阶段抽样方法结合使用，通过多次随机抽样来实现的抽样方法	总体大，很难一次抽样完成预定的目标

【想对考生说】

抽样检验方法考查以概念题为主。

【历年这样考】

【2022年真题】将样本总体中的抽样单元按某种次序排列，在规定范围内随机抽取一组初始单元，然后按一套规则确定其他样本单元的抽样方法称为（　　）。

A. 简单随机抽样　　　　　　　　　B. 系统随机抽样

C. 分层随机抽样　　　　　　　　　D. 多阶段抽样

【答案】B。

【还会这样考】

在收集质量数据中，当总体很大时，很难一次抽样完成预定的目标，此时，质量数据的收集方法宜采用（　　）。

A. 分层随机抽样　　　　　　　　　B. 简单随机抽样

C. 系统随机抽样　　　　　　　　　D. 多阶段抽样

【答案】D。

四、抽样检验的分类及抽样方案

【考生必掌握】

两大类型：<u>计量型抽样检验</u>和<u>计数型抽样检验</u>。计量型抽样检验的质量特性包括<u>重量</u>、<u>强度</u>、<u>几何尺寸</u>、<u>标高</u>、<u>位移</u>等。这里主要介绍计数型抽样检验方案，见表1-3-3。

计数型抽样检验方案　　　　　　　　　　　　　表1-3-3

类型	参数	操作程序
一次抽样检验	<u>3</u>个	(N, n, C) 随机抽取 n 件检验出 d 件不合格品 若 $d \leqslant C$，判定该批合格　　　　若 $d > C$，判定该批不合格
二次抽样检验	<u>5</u>个	(N, n_1, n_2, C_1, C_2) 在 N 中随机抽取 n_1 件，检验出 d_1 件不合格品 若 $d_1 \leqslant C_1$，判定为合格　　　若 $C_1 < d_1 \leqslant C_2$，则再抽取 n_2 件，检验出 d_2 件不合格品　　　若 $d_1 > C_2$，判定不合格 若 $d_1 + d_2 \leqslant C_2$，判定为合格　　　若 $d_1 + d_2 > C_2$，判定为不合格
多次抽样检验	—	允许通过三次以上的抽样最终对一批产品合格与否进行判断

【想对考生说】

掌握一次抽样检验与二次抽样检验判定为合格或不合格的条件。

抽样检验是建立在数理统计基础上的，它必然会存在着风险：

（1）第一类风险：弃真错误。即：合格批被判定为不合格批，其概率记为 α。此类错误对生产方或供货方不利。

（2）第二类风险：存伪错误。即：不合格批被判定为合格批，其概率记为 β。此类错误对用户不利。

在制定检验批的抽样方案时，可按下列规定采取：

①主控项目：对应于合格质量水平的 α 和 β 均不宜超过 5%。

②一般项目：对应于合格质量水平的 α 不宜超过 5%，β 不宜超过 10%。

【历年这样考】

1.【2023 年真题】根据《建筑工程施工质量验收统一标准》，关于二次抽样检验的说法，正确的是（　　）。

A. α 和 β 分别代表使用方风险和生产方风险

B. α 和 β 分别代表弃真错误和存伪错误

C. 主控项目对应于合格质量水平的 α 和 β 不宜超过 5%

D. 一般项目对应于合格质量水平的 α 不宜超过 5%

E. 主控项目对应于合格质量水平的 α 和 β 不宜超过 10%

【答案】BCD。

2.【2020 年真题】某产品质量检验采用计数型二次抽样检验方案，已知：$N=1000$，$n_1=40$，$n_2=60$，$C_1=1$，$C_2=4$；经二次抽样检得：$d_1=2$，$d_2=3$，则正常的结论是（　　）。

A. 经第一次抽样检验即可判定该批产品质量合格

B. 经第一次抽样检验即可判定该批产品质量不合格

C. 经第二次抽样检验即可判定该批产品质量合格

D. 经第二次抽样检验即可判定该批产品质量不合格

【答案】D。

【解析】当二次抽样方案设为：$N=1000$，$n_1=40$，$n_2=60$，$C_1=1$，$C_2=4$ 时，则需随机抽取第一个样本 $n_1=40$ 件产品进行检验，若所发现的不合格品数 d_1 为零，则判定该批产品合格；若 $d_1>3$，则判定该批产品不合格；若 $0< d_1 \leqslant 3$（即在 $n_1=40$ 件产品中发现 1 件、2 件或 3 件不合格），本题中 $d_1=2$，则需继续抽取第二个样本 $n_2=60$ 件产品进行检验，得到 n_2 中不合格品数。若 $d_1+d_2 \leqslant 3$ 则判定该批产品合格；若 $d_1+d_2>3$，则判定该批产品不合格。本题中 $d_1+d_2=2+3=5>3$，则判定该批产品不合格。

【还会这样考】

1. 抽样检验中，将不合格产品判为合格而误收时所发生的风险称为（　　）。

A. 供方风险　　　　　　　　　　　　B. 用户风险

C. 生产方风险　　　　　　　　　　　D. 系统风险

【答案】B。

2. 在检验批量为 N 的一批产品中，随机抽取 n_1 件产品进行检验。发现 n_1 中的不合格数为 d_1，则（　　）。

A. $d_1 \leq C_1$，判定该批产品合格　　　　　B. $d_1 \leq C_1$，判定该批产品不合格

C. $d_1 > C_2$，判定该批产品不合格　　　　　D. $d_1 > C_2$，判定该批产品合格

E. $C_1 < d_1 \leq C_2$，应在同批产品中继续随机抽取 n_2 件产品进行检验

【答案】ACE。

五、工程质量统计分析方法

采分点1　工程质量统计分析方法的用途

【考生必掌握】

工程质量统计分析方法的用途见表 1-3-4。

工程质量统计分析方法的用途　　　　　　　表 1-3-4

统计方法	用途
调查表法	对质量数据进行收集、整理和粗略分析质量状态
分层法	调查收集的原始数据，按某一性质进行分组、整理
排列图法	寻找影响质量主次因素。通常按累计频率划分为三部分：A类（0～80%）：主要因素；B类（80%～90%）：次要因素；C类（90%～100%）：一般因素。其主要应用有： （1）按不合格点的内容分类，可以分析出造成质量问题的薄弱环节。 （2）按生产作业分类，可以找出生产不合格品最多的关键过程。 （3）按生产班组或单位分类，可以分析比较各单位技术水平和质量管理水平。 （4）将采取提高质量措施前后的排列图对比，可以分析措施是否有效。 （5）此外还可以用于成本费用分析、安全问题分析等
因果分析图法	分析某个质量问题（结果）与其产生原因之间关系
直方图法	（1）了解产品质量的波动情况。 （2）掌握质量特性的分布规律。 （3）对质量状况进行分析判断。 （4）估算施工生产过程总体的不合格品率，评价过程能力
控制图法	（1）过程分析，即分析生产过程是否稳定。 （2）过程控制，即控制生产过程质量状态。 控制图是典型的动态分析法
相关图法	显示两种质量数据之间关系

【考生这样记】

分析原因论因果，鱼刺指出众因素。

分清主次靠排列；先排序来再累加，累计八成为主因，八九之间为次因，最后一成为一般。

分布状态看直方类正态分布为正常。

过程稳定是控制，典型动态为控制。

【想对考生说】

该采分点是本章一个重要考点，考查频率非常高，各统计方法的用途切忌混淆。这部分内容考查时会这样命题：

（1）题干中给出某项质量统计分析方法的用途，判断这项质量统计方法是什么。

（2）质量统计方法中，×××的用途是什么。

扫码学习

【历年这样考】

1.【2023年真题】某工程质量检查项目及其不合格点数统计见表1-3-5，根据排列图法，影响该工程质量的主要因素有（　　）个。

质量检查项目及其不合格点数统计表　　　　　　　　　表1-3-5

检查项目	a	b	c	d	e	f	g	h
不合格点数	1	8	4	45	15	75	1	1

A. 1　　　　　　B. 2　　　　　　C. 3　　　　　　D. 4

【答案】B。

【解析】不合格点数项目频数、频率统计见表1-3-6。

不合格点数项目频数、频率统计表 表 1-3-6

序号	检查项目	频数	频率（%）	累计频率（%）
1	f	75	50.0	50.0
2	d	45	30.0	80.0
3	e	15	10.0	90.0
4	b	8	5.3	95.3
5	c	4	2.7	98.0
6	其他	3	2.0	100.0
	合计	150	100.0	

累计频率在 0~80% 的区间内，有 2 个项目，故主要因素有 2 个。

2.【2022 年真题】工程质量统计分析方法中，将收集到的产品质量数据进行分组整理，通过绘制频数分布图形，用以分析判断产品质量波动情况和实际生产过程能力的方法称为（　）。

A. 排列图法　　　　　　　　　　B. 因果分析图法
C. 相关图法　　　　　　　　　　D. 直方图法

【答案】D。

3.【2021 年真题】采用排列图法分析工程质量影响因素时，可将影响因素分为（　）。

A. 偶然因素　　　　　　　　　　B. 主要因素
C. 系统因素　　　　　　　　　　D. 次要因素
E. 一般因素

【答案】BDE。

【想对考生说】

关于排列图法分析工程质量影响因素还可能会给出因素类型，判断累计频率区间，比如 2019 年考试题目，是这样命题的：在采用排列图法分析工程质量问题时，按累计频率划分进行质量影响因素分类，次要因素对应的累计频率区间为（　）。另外一种考查方式是给出累计频率判断属于什么因素。比如 2016 年考试题目，是这样命题的：采用排列图法划分质量影响因素时，累计频率达到 75% 对应的影响因素是（　）。

4.【2020 年真题】工程质量统计分析中，寻找影响质量主次因素的有效方法是（　）。

A. 调查表法　　　　　　　　　　B. 控制图法
C. 排列图法　　　　　　　　　　D. 相关图法

【答案】C。

5.【2017年真题】工程质量统计分析方法中，根据不同的目的和要求将调查收集的原始数据，按某一性质进行分组、整理，分析产品存在的质量问题和影响因素的方法是（　　）。

A. 调查表法
B. 分层法
C. 排列图法
D. 控制图法

【答案】B。

6.【2017年真题】采用直方图法进行工程质量统计分析时，可以实现的目的有（　　）。

A. 掌握质量特性的分布规律
B. 寻找影响质量的主次因素
C. 调查收集质量特性原始数据
D. 估算施工过程总体不合格品率
E. 评价实际生产过程能力

【答案】ADE。

7.【2016年真题】工程质量统计分析方法中，用来显示两种质量数据之间关系的是（　　）。

A. 因果分析图法
B. 相关图法
C. 直方图法
D. 控制图法

【答案】B。

【还会这样考】

在质量管理中，应用排列图法可以分析（　　）。

A. 造成质量问题的薄弱环节
B. 各生产班组的技术水平差异
C. 产品质量的受控状态
D. 提高质量措施的有效性
E. 生产过程的质量能力

【答案】ABD。

采分点2　直方图的观察与分析

【考生必掌握】

直方图的观察与分析，见表1-3-7。

直方图的观察与分析　　表1-3-7

直方图的形状	分析判断
折齿型	由于分组组数不当或者组距确定不当出现的
左（或右）缓坡型	由于操作中对上限（或下限）控制太严造成的
孤岛型	原材料发生变化，或者临时他人顶班作业造成的
双峰型	由于用两种不同方法或两台设备或两组工人进行生产，然后把两方面数据混在一起整理产生的
绝壁型	由于数据收集不正常，可能有意识地去掉下限以下的数据，或是在检测过程中存在某种人为因素所造成的

【想对考生说】

这部分内容考查时会这样命题：

（1）出现某种型式直方图的原因是什么。

（2）题干中给出产生原因，判断这种原因会形成哪种直方图。

【历年这样考】

1.【2021年真题】进行工程质量统计分析时，因分组组数不当绘制的直方图可能会形成（　）直方图。

A．折齿型　　　　B．孤岛型　　　　C．双峰型　　　　D．绝壁型

【答案】A。

2.【2017年真题】采用直方图法分析工程质量时，出现孤岛型直方图的原因是（　）。

A．组数或组距确定不当　　　　B．不同设备生产的数据混合

C．原材料发生变化　　　　D．人为去掉上限下限数据

【答案】C。

【还会这样考】

由于原材料发生变化，或者临时他人顶班作，将形成（　）直方图。

A．折齿型　　　　B．缓坡型　　　　C．孤岛型　　　　D．双峰型

【答案】C。

采分点3　控制图的观察与分析

【考生必掌握】

当控制图同时满足两个条件时，就可以认为生产过程基本上处于稳定状态。我们通过表1-3-8来阐述这两个条件。

生产过程基本上处于稳定状态的条件　　　　表1-3-8

两个条件	要求
质量点几乎全部落在控制界线内	（1）连续25点以上处于控制界限内。 （2）连续35点中仅有1点超出控制界限。 （3）连续100点中不多于2点超出控制界限
控制界限内质量点排列没有缺陷	质量点的排列是随机的，而没有出现异常现象。这里的异常现象是指质量点排列出现了"链""多次同侧""趋势或倾向""周期性变动""接近控制界限"等情况。对于这种情况应这样理解： （1）链。出现五点链，应注意生产过程发展状况。出现六点链，应开始调查原因。出现七点链，应判定工序异常，需采取处理措施。 （2）多次同侧。下列情况说明生产过程已出现异常：在连续11点中有10点在同侧。在连续14点中有12点在同侧。在连续17点中有14点在同侧。在连续20点中有16点在同侧。 （3）趋势或倾向。连续7点或7点以上上升或下降排列，就应判定生产过程有异常因素影响，要立即采取措施。 （4）显示周期性变化的现象，即使所有质量点都在控制界限内，也应认为生产过程为异常。

续表

两个条件	要求
控制界限内质量点排列没有缺陷	（5）接近控制界限。下列情况判定为异常：连续 3 点至少有 2 点接近控制界限；连续 7 点至少有 3 点接近控制界限；连续 10 点至少有 4 点接近控制界限

【想对考生说】

注意这两个条件需要全部满足。考试时会在数字上设置陷阱，记住数字很关键。

【历年这样考】

1.【2023 年真题】采用控制图法分析工序质量状况时，可判定为生产状态异常的情形有（　　）。

A. 连续 2 点至少有 1 点接近控制界限

B. 连续 3 点至少有 2 点接近控制界限

C. 连续 7 点至少有 3 点接近控制界限

D. 连续 10 点至少有 4 点接近控制界限

E. 连续 20 点至少有 5 点接近控制界限

【答案】BCD。

2.【2022 年真题】采用控制图进行工程质量分析时，表明工程质量属于正常情形的有（　　）。

A. 质量点在控制界限内的排列呈周期性变化

B. 连续 25 点以上处于控制界限内

C. 连续 7 点以上呈上升排列

D. 连续 35 点中有 1 点超出控制界限

E. 连续 100 点中有不多于 2 点超出控制界限

【答案】BDE。

【还会这样考】

应用控制图法分析各建筑产品生产过程是否处于稳定状态时，可判定为异常情形的是（　　）。

A. 中心线一侧出现 7 点链　　　　　　　　B. 中心线两侧有 6 点连续下降

C. 连续 11 点钟有 6 点在中心线一侧　　　D. 中心线两侧有 5 点连线上升

【答案】A。

采分点4　相关图的观察与分析

【考生必掌握】

相关图的观察与分析见表1-3-9。

相关图的观察与分析　　　　　　　　　　　　　　　表1-3-9

相关图的形状	分析
正相关	散布点基本形成由左至右向上变化的一条直线带
弱正相关	散布点形成向上较分散的直线带
不相关	散布点形成一团或平行于x轴的直线带
负相关	散布点形成由左向右向下的一条直线带
弱负相关	散布点形成由左至右向下分布的较分散的直线带
非线性相关	散布点呈一曲线带

【历年这样考】

1.【2021年真题】工程质量统计分析相关图中，散布点形成由左至右向下分布的较分散的直线带时，反映产品质量特征的变量之间存在（　　）关系。

A. 不相关　　　　　　　　　　　　B. 正相关

C. 弱正相关　　　　　　　　　　　D. 弱负相关

【答案】D。

2.【2017年真题】采用相关图法分析工程质量时，散布点形成由左向右向下的一条直线带，说明两变量之间的关系为（　　）。

A. 负相关　　　　　　　　　　　　B. 不相关

C. 正相关　　　　　　　　　　　　D. 弱正相关

【答案】A。

【想对考生说】

该采分点除了这种题型外，还会这样命题："采用相关图法分析工程质量时，出现×相关，说明散布点形成（　　）。"

【还会这样考】

采用相关图法分析工程质量时，出现不相关，说明散布点形成（　　）。

A. 由左向右向下的一条直线带　　　B. 一团或平行于x轴的直线带

C. 由左至右向上变化的一条直线带　D. 一曲线带

【答案】B。

第二节　工程质量主要试验检测方法

一、混凝土结构材料性能检验

采分点1　钢筋、钢丝及钢绞线性能检验

【考生必掌握】

钢筋、钢丝及钢绞线进场应检查产品出厂合格证、出厂检验报告和进厂复验报告。主要力学试验包括拉力试验：屈服强度、抗拉强度、伸长率；弯曲性能（冷弯试验、反复弯曲试验）。必要时，进行化学分析。

钢筋进场时需对钢筋的质量、牌号、物理及力学性能、表面损伤、连接构件等按照相关国家标准规范进行材料进场复查。考生应重点掌握抗震钢筋伸长率的检验要求，包括以下三方面：

（1）抗拉强度实测值与屈服强度实测值的比值不应小于1.25。

（2）屈服强度实测值与屈服强度标准值的比值不应大于1.30。

（3）最大力下总伸长率不应小于9%。

【想对考生说】

这部分内容需要牢记三个数字，尤其是比值要区分清楚。在2014年、2022年考查了判断正确与错误说法的综合题目。在2016年、2019年分别以单项选择题考查了数字题目。

钢丝、钢绞线、热处理钢筋及预应力混凝土用螺纹钢筋复验方法及内容，见表1-3-10。

钢丝、钢绞线、热处理钢筋及预应力混凝土用螺纹钢筋复验方法及内容　表1-3-10

材料种类	复验方法及内容
钢丝	（1）每批钢筋应由同一钢号、同一规格、同一生产工艺的钢丝组成，并不得大于3t。 （2）钢丝的外观应逐盘检查。 （3）力学性能的抽样检验。应从经外观检查合格的每批钢丝中任选总盘数的5%（不少于6盘）取样送检
钢绞线	（1）每批钢绞线应由同一钢号、同一规格、同一生产工艺的钢绞线组成，并不得大于60t。 （2）钢绞线应逐盘进行表面质量、直径偏差和捻距的外观检查。 （3）力学性能的抽样检验。应从每批钢绞线中任选3盘取样送检。 （4）屈服强度和松弛试验应由厂方提供质量证明书或试验报告单
热处理钢筋	（1）每批热处理钢筋应由同一外形截面尺寸、同一热处理工艺和同一炉罐号的钢筋组成，并不得大于6t。 （2）钢筋表面不得有肉眼可见的裂纹、结疤和折叠，表面允许有凸块，但不得超过横肋的高度；表面不得沾有油污。 （3）力学性能的抽样检验。应从每批钢筋中任选总盘数的10%(不少于6盘)取样送检。 （4）松弛性能可根据需方要求，由厂（供）方提供试验报告单

续表

材料种类	复验方法及内容
预应力混凝土用螺纹钢筋	每批钢筋均应按规定进行化学成分、拉伸试验、松弛试验、疲劳试验、表面检查和重量偏差等项目的检验

【想对考生说】

　　主要力学试验一般会考查多项选择题。牢记划线部分的数据，考试常会在这些数字处设置陷阱。

【历年这样考】

　　1.【2022年真题】抗震用钢筋应进行延性检验，检验合格应满足的要求有（　　）。

　　A．抗拉强度实测值与抗拉强度标准值的比值不小于1.15

　　B．抗拉强度实测值与屈服强度实测值的比值不小于1.25

　　C．抗拉强度实测值与屈服强度标准值的比值不大于1.30

　　D．最大力下总压缩率不大于9%

　　E．最大力下总伸长率不小于9%

　　【答案】BE。

　　2.【2020年真题】对同一厂家，同一类型且未超过30t的一批成型钢筋，检验外观质量与尺寸偏差时所采取的抽样方法和抽取数量是（　　）。

　　A．随机抽取3个成型钢筋试体　　　　　　B．随机抽取2个成型钢筋试体

　　C．随机抽取1个成型钢筋试体　　　　　　D．全数检查所有成型钢筋

　　【答案】A。

　　3.【2019年真题】关于钢绞线进场复验的说法，正确的是（　　）。

　　A．同一规格的钢绞线每批不得大于6t

　　B．松弛试验必须进行现场抽样

　　C．力学性能的抽样检验需进行反复弯曲试验

　　D．抽样检验时，应从每批钢绞线中任选3盘取样送检

　　【答案】D。

【还会这样考】

　　根据有关标准，对有抗震设防要求的主体结构，钢筋的抗拉强度实测值与屈服强度实测值的比值不应小于（　　）。

　　A．1.25　　　　　　　　　　　　　　　　B．1.30

　　C．1.35　　　　　　　　　　　　　　　　D．1.40

　　【答案】A。

采分点 2 混凝土材料性能试验

【考生必掌握】

（1）混凝土拌合物稠度试验。

混凝土拌合物稠度是表征混凝土拌合物流动性的指标，可用坍落度、维勃稠度或扩展度表示（对试验方法要熟悉）。

（2）普通混凝土立方体抗压强度试验见表 1-3-11。

普通混凝土立方体抗压强度试验 　　　　　　　　　　　　　　　表 1-3-11

项目	内容
试件的养护与制作	采用 150mm×150mm×150mm 的标准试件，也可采用边长为 100mm 或 200mm 的非标准试件，随机取样。三个试件为一组。成型后覆盖表面，在温度为 20±5℃的情况下，静置 1~2 昼夜。编号拆模后立即放入标准养护室中养护
试验计算结果	立方体抗压强度应按下式计算： $$f_{cu}=P/A$$ 式中 f_{cu}——混凝土立方体试件抗压强度（MPa）； 　　　P——试件破坏荷载（N）； 　　　A——试件承压面积（mm²）。 强度值的确定应符合下列规定： 三个试件测量值的算术平均值作为该组试件的强度值（精确至 0.1MPa）；三个测量值中的最大值最小值中如有一与中间值的差值超过中间的 15%时，则把最大及最小值一并去除，取中间值作为该组试件的抗压强度值；如最大值和最小值的差均超过中间值的 15%，则该组试件的试验结果无效。 当混凝土强度等级 < C60 时，用非标准试件测得的强度值均应乘以尺寸换算系数，其值对 200mm×200mm×200mm 的试件为 1.05，对 100mm×100mm×100mm 的试件为 0.95。当混凝土强度等级 ≥ C60 时，宜采用标准试件；如使用非标准试件时，尺寸换算系数应由试验确定

【历年这样考】

1.【2023 年真题】经试验测得一组 3 块 200mm×200mm×200mm 混凝土试件的土方体抗压强度分别为 42.5MPa、45.8MPa 和 52.8MPa，则该组混凝土试件抗压强度是（　）MPa。

　　A. 45.8　　　　　B. 47.0　　　　　C. 48.1　　　　　D. 49.4

【答案】C。

【解析】混凝土强度等级 < C60 时，用非标准试件测得的强度值均应乘以尺寸换算系数，其值对 200mm×200mm×200mm 的试件为 1.05。（52.8-45.8）÷45.8=15.3%>15%，（45.8-42.5）÷45.8=7.2%<15%，取中间值 45.8MPa，所以该组混凝土试件抗压强度是 45.8×1.05=48.1MPa。

2.【2020 年真题】用来表征混凝土拌合物流动性的指标是（　）。

　　A. 徐变量　　　　B. 凝结时间　　　　C. 稠度　　　　D. 弹性模量

【答案】C。

【还会这样考】

关于普通混凝土拌合物性能试验的说法，正确的是（　）。

A．坍落度测定试验宜用于骨料最大公称粒径不大于 50mm、坍落度不小于 20mm 的混凝土拌合物坍落度的测定

B．维勃稠度测定适用于骨料最大粒径不大于 40mm、维勃稠度大于 30s 的混凝土拌合物稠度测定

C．维勃稠度测定适用于坍落度不大于 40mm 或维勃稠度在 5 ~ 30s 之间干硬性混凝土拌合物的稠度测定

D．维勃稠度测定适用于维勃稠度大于 30s 的特干硬性混凝土拌合物的稠度测定

【答案】D。

采分点 3　砌筑砂浆材料性能检验

【考生必掌握】

砌筑砂浆材料性能检验见表 1-3-12。

砌筑砂浆材料性能检验　　　　　　　　　　　表 1-3-12

项目	内容
检验项目	需对砌筑砂浆的原材料质量、配合比、稠度、和易性、力学性能、施工工艺等项目进行检验
砂浆力学强度检验试验方法与要求	砌筑砂浆强度试验采用立方体抗压强度试验方法。且砌筑砂浆试块强度验收的合格标准应符合下列规定： （1）同一验收批砂浆试块强度平均值应大于或等于设计强度等级值的 1.10 倍； （2）同一验收批砂浆试块抗压强度的最小一组平均值应大于或等于设计强度等级值的 85%。 　抽检数量：每一检验批且不超过 250m³ 砌体的各类、各强度等级的普通砌筑砂浆，每台搅拌机应至少抽检一次。验收批的预拌砂浆、蒸压加气混凝土砌块专用砂浆，抽检可为 3 组。 　检验方法：在砂浆搅拌机出料口或在湿拌砂浆的储存容器出料口随机取样制作砂浆试块（现场拌制的砂浆，同盘砂浆只取 1 组试块），试块标准养护 28 天后进行强度试验。预拌砂浆中的湿拌砂浆稠度应在进场时取样检验

【历年这样考】

【2023 年真题】采用立方体试块抗压强度试验方法检测砌筑砂浆强度时，试块强度验收应符合的规定是（　　）。

A．同一验收批试块强度平均值与设计强度等级值的比值 ≥ 1.10

B．同一验收批试块强度最小一组平均值与设计强度等级值的比值 ≥ 1.10

C．同一验收批试块强度平均值与设计强度等级值的比值 ≥ 1.05

D．同一验收批试块强度最小一组平均值与设计强度等级值的比值 ≥ 1.05

【答案】A。

【还会这样考】

1．根据《建筑砂浆基本性能试验方法标准》，同一验收批砂浆试块抗压强度的最小一组平均值应大于或等于设计强度等级值的（　　）。

A．50%　　　　　B．60%　　　　　C．75%　　　　　D．85%

【答案】D。

2．在砂浆搅拌机出料口或在湿拌砂浆的储存容器出料口随机取样制作砂浆试块标

准养护（　　）天后进行强度试验。

　　A．7　　　　　　　B．14　　　　　　　C．28　　　　　　　D．15

【答案】C。

二、地基基础工程试验

【考生必掌握】

地基基础工程试验主要包括地基土的物理性质试验、地基土承载力试验、桩基承载力试验，具体方法如图1-3-2所示。

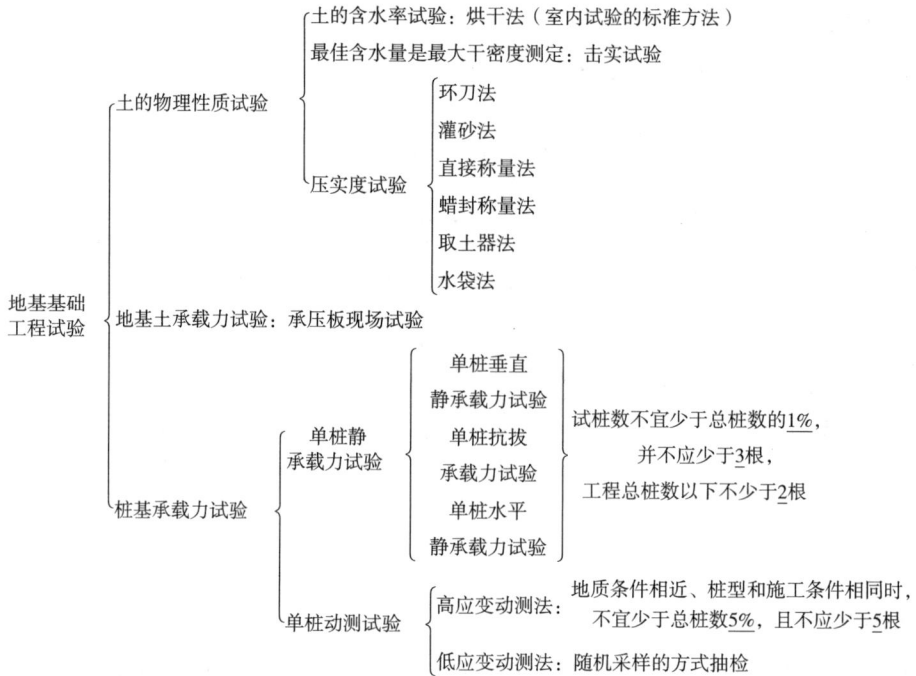

图1-3-2　地基基础工程试验

【想对考生说】

对于桩基承载力试验，考生应掌握几个试验方法，并能区分不同试验方法的试验数量。对上述划线的数据要记忆，可能会考核数字题目。

【历年这样考】

1.【2023年真题】采用承压板现场试验方法检测地基土的承载力时，应满足的要求有（　　）。

A．试验基坑深度宽度不应小于承压板宽度的3倍

B．试验基坑深度不应大于1.2m

C. 同一土层参加统计的试验点不应少于 3 点

D. 加荷分级不应小于 8 级

E. 最大加载量不应小于设计要求的 2 倍

【答案】ACDE。

2．【2022 年真题】在地质条件相近、桩型和施工条件相同情形下，采用单桩高应变动测法检测桩基础时，检测数量不宜少于总桩数的（　　），且不应少于 5 根。

A. 1%　　　　　　B. 2%　　　　　　C. 3%　　　　　　D. 5%

【答案】D。

【还会这样考】

根据《建筑地基基础设计规范》GB 50007，在同一条件下，采用单桩垂直静承载力试验，试验数量为（　　）。

A. 试桩数不宜少于总桩数的 1%，并不应少于 3 根

B. 工程总桩数 50 根以下不少于 5 根

C. 不宜少于总桩数的 5%，且不应少于 10 根

D. 不宜少于总桩数的 1%，且不应少于 5 根

【答案】A。

三、实体检测

采分点 1　混凝土结构实体检测

【考生必掌握】

混凝土结构实体检测方法如图 1-3-3 所示。

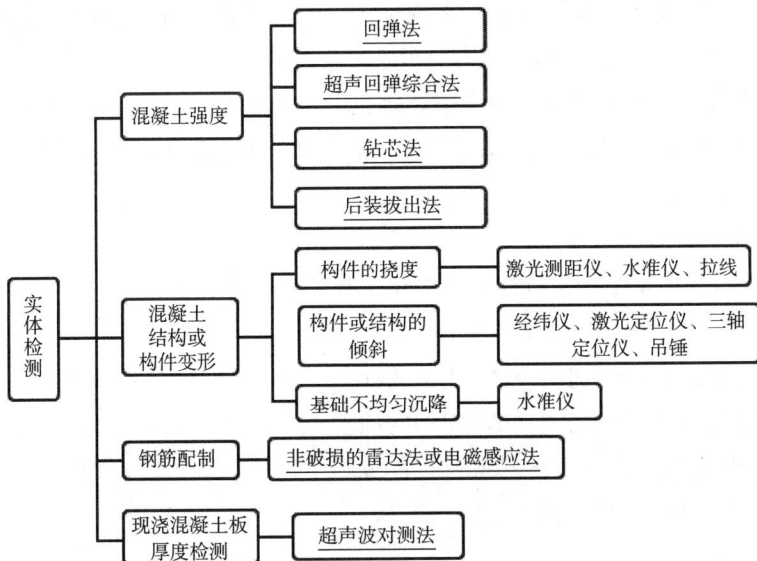

图 1-3-3　混凝土结构实体检测方法

【想对考生说】

该采分点主要区分不同项目的检测方法，考试时一般会将混凝土强度检测方法与现浇混凝土板厚度检测方法相互作为干扰选项。

【历年这样考】

【2020 年真题】下列检测方法中，属于实体混凝土构件抗压强度检测方法的有（   ）。

A. 贯入法

B. 回弹法

C. 钻芯法

D. 后装拔出法

E. 静载试验法

【答案】BCD。2019 年是逆向命题考查混凝土强度检测方法。

【还会这样考】

对混凝土构件挠度进行检测，宜采用的方法有（   ）。

A. 激光测距仪

B. 水准仪

C. 经纬仪

D. 吊锤

E. 三轴定位仪

【答案】AB。

采分点 2　钢结构实体检测

【考生必掌握】

钢结构的连接质量与性能的检测可分为焊接连接、焊钉（栓钉）连接、螺栓连接、高强螺栓连接等项目。考生需要掌握以下几个采分点：

（1）焊缝检测需要经过外观检测、无损检测、表面检测。

（2）钢结构焊缝质量检测方法为无损检测、表面检测。无损检测应在外观检测合格后进行。（注意掌握无损检测的基本要求）

（3）钢结构变形检测可分为结构整体垂直度、整体平面弯曲以及构件垂直度、弯曲变形、跨中挠度等项目，可采用水准仪、经纬仪、激光垂准仪或全站仪等仪器进行测量。

【历年这样考】

【2021 年真题】钢结构工程的焊缝质量无损检测，应满足的要求有（   ）。

A. 一级焊缝应 100% 检验

B. 特殊焊缝应进行不小于 85% 比例的抽验

C. 四级焊缝应进行不小于 60% 比例的抽验

D. 二级焊缝应进行不小于 20% 比例的抽验

E. 一般情况下，三级焊缝可不进行抽验

【答案】ADE。

【还会这样考】

对钢结构焊缝质量进行无损检测时，若钢材标称屈服强度大于690MPa，应以焊接完成（　　）h后检测结果作为验收依据。

A. 12

B. 24

C. 36

D. 48

【答案】D。

采分点3　砌体结构实体检测

【考生必掌握】

砌体结构实体检测主要掌握强度检测，具体内容见表1-3-13。

砌体结构实体检测方法

表1-3-13

检测项目	方法
砌筑块材	取样法、回弹法、取样结合回弹的方法和钻芯的方法等
砌筑砂浆	推出法、筒压法、砂浆片剪切法、点荷法和回弹法等
砌体	原位轴压法、扁顶法、切制抗压试件法和原位单剪法等

【历年这样考】

1.【2023年真题】砌体结构实体检测中，属于砌体结构强度检测的内容是（　　）。

A. 混凝土构造柱强度检测

B. 砌筑砂浆强度检测

C. 楼板混凝土强度检测

D. 预制构件承载力试验

【答案】B。

2.【2021年真题】下列检测方法中，属于砌体结构抗压强度现场检测方法的有（　　）。

A. 回弹法

B. 轴压法

C. 扁顶法

D. 吊坠法

E. 剪切法

【答案】BC。

采分点4　地基基础实体检测

【考生必掌握】

地基基础实体检测方法见表1-3-14。

地基基础实体检测方法

表1-3-14

项目	检测项目	方法
地基检测	土层分类、分布及物理性质	勘探法（标准贯入试验、静/动力触探试验、旁压试验等）、物探法（瞬态面波测试、地质雷达测试）
	地基承载力	静荷载试验、原型静荷载试验等

续表

项目	检测项目	方法
基础检测与变形监测	基础的形式、尺寸与埋深	现场开挖法
	基础材料强度	钻芯法、回弹法、超声回弹综合法和后装拔出法
	钢筋配置与锈蚀	雷达法、电磁感应法、钻孔和剔凿法等
	基础损伤	现场开挖，尺量检查；裂缝观察与分析、超声波测深度法等
	沉降监测	水准测量方法或静力水准测量法
	水平位移监测	视准法、极坐标法、测小角法、激光准直法、位移计自动测计法、全球定位系统、三维激光扫描、近景摄影测量法等
基桩检测	基桩承载力	静载荷试验法、原位静荷载试验法等
	桩身完整性	低应变法、钻芯法
	桩长	旁孔投射法、钻芯法
	钢筋笼长度	磁测桩法
	桩身混凝土强度、桩端持力层和桩底沉渣厚	钻芯法

【想对考生说】

该采分点主要应区分不同项目的检测方法，考试时一般会给出检测项目，判断采用的检测方法。

【历年这样考】

【2023年真题】混凝土灌注桩桩长及桩身完整性检测宜采用的方法是（　　）。

A. 高应变法
B. 低应变法

C. 钻芯法
D. 回弹法

【答案】C。

【还会这样考】

对于桩身完整性的检测，宜采用的方法有（　　）。

A. 回弹法
B. 低应变法

C. 静载荷试验法
D. 钻芯法

E. 磁测桩法

【答案】BD。

第四章

建设工程勘察设计阶段质量管理

第一节　工程勘察阶段质量管理

【考生必掌握】

　　工程勘察工作一般分为三个阶段，即可行性研究勘察、初步勘察、详细勘察。注意掌握各阶段的工作要求。

　　工程监理单位对勘察质量管理的主要工作包括：

　　（1）协助建设单位编制工程勘察任务书和选择工程勘察单位，并协助签订工程勘察合同。

　　（2）审查勘察方案，提出审查意见，并报建设单位。

　　（3）检查主要岗位操作人员的资格、所使用设备、仪器计量的检定情况。

　　（4）审核勘察单位提交的勘察费用支付申请表，签发勘察费用支付证书，并报建设单位。

　　（5）检查勘察单位执行勘察方案的情况。

　　（6）审查勘察成果报告。

　　（7）督促勘察单位做好施工阶段的勘察配合及验收工作，对施工过程中出现的地址问题进行跟踪。

　　（8）检查勘察单位技术档案管理情况。

【想对考生说】

　　监理工程师对勘察成果的审核与评定是勘察阶段质量控制最重要的工作，包括程序性审查和技术性审查。考试时可能会具体考查程序性审查和技术性审查的内容，考生可以根据教材进行复习。

　　第（6）条提到的勘察成果报告，其内容会作为多项选择题采分点，2018年对此进行了考查。

　　另外，还要掌握工程勘察企业应履行的质量工作。

【历年这样考】

1.【2022年真题】工程勘察单位应履行的勘察后期服务职责是（ ）。

A. 审查施工设计图纸　　　　　　　　B. 配合桩基工程施工

C. 签署工程保修书　　　　　　　　　D. 参与工程质量事故分析

【答案】D。

2.【2020年真题】在工程勘察阶段监理单位可进行的工作是（ ）。

A. 协助建设单位编制勘察任务书　　　B. 编写勘察方案

C. 参与建设工程质量事故分析　　　　D. 编写勘察细则

【答案】A。

3.【2019年真题】工程勘察阶段，监理单位质量控制最重要的工作是审核与评定（ ）。

A. 勘察方案　　　　　　　　　　　　B. 勘察合同

C. 勘察任务书　　　　　　　　　　　D. 勘察成果

【答案】D。2016年考查了相同采分点，选项设置都是一样的。

4.【2018年真题】监理单位在工程勘察阶段提供相关服务时，向建设单位提交的工程勘察成果评估报告中应包括的内容有（ ）。

A. 勘察报告编制深度　　　　　　　　B. 勘察任务书的完成情况

C. 与勘察标准的符合情况　　　　　　D. 勘察人员资格和业绩情况

E. 勘察工作概况

【答案】ABCE。

【还会这样考】

在实施勘察工作之前，监理工程师应审核勘察单位编制的（ ）。

A. 勘察规划　　　　　　　　　　　　B. 勘察方案

C. 勘察管理文件　　　　　　　　　　D. 勘察工作责任制

【答案】B。

第二节　初步设计阶段质量管理

【考生必掌握】

我国的工程建设项目设计，按不同的专业工程分为2～3个阶段。建筑与人防专业建设项目一般分为方案设计、初步设计和施工图设计；工业、交通、能源、农林、市政等专业建设项目，一般分为初步设计和施工图设计；有独特要求的项目，或复杂的，采用新工艺、新技术又缺乏设计经验的重大项目，或有重大技术问题的主体单项工程，在初步设计之后可增加单项技术设计阶段。

工程初步设计质量管理的主要内容包括设计单位选择、起草设计任务书、起草设计合同、质量管理的组织、设计成果审查。这里我们主要学习设计成果审查的重点工作，见表1-4-1。

设计成果审查的重点工作　　　　　　　　表1-4-1

设计成果审查		重点工作
设计方案评审	总体方案评审	审核设计依据、设计规模、产品方案、工艺流程、项目组成及布局、设备配套、占地面积、建筑面积、建筑造型、协作条件、环保设施、防震防灾、建设期限、投资概算等的可靠性、合理性、经济性、先进性和协调性
	专业设计方案评审	审核专业设计方案的设计参数、设计标准、设备选型和结构造型、功能和使用价值等
	设计方案审核	结合投资概算资料进行技术经济比较和多方案论证，确保工程质量、投资和进度目标的实现
初步设计评审		审核设计项目的完整性，项目是否齐全、有无遗漏项；设计基础资料可靠性，以及设计标准、装备标准是否符合预定要求。 审查总平面布置、工艺流程、施工进度能否实现；总平面布置是否充分考虑方向、风向、采光、通风等要素；设计方案是否全面，经济评价是否合理

【想对考生说】

这部分内容如果考核会是各阶段具体的审查工作。另外，还要注意对设计成果审查的评估报告的内容，2019年、2022年都以多项选择题进行考查。初步设计的技术要求要熟悉。

【历年这样考】

1.【2023年真题】下列专业工程中，通常需要进行方案设计的是（　　）。

A.公路工程　　　　　　　　　B.能源工程
C.市政道路工程　　　　　　　D.建筑与人防工程

【答案】D。

2.【2022年真题】项目监理机构提交的初步设计评估报告中，应对（　　）做出评审意见。

A.设计深度满足要求情况　　　B.设计标准的符合情况
C.设计任务书完成情况　　　　D.能否照图施工的情况
E.有关部门审查意见的落实情况

【答案】ABCE。

3.【2021年真题】初步设计阶段，项目监理机构开展质量管理相关服务的工作内容有（　　）。

A.协助起草设计任务书　　　　B.协助组织专项技术论证

C. 协助组织设计成果审查　　　　　　　　D. 协助项目设计报审

E. 协助起草设计文件

【答案】ABCD。

4.【2017年真题】评审工程初步设计成果时，重点评审的是（　　）。

A. 总平面布置是否充分考虑方向、风向、采光等要素

B. 设计参数、设计标准、功能和使用价值

C. 新材料、新技术在相关部门的备案情况

D. 使用功能是否满足质量目标和标准

【答案】A。

【还会这样考】

项目监理机构对初步设计成果审核后应提出（　　）。

A. 审批报告　　　　B. 评估报告　　　　C. 验收报告　　　　D. 总结报告

【答案】B。

第三节　施工图设计阶段质量管理

【考生必掌握】

施工图设计质量管理包括施工图设计的协调管理、施工图设计评审、施工图审查。考生应重点掌握施工图设计的协调管理。

工程监理单位承担设计阶段相关服务的，应做好下列工作：

（1）协助建设单位审查设计单位提出的新材料、新工艺、新技术、新设备（简称"四新"）在相关部门的备案情况。必要时应协助建设单位组织专家评审。

（2）协助建设单位建立设计过程的联席会议制度，组织设计单位各专业主要设计人员定期或不定期开展设计讨论，共同研究和探讨设计过程中出现的矛盾，集思广益，根据项目的具体特性和处于主导地位的专业要求进行综合分析，提出解决的方法。

（3）协助建设单位开展深化设计管理。对于专业性较强或有行业专门资质要求的项目，目前多数委托具有专业设计资质的设计单位进行二次深化设计。对于二次深化设计，应组织深化设计单位与原设计单位充分协商沟通，出具深化设计图纸，由原设计单位审核会签，以确认深化设计符合总体设计要求，并对相关的配套专业设计能否满足深化图纸的要求予以确认。

【想对考生说】

施工图设计评审的重点是：使用功能是否满足质量目标和标准，设计文件是否齐全、完整，设计深度是否符合规定。各阶段具体的审查工作应能区分。

【历年这样考】

1.【2023年真题】工程监理单位承担施工图设计的协调管理服务，应完成的工作有（　　）。

A. 明确施工图设计的深度要求

B. 审查新材料、新工艺、新技术、新设备在相关部门的备案情况

C. 建立设计过程的联席会议制度

D. 开展深化设计管理

E. 开展施工图审查

【答案】BCD。

2.【2022年真题】建设单位委托专业设计单位进行二次深化设计绘制的图纸，应由（　　）审核签认。

A. 建设单位   B. 管理单位

C. 原设计单位   D. 勘察单位

【答案】C。

【还会这样考】

监理单位对施工设计图审查的重点有（　　）。

A. 审查采用的技术标准是否满足工程需要

B. 审查施工图是否符合现行标准、规范

C. 审查设计图纸是否达到工程质量的标准

D. 审查设计图纸是否符合现场和施工的实际条件

E. 审查所采用设计依据、参数、标准是否满足质量要求

【答案】BCD。

第五章
建设工程施工质量控制和安全生产管理

第一节　施工质量控制的依据和工作程序

一、施工质量控制的依据

【考生必掌握】

施工质量控制的依据大体上有四类，如图 1-5-1 所示。

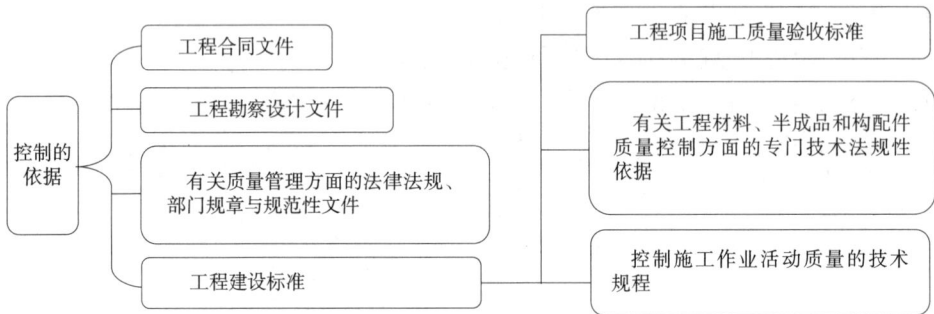

图 1-5-1　施工质量控制的依据

【想对考生说】

考生应能区分质量验收标准与技术规程文件。

这里还要特别说明：凡采用新工艺、新技术、新材料的工程，事先应进行试验，并应有权威性技术部门的技术鉴定书及有关的质量数据、指标，在此基础上制定相应的质量标准和施工工艺规程，以此作为判断与控制质量的依据。如果拟采用的新工艺、新技术、新材料，不符合现行强制性标准规定的，应当由拟采用单位提请建设单位组织专题技术论证，报批准标准的建设行政主管部门或者国务院有关主管部门审定。

【历年这样考】

【2019 年真题】工程采用新工艺、新技术、新材料时，应满足的要求包括（　　）。

A. 完成了相应试验并有相关质量指标　　　B. 有权威性的技术鉴定书

C. 制定了质量标准和工艺规程　　　　　　D. 符合现行强制性标准规定

E. 有类似工程的应用

【答案】ABCD。

【还会这样考】

项目监理机构在施工质量控制中，依据的工程建设的质量标准包括（　　）。

A. 建筑工程施工质量验收统一标准　　　B. 施工材料及其制品质量的技术标准

C. 质量管理体系标准　　　　　　　　　D. 控制施工作业活动质量的技术规程

E. 有关的新技术、新材料的质量标准

【答案】ABDE。

二、施工质量控制的工作程序

【考生必掌握】

在施工阶段中，项目监理机构要进行全过程的监督、检查与控制，不仅涉及最终产品的检查、验收，而且涉及施工过程的各环节及中间产品的监督、检查与验收。下面主要介绍工程开始前、施工过程中、质量验收过程中的工作内容。考生应能区分专业监理工程师与总监理工程师在工程开工前、施工过程中、质量验收过程中分别要做什么工作。

【历年这样考】

【2016 年真题】项目监理机构对施工单位报送的工程开工报审表及相关资料进行审查的内容有（　　）。

A. 施工单位资质等级是否符合相应施工工作

B. 施工组织设计是否已由监理工程师签认

C. 施工单位的管理及施工人员是否已到位

D. 施工机械是否已具备使用条件

E. 施工单位现场质量安全生产管理体系是否已建立

【答案】CE。

【还会这样考】

收到施工单位报送的分部工程报验表及质量控制资料后，（　　）应对分部工程进行验收，并签署验收意见。

A. 建设单位法人代表　　　　　　　　　B. 项目经理

C. 总监理工程师　　　　　　　　　　　D. 专业监理工程师

【答案】C。

第二节　施工准备阶段的质量控制

一、图纸会审与设计交底

【考生必掌握】

图纸会审与设计交底需要掌握主持单位、会议纪要整理、目的。图纸会审的内容和设计交底的内容了解即可。考生可通过表 1-5-1 进行对比记忆。

图纸会审与设计交底　　　　　　　　　　　　　　　表 1-5-1

项目	图纸会审	设计交底
主持单位	建设单位	建设单位
会议纪要整理	施工单位	设计方会同建设方
目的	（1）了解设计意图和工程设计特点、工程关键部位的质量要求。 （2）发现图纸差错，将图纸中的质量隐患消灭在萌芽之中	（1）进一步贯彻设计意图和修改图纸中的错、漏、碰、缺。 （2）帮助施工单位和监理单位加深对施工图设计文件的理解。 （3）掌握关键工程部位的质量要求，以确保工程质量

【想对考生说】

主持单位与会议纪要整理考查会是单项选择题；图纸会审与设计交底目的考查会是多项选择题。

【历年这样考】

1.【2022 年真题】监理人员参加施工图设计交底会，有利于（　　）。

A. 了解工程材料的来源有无保证　　　　　B. 掌握关键工程部位的质量要求

C. 了解建设单位的建设意图　　　　　　　D. 了解设计方法

【答案】B。

2.【2022 年真题】总监理工程师组织监理人员参加图纸会审的目的有（　　）。

A. 了解设计意图

B. 发现图纸中的差错

C. 检查设计深度是否达到要求

D. 熟悉设计文件对主要工程材料的要求

E. 审查消防设计是否符合设计规范要求

【答案】ABD。

3.【2017 年真题】工程开工前，施工图纸会审会议应由（　　）主持召开。

A．项目监理机构　　　　　　　　B．施工单位

C．建设单位　　　　　　　　　　D．设计单位

【答案】C。

【还会这样考】

工程施工图设计交底会应由（　）在收到施工图设计文件后 3 个月内组织并主持召开。

A．项目监理机构　　　　　　　　B．施工单位

C．建设单位　　　　　　　　　　D．设计单位

【答案】C。

二、施工组织设计的审查

【考生必掌握】

【想对考生说】

施工组织设计审查的基本内容包括 5 项，会考查多项选择题。这里主要介绍施工组织设计审查的程序要求，如图 1-5-2 所示。

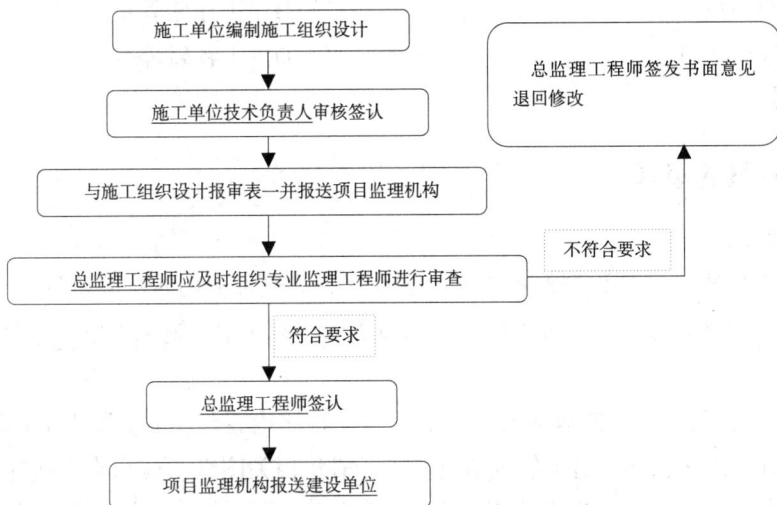

图 1-5-2　施工组织设计审查的程序要求

【想对考生说】

对于审查程序要求，考生要掌握施工组织设计的签认、审查。

【历年这样考】

1.【2023 年真题】施工组织设计由施工单位项目部组织编制完成后，由（　）审核并加盖单位公章后报项目监理机构审查。

A．项目监理   B．项目部技术负责人

C．施工单位技术负责人   D．施工单位法定代表人

【答案】C。

2.【2021年真题】项目监理机构对施工组织设计的审查内容有（　　）。

A．施工总平面布置   B．施工进度安排

C．施工方案   D．生产安全事故应急预案

E．分包单位的类似工程业绩

【答案】ABCD。

3.【2019年真题】根据《建设工程监理规范》，项目监理机构应将已审核签认的施工组织设计报送（　　）。

A．工程质量监督机构   B．建设单位

C．监理单位   D．施工单位

【答案】B。

【还会这样考】

工程实施过程中，施工单位擅自改动经审查批准的施工组织设计，项目监理机构应及时发出（　　），要求施工单位按程序重新报审。

A．口头指令   B．工作联系单

C．监理通知单   D．工程暂停令

【答案】C。

三、施工方案的审查

【考生必掌握】

施工方案的审查包括程序性审查和内容性审查。这部分内容主要掌握两个采分点：

（1）施工方案的编制、审批：项目技术负责人组织编制；施工单位技术负责人审批签字。

（2）内容性审查是审查基本内容是否完整，具体内容包括：工程概况；编制依据；施工安排；施工工艺技术；施工保证措施；计算书及相关图纸。应重点审查施工方案是否具有针对性、指导性、可操作性；现场施工管理机构是否建立了完善的质量保证体系，是否明确工程质量要求及标准，是否健全了质量保证体系组织机构及岗位职责、是否配备了相应的质量管理人员；是否建立了各项质量管理制度和质量管理程序等；施工质量保证措施是否符合现行的规范、标准等，特别是与工程建设强制性标准的符合性。

【历年这样考】

1.【2022年真题】总监理工程师组织专业监理工程师对施工方案内容进行审查时，应重点审查（　　）。

A．施工方案编制人资格是否符合要求

B．施工方案是否有针对性和可操作性

C. 施工方案审批人资格是否符合要求

D. 工程概况是否全面

【答案】B。

2.【2021年真题】项目监理机构对施工方案的审查内容是（　　）。

A. 施工总平面布置　　　　　　　　　B. 计算书及相关图纸

C. 资金、劳动力等资源供应计划　　　D. 施工预算

【答案】B。

【还会这样考】

1. 根据《建设工程监理规范》，对施工单位报送的施工方案，项目监理机构应重点审查的是（　　）。

A. 编审依据　　　　　　　　　　　　B. 编审原则

C. 编审方法　　　　　　　　　　　　D. 编审程序

【答案】D。

2. 施工方案应由（　　）审批签字后提交项目监理机构。

A. 建设单位项目负责人　　　　　　　B. 项目技术负责人

C. 建设单位技术负责人　　　　　　　D. 施工单位技术负责人

【答案】D。

四、现场施工准备的质量控制

采分点1　专业监理工程师、总监理工程师对各报审、报验表的审查、签认

【考生必掌握】

【想对考生说】

通过对历年考试题目的分析，发现经常考查专业监理工程师、总监理工程师对各报审、报验表的审查、签认，对此我们进行了总结，考生可通过表1-5-2学习记忆。

专业监理工程师、总监理工程师对报审、报验表的审查、签认　　　表1-5-2

报审、报验表	审查并提出意见	审批、签认或签署意见
施工组织设计或（专项）施工方案报审表	专业监理工程师	总监理工程师（盖章）
分包单位资格报审表	专业监理工程师	总监理工程师
施工控制测量成果报验表	专业监理工程师	
试验室报审表	专业监理工程师	
工程材料、构配件、设备报审表	专业监理工程师	
工程开工报审表	专业监理工程师	总监理工程师

【想对考生说】

考生应熟悉教材中的几个报审表格。

这里补充下开工令的发出——总监理工程师应在开工日期7天前向施工单位发出工程开工令。工期自总监理工程师发出的工程开工令中载明的开工日期起计算。签发开工令应具备的条件在2020年、2023年考查了多项选择题。

【历年这样考】

1.【2023年真题】总监理工程师签发工程开工令时，该工程需具备的条件有（   ）。

A. 已完成设计交底和图纸会审　　　　B. 已签认施工组织设计

C. 已审核分包单位资质　　　　　　　D. 已开通进场道路及水、电、通信

E. 签署的工程开工报审表已获建设单位批准

【答案】ABD。

2.【2020年真题】根据《建设工程监理规范》，下列施工单位报审表中，需由总监理工程师签字并加盖执业印章的是（   ）。

A. 工程复工报审表　　　　　　　　　B. 监理通知回复单

C. 分部工程报验表　　　　　　　　　D. 施工组织设计报审表

【答案】D。

3.【2019年真题】在施工单位提交的下列报审表、报验表中，专业监理工程师签署意见后，总监理工程师还应签署审核意见的是（   ）。

A. 分包单位资格报审表　　　　　　　B. 施工控制测量成果报验表

C. 分项工程质量报验表　　　　　　　D. 工程材料、构配件、设备报审表

【答案】A。2017年以"总监理工程师"作为采分点进行了考核。

4.【2019年真题】工程施工工期应自（   ）中载明的开工日期起计算。

A. 工程开工报审表　　　　　　　　　B. 施工组织设计报审表

C. 施工控制测量成果报验表　　　　　D. 工程开工令

【答案】D。

5.【2016年真题】下列报审、报验表中，只需由专业监理工程师签署审查意见的有（   ）。

A. 分部工程报验表　　　　　　　　　B. 单位工程竣工验收报审表

C. 施工控制测量成果报验表　　　　　D. 工程材料、构配件、设备报审表

E. 分包单位资格报审表

【答案】CD。

【还会这样考】

项目监理机构收到施工单位报送的试验室报审表及有关资料后，应由（   ）进行审查，并提出具体审查意见。

A．总监理工程师   B．专业监理工程师

C．监理员   D．总监理工程师代表

【答案】B。

采分点2　现场施工准备质量控制内容

【考生必掌握】

上述采分点总结了报审、报验表的审查与签认,关于其审查内容我们也来做下总结,见表1-5-3。

现场施工准备质量控制内容　　　　　　表1-5-3

项目		内容
分包单位资格审核		（1）营业执照、企业资质等级证书。 （2）安全生产许可文件。 （3）类似工程业绩。 （4）专职管理人员和特种作业人员的资格。 （5）施工单位对分包单位的管理制度
施工控制测量成果	检查、复核	（1）施工单位测量人员的资格证书及测量设备检定证书。 （2）施工平面控制网、高程控制网和临时水准点的测量成果及控制桩的保护措施
	报验表	施工单位的测量依据、测量人员资格和测量成果是否符合规范及标准要求
试验室的检查		（1）试验室的资质等级及试验范围。 （2）法定计量部门对试验设备出具的计量检定证明。 （3）试验室管理制度。 （4）试验人员资格证书
工程材料、构配件、设备质量控制	基本内容	审查施工单位报送的用于工程的材料、构配件、设备的质量证明文件,并应按有关规定、建设工程监理合同约定,对用于工程的材料进行见证取样。质量证明文件包括出厂合格证、质量检验报告、性能检测报告以及施工单位的质量抽检报告等。 对已进场经检验不合格的工程材料、构配件、设备,应要求施工单位限期将其撤出施工现场
	控制要点	（1）对于进口材料、构配件和设备,专业监理工程师应要求施工单位报送进口商检证明文件,并会同建设单位、施工单位、供货单位等相关单位有关人员按合同约定进行联合检查验收。联合检查由施工单位提出申请,项目监理机构组织,建设单位主持。 （2）原材料、（半）成品、构配件进场时,专业监理工程师应检查其尺寸、规格、型号、产品标志、包装等外观质量,并判定其是否符合设计、规范、合同等要求。 （3）对进场的设备,专业监理工程师应会同设备安装单位、供货单位等的有关人员进行开箱检验,检查其是否符合设计文件、合同文件和规范等所规定的厂家、型号、规格、数量、技术参数等,检查设备图纸、说明书、配件是否齐全。 （4）由建设单位采购的主要设备则由建设单位、施工单位、项目监理机构进行开箱检查,并由三方在开箱检查记录上签字。 （5）质量合格的材料、构配件进场后,到其使用或安装时通常要经过一定的时间间隔。在此时间里,专业监理工程师应对施工单位在材料、半成品、构配件的存放、保管及使用期限实行监控

【历年这样考】

1.【2023年真题】下列施工控制测量成果检查工作中，属于专业监理工程师职责的是（　　）。

A．查验测量设备的检定证书　　　　　　B．查验模板的平整度

C．检查边坡位移测量报告　　　　　　　D．检查承台施工后的轴线偏差

【答案】A。

2.【2023年真题】专业监理工程师对施工单位试验室的检查内容有（　　）。

A．试验室的资质等级及实验范围　　　　B．试验设备的计量检定证明

C．类似的试验业绩　　　　　　　　　　D．相关试验方法

E．试验人员的资格证书

【答案】ABE。

3.【2019年真题】分包工程开工前，项目监理机构应审核施工单位报送的《分包单位资格报审表》及有关资料，对分包单位资格审核的基本内容包括（　　）。

A．分包单位资质及其业绩

B．分包单位专职管理人员和特种作业人员资格证书

C．安全生产许可文件

D．施工单位对分包单位的管理制度

E．分包单位施工规划

【答案】ABCD。

4.【2018年真题】工程施工过程中，对已进场但检验不合格的工程材料，项目监理机构应要求施工单位（　　）。

A．停工整改并封存不合格材料

B．征求设计单位对不合格材料的使用意见

C．限期将不合格材料撤出施工现场

D．征求检测机构对不合格材料的使用意见

【答案】C。

5.【2018年真题】用于工程的进口设备进场后，应由（　　）组织相关单位进行联合检查验收。

A．建设单位　　　　　　　　　　　　　B．项目监理机构

C．施工单位　　　　　　　　　　　　　D．设备供应单位

【答案】B。

6.【2018年真题】项目监理机构对进场工程原材料外观质量进行检查的主要内容有（　　）。

A．外观尺寸　　　　　　　　　　　　　B．规格

C．型号　　　　　　　　　　　　　　　D．产品标志

E．工艺性能

【答案】ABCD。

7.【2017 年真题】下列文件中，属于工程材料质量证明文件的有（　　）。

A. 材料供货合同　　　　　　　　B. 出厂合格证

C. 质量检验报告　　　　　　　　D. 质量验收标准

E. 性能检测报告

【答案】BCE。

【还会这样考】

1. 项目监理机构审查施工单位报送的施工控制测量成果检验表及相关资料时，应重点审查（　　）是否符合标准及规范的要求。

A. 测量依据　　　　　　　　　　B. 测量管理制度

C. 测量人员资格　　　　　　　　D. 测量手段

E. 测量成果

【答案】ACE。

2. 专业监理工程师应会同相关单位及人员对合同约定的进场设备进行开箱检查，检查其是否符合（　　）的要求。

A. 建设单位　　　　　　　　　　B. 设计文件

C. 订货合同　　　　　　　　　　D. 安装单位

E. 相关规范

【答案】BCE。

3. 对于工程采用新设备、新材料，应核查（　　）。

A. 商检证明文件　　　　　　　　B. 相关部门鉴定证书

C. 实地考察报告　　　　　　　　D. 工程应用的证明材料

E. 专题论证材料

【答案】BCDE。

第三节　施工过程的质量控制

一、巡视与旁站

【考生必掌握】

这部分内容主要掌握以下几个采分点：

（1）首先要了解巡视和旁站的概念，会考查概念题目。

（2）项目监理机构对工程施工质量进行巡视的内容一般会考查多项选择题，这里就不列举了，考生可以通过 2018 年、2023 年真题题目学习。

（3）项目监理机构确定旁站关键部位、关键工序的依据应熟悉。

（4）旁站人员的主要职责会考查多项选择题，这里就不列举了，考生可以通过
2018年真题题目学习。

【历年这样考】

1.【2023年真题】项目监理机构在主体结构工程施工阶段进行巡视的内容有
（   ）。

　　A. 检查钢筋连接方式是否符合设计要求

　　B. 查看模板拆除是否符合已审批的施工方案

　　C. 审查装配式预制构件的吊装方案

　　D. 监督钢筋在梁柱节点的安装质量

　　E. 检查基坑坑边的荷载是否在允许范围内

　　【答案】ABD。

2.【2019年真题】根据《建设工程监理规范》，项目监理机构应根据工程特点
和（   ），确定旁站的关键部位和关键工序。

　　A. 监理规划　　　　　　　　　　　　B. 监理细则

　　C. 施工单位报送的施工组织设计　　　D. 监理合同

　　【答案】C。

3.【2018年真题】根据《建设工程监理规范》，项目监理机构针对工程施工质量
进行巡视的内容有（   ）。

　　A. 按设计文件、工程建设标准施工的情况　　B. 工程施工质量专题会议召开情况

　　C. 使用工程材料、构配件的合格情况　　　　D. 特种作业人员持证上岗情况

　　E. 施工现场管理人员到位情况

　　【答案】ACDE。

4.【2018年真题】项目监理机构对关键部位的施工质量进行旁站时，主要职
责有（   ）。

　　A. 检查施工单位现场质检人员到岗情况

　　B. 现场监督关键部位的施工方案执行情况

　　C. 现场监督关键部位的工程建设强制性标准执行情况

　　D. 现场监督施工单位技术交流

　　E. 检查进场材料采购管理制度

　　【答案】ABC。

　　【解析】除此之外还包括：特殊工种人员持证上岗及施工机械、建筑材料准备情况；
核查进场建筑材料、构配件、设备和商品混凝土的质量检验报告等；做好旁站记录，
保存旁站原始资料。对施工中出现的偏差及时纠正，保证施工质量。发现施工单位有
违反工程建设强制性标准行为的，应责令施工单位立即整改；发现其施工活动已经或
者可能危及工程质量的，应当及时向专业监理工程师或总监理工程师报告，由总监理
工程师下达暂停令，指令施工单位整改。

【还会这样考】

1. 项目监理机构对工程的关键部位或关键工序的施工质量进行的监督活动称为（　　）。

A. 巡视　　　　　　　　　　　　B. 旁站

C. 专业检查　　　　　　　　　　D. 平行检查

【答案】B。

【想对考生说】

巡视是项目监理机构对施工现场进行的定期或不定期的检查活动。

2. 监理人员实施旁站监理时，发现施工企业有违反工程建设强制性标准行为时，应当（　　）。

A. 责令施工企业整改　　　　　　B. 向施工企业项目经理报告

C. 向建设单位驻工地代表报告　　D. 向建设行政主管部门报告

【答案】A。

二、见证取样与平行检验

【考生必掌握】

主要掌握见证取样的工作程序和要求，对平行检验了解即可。

见证取样的工作程序和要求见表1-5-4。

见证取样的工作程序和要求　　　　　　　　　　　表1-5-4

项目	内容
工作程序	（1）工程项目施工前，由施工单位和项目监理机构共同对见证取样的检测机构进行考察确定。试验室一般是和施工单位没有行政隶属关系的第三方。 （2）项目监理机构要将选定的试验室报送负责本项目的质量监督机构备案，同时要将项目监理机构中负责见证取样的监理人员在该质量监督机构备案。 （3）配备取样人员，负责施工现场的取样工作，并将检测试验计划报送项目监理机构。 （4）在监理人员现场监督下，施工单位按相关规范的要求，完成材料、试块、试件等的取样过程。 （5）完成取样后，施工单位取样人员应在试样或其包装上作出标识、封志
要求	（1）试验室要具有相应的资质并进行备案、认可。 （2）负责见证取样的监理人员要具有材料、试验等方面的专业知识，并经培训考核合格，且要取得见证人员培训合格证书。 （3）从事取样的人员一般应是试验室人员或专职质检人员担任。 （4）试验室出具的报告一式两份，分别由施工单位和项目监理机构保存，并作为归档材料。 （5）见证取样的频率，国家或地方主管部门有规定的，执行相关规定；施工承包合同中如有明确规定的，执行施工承包合同的规定。 （6）见证取样和送检的资料必须真实、完整，符合相应规定

【历年这样考】

1.【2022年真题】关于见证取样及相关人员的说法，正确的是（　　）。

A. 现场取样应依据经过批准的施工组织设计进行

B. 负责取样的施工人员和负责见证取样的监理人员应在质量监督机构备案

C. 取样完成后，负责见证取样的监理人员应将试样封装，并进行标识、封志和签字

D. 见证取样人员应具有材料、试验等方面的专业知识，并经培训考核合格

【答案】D。2021年也以判断正确与错误说法的题目考查了见证取样工作相关内容。

2.【2020年真题】建设单位要求监理单位进行平行检验的，双方应在监理合同中明确的内容有（　　）。

A. 检验项目   B. 检验数量

C. 检验结果   D. 检验频率

E. 检验效率

【答案】ABD。2021年以单项选择题考查了该采分点。

【还会这样考】

施工过程中见证取样的试验室应是（　　）。

A. 施工单位的试验室   B. 建设单位指定的试验室

C. 监理单位指定的试验室   D. 与施工单位没有行政隶属关系的第三方

【答案】D。

三、工程实体质量控制

【考生必掌握】

这部分主要介绍地基基础工程、钢筋工程、混凝土工程、钢结构工程、装配式混凝土工程、砌体工程、防水工程、装饰装修工程、给水排水及采暖工程、通风与空调工程、建筑电气工程、智能建筑工程、市政工程的质量控制。下面将可能会作为采分点的内容进行总结，见表1-5-5。

工程实体质量控制　　　　　　　　　　　　　　表1-5-5

工程	质量控制
地基基础工程	地基基础验槽应在基坑或基槽开挖至设计标高后进行，对留置保护土层时其厚度不应超过100mm，槽底应为无扰动的原状土
钢筋工程	（1）施工缝浇筑混凝土，应清除浮浆、松动石子、软弱混凝土层。 （2）预留钢筋的中心线位置允许偏差为5mm内。钢筋绑扎时，应将预留钢筋调直理顺，并将其表面砂浆等杂物清理干净。对伸出混凝土体外预留钢筋，可绑一道临时横筋固定预留筋间距，混凝土浇筑完后立即对预留筋进行修整。 （3）钢筋安装时，应检查受力钢筋的牌号、规格和数量是否符合设计和规范的要求。 （4）对一般结构构件，箍筋弯钩的弯折角度不应小于90°，对有抗震设防有专门要求的结构构件，箍筋弯钩的弯折角度不应小于135°；圆形箍筋两末端均应做不小于135°的弯钩

续表

工程	质量控制
混凝土工程	（1）现浇结构模板安装的表面平整度偏差为 5mm，预制构件模板安装的表面平整度偏差为 3mm。 （2）楼板后浇带的模板支撑体系按规定单独设置。 （3）严禁在混凝土中加水。严禁将洒落的混凝土浇筑到混凝土结构中。 （4）后浇带留设界面应垂直于结构构件和纵向受力钢筋，对于厚度或高度较大的结构构件，宜采用专用材料封挡；后浇带、施工缝的结合面应为粗糙面，应清除浮浆、松动石子和软弱混凝土层。有防水要求的大体积底板与侧墙相连接的施工缝，应采取钢板止水带处理措施
钢结构工程	（1）焊工应当持证上岗，在其合格证规定的范围内施焊。 （2）一、二级焊缝应采用超声波探伤进行内部缺陷检验，超声波探伤不能对缺陷作出判断时，应采用射线探伤，其内部缺陷分级及探伤方法应符合相应标准要求；一级探伤比例为 100%，二级探伤比例为 20%。 （3）高强度大六角头螺栓连接副终拧完成 1h 后、48h 内应进行终拧扭矩检查，检验结果符合规程规定。 （4）每使用 100t 或不足 100t 薄涂型防火涂料应抽检一次粘结强度；每使用 500t 或不足 500t 厚涂型防火涂料应抽检一次粘结强度和抗压强度。 （5）超薄型钢结构防火涂料涂层厚度 ≤ 3mm，薄型钢结构防火涂料涂层厚度 >3mm、≤ 7mm，厚型钢结构防火涂料涂层厚度 >7mm 且 ≤ 45mm；厚涂型防火涂料的涂层厚度，80% 及以上面积应符合有关耐火极限的设计要求，且最薄处厚度不应低于设计要求的 85%
防水工程	（1）严禁在防水混凝土拌合物中加水。防水混凝土拌合物在运输后如出现离析，必须进行二次搅拌；当坍落度损失后不能满足施工要求时，应加入原水胶比的水泥浆或掺加同品种的减水剂进行搅拌，严禁直接加水。 （2）水泥砂浆防水层应采用聚合物水泥防水砂浆、掺外加剂或掺合物的防水砂浆；防水层施工缝留槎位置正确，接槎按层次顺序搭接紧密；防水层平均厚度应符合设计要求，最小厚度不得小于设计厚度的 85%。 （3）有淋浴设施的墙面的防水层不得低于 1800mm

【想对考生说】

上表中的划线部分的数据要重点记忆，可能会考核数字题目，还可能会作为备选项考核判断正确与错误说法的综合题目。

【历年这样考】

1.【2023 年真题】关于后浇带施工要求的说法，正确的是（　　）。

A. 后浇带两侧混凝土浇筑 60 天后即可浇筑后浇带混凝土

B. 后浇带处的模板及支撑应与相邻模板及支撑同时安装

C. 所有后浇带处都应设置止水带

D. 后浇带处混凝土应采取减少混凝土收缩的措施

【答案】D。

2.【2021 年真题】根据《工程质量安全手册（试行）》，关于混凝土分项工程施工的说法，正确的是（　　）。

A. 泵送混凝土的坍落度小于 14cm 时，可以少量加水

B. 楼板后浇带的模板支撑体系应按规定单独设置

C. 混凝土应在终凝时间内浇筑完毕

D. 混凝土振捣棒每次插入振动的时间不少于 15s

【答案】B。

3.【2020 年真题】关于钢筋混凝土工程施工的说法，正确的是（　　）。

A. 施工缝浇筑混凝土时，不应清除表面的浮浆

B. 焊接连接接头试件应从试焊试验件中截取

C. 圆形箍筋两端均应做成不大于 45° 的弯钩

D. 受力钢筋保护层厚度的合格点率应达到 90% 及以上

【答案】D。

【还会这样考】

1. 地基基础验槽应在基坑或基槽开挖至设计标高后进行，对留置保护土层时其厚度不应超过（　　）mm。

A. 80 　　　　　　　　　　　　　　　B. 100

C. 150 　　　　　　　　　　　　　　D. 200

【答案】B。

2. 根据《工程质量安全手册（试行）》，钢筋安装时，应检查受力钢筋的（　　）是否符合设计和规范的要求。

A. 牌号 　　　　　　　　　　　　　　B. 规格

C. 数量 　　　　　　　　　　　　　　D. 长度

E. 品种

【答案】ABC。

四、混凝土制备质量控制

【考生必掌握】

这部分内容主要掌握混凝土生产质量控制，见表 1-5-6。

混凝土生产质量控制　　　　　　　　　　　　　表 1-5-6

项目	质量控制要求
制备厂搅拌混凝土检查	混凝土搅拌设备应准确计量各种配料用量，生产数据应形成记录并能实时查询，驻厂监理不定期进行检查，形成检查记录台账
运输混凝土检查	采用混凝土搅拌运输车运输混凝土进入工地后对坍落度检查，对因道路堵塞或其他意外情况造成坍落度损失过大，不能满足施工要求时严禁加水，可在运输车罐内加入适量的与原配合比相同成分的减水剂。减水剂掺入后搅拌运输车应快速进行搅拌，搅拌的时间应由试验确定
混凝土强度检查	用于检查结构构件混凝土强度的试件，应在混凝土的浇筑地点随机抽取。制作 PC 混凝土构件强度试块时，尚应检验其坍落度、黏聚性、保水性及拌合物密度，并以此结果作为代表这一配合比混凝土拌合物的性能

【历年这样考】

1.【2023 年真题】用于检查结构件混凝土强度的同条件养护试块，取样地点和方式正确的是（　　）。

A．邮寄厂随机抽取　　　　　　　　B．搅拌运输车进入工地时随机抽取

C．浇筑地点随机抽取　　　　　　　D．工地试验室制备取样

【答案】C。

2.【2023 年真题】在搅拌运输车运输过程中，混凝土坍落度损失过大时，可采取的措施是（　　）。

A．在运输车罐内适量加水快速搅拌

B．在运输车罐内加入高效减水剂

C．在运输车罐内适量加入与原配合比相同成分的减水剂

D．在原混凝土强度等级的基础上降一级使用

【答案】C。

【还会这样考】

水泥合格性验收审查包括检查（　　）。

A．产品合格证　　　　　　　　　　B．运输通行证

C．出厂检验报告　　　　　　　　　D．货物单据

E．进场复验报告

【答案】ACE。

五、装配式建筑 PC 构件施工质量控制

【考生必掌握】

这部分内容主要介绍生产准备阶段的质量控制，生产阶段的质量控制，构件存放、运输与吊装的质量控制。考生应重点掌握以下采分点：

（1）PC 构件图纸深化设计由非原设计单位设计出图的，应在原设计单位指导协助下由有拆分设计经验的专业设计单位拆分设计，最终图纸需得到原设计单位的审核盖章确认。

（2）预制构件生产前项目监理机构应审查生产方案。生产方案审查的具体内容包括：生产工艺、生产计划、模具方案、模具计划、技术质量控制措施、成本保护、存放及运输方案。

（3）PC 构件见证检验包括：①混凝土强度试块取样检验；②钢筋取样检验；③钢筋套筒取样检验；④拉结件取样检验；⑤预埋件取样检验；⑥保温材料取样检验。

（4）PC 构件的运输应编制专项运输方案，报项目监理机构批准后执行。

（5）项目监理机构应审核施工单位编制的吊装方案，提出审查意见，经总监理工程师签认后实施。

（6）吊装方案审查的主要内容：①管理与技术人员的配置；②起重机械设备的选型；③吊装使用的吊具；④灌浆设备的选择；⑤现场辅材、工具的准备；⑥构件供应运输顺

序与现场吊装顺序；⑦构件安装工艺流程与现场相关施工的配合；⑧质量安全控制措施与保障措施。

（7）构件吊装前，项目<u>专业监理工程师</u>应对吊装准备工作进行检查，并形成书面记录。

（8）楼板面测量放线时，项目监理机构应进行旁站，并对<u>放样的细部尺寸构件安装标高进行测量放线</u>。

（9）<u>构件</u>（外挂板、外墙板、内墙板、隔墙板、预制柱、叠合梁、叠合板、楼梯）<u>吊装时</u>，项目监理机构应对吊装施工进行旁站监理。

（10）PC构件灌浆时，项目监理机构应对<u>钢筋套筒灌浆连接、钢筋浆锚搭接灌浆作业</u>实施旁站监理。

（11）项目监理机构应对装配式支撑方案进行审查，对<u>支撑体系的搭设</u>进行巡视检查。

【想对考生说】

第（1）条中划线部分"原设计单位"，会作为采分点考查单项选择题。

第（2）条中生产方案审查的具体内容可能会考查多项选择题，注意与第（6）条中吊装方案审查的主要内容进行区分。

第（5）条中划线部分"总监理工程师"，会作为采分点考查单项选择题。

项目监理机构应参与建设单位组织的图纸深化设计会审，审核要点包括6项，会考查多项选择题。

PC构件制作质量控制环节要求包括4点，可能会考查判断正确与错误说法的综合题目。

【历年这样考】

1.【2023年真题】项目监理机构应对PC构件生产原材料见证检验包括（　　）。

A. 混凝土取样检验　　　　　　B. 钢筋取样检验

C. 钢筋套筒型式检验　　　　　D. 拉结件取样检验

E. 保温材料取样检验

【答案】ABDE。

2.【2022年真题】项目监理机构应对装配式建筑工程施工作业实施旁站的有（　　）。

A. 构件吊装施工　　　　　　　B. 钢筋浆锚搭接灌浆作业

C. 预制构件的模板安装　　　　D. 预制构件装车运输

E. 预制构件的养护

【答案】AB。

3.【2021年真题】项目监理机构对混凝土预制构件型式检验报告的审核内容有（　　）。

A．运输路线　　　　　　　　　　B．外观质量

C．尺寸偏差　　　　　　　　　　D．卸车条件

E．混凝土抗压强度

【答案】BCE。

【还会这样考】

1．项目监理机构应审核施工单位编制的吊装方案，并提出审查意见，经（　　）签认后实施。

A．专业监理工程师　　　　　　　B．总监理工程师

C．施工单位项目负责人　　　　　D．建设单位项目负责人

【答案】B。

2．项目监理机构应在预制构件生产前审查生产方案，审查的具体内容包括（　　）。

A．生产工艺　　　　　　　　　　B．生产计划

C．模具方案与模具计划　　　　　D．技术质量控制措施

E．质量安全控制措施与保障措施

【答案】ABCD。

六、监理通知单、工程暂停令、工程复工令的签发

【考生必掌握】

监理通知单、工程暂停令、工程复工令的签发见表1-5-7。

监理通知单、工程暂停令、工程复工令的签发　　　　　表1-5-7

项目	内容
监理通知单的签发	在工程质量控制方面，项目监理机构发现施工存在质量问题的，或施工单位采用不适当的施工工艺，或施工不当，造成工程质量不合格的，应及时签发监理通知单，要求施工单位整改。监理通知单由专业监理工程师或总监理工程师签发
工程暂停令的签发	项目监理机构发现下列情形之一时，总监理工程师应及时签发工程暂停令： （1）建设单位要求暂停施工且工程需要暂停施工的； （2）施工单位未经批准擅自施工或拒绝项目监理机构管理的； （3）施工单位未按审查通过的工程设计文件施工的； （4）施工单位违反工程建设强制性标准的； （5）施工存在重大质量、安全事故隐患或发生质量、安全事故的
工程复工令的签发	项目监理机构收到施工单位报送的工程复工报审表及有关材料后，应对施工单位的整改过程、结果进行检查、验收，符合要求的，总监理工程师应及时签署审批意见，并报建设单位批准后签发工程复工令，施工单位接到工程复工令后组织复工

【想对考生说】

工程暂停令的签发是考试重点，在2016～2019年每年都考查了一道题目。

审核工程复工报审表时，对需要返工处理或加固补强的质量缺陷、质量事故的处理应区分。

【历年这样考】

1.【2021年真题】施工中出现需要加固的质量缺陷时，项目监理机构应审查施工单位提交的（ ）。

A．按设计规范编制的加固处理方案

B．经该项目设计单位认可的加固处理方案

C．经有相应设计资质的设计单位认可的加固处理方案

D．经建设单位认为的加固处理方案

【答案】B。2014年考查了在审核工程复工报审表时，对需要返工处理或加固补强的质量事故的处理。

2.【2019年真题】在工程施工中，总监理工程师应及时签发工程暂停令的情形有（ ）。

A．建设单位要求暂停施工经论证没必要暂停的

B．施工单位未按审查通过的工程设计文件施工的

C．施工单位拒绝项目监理机构管理的

D．施工单位违反工程建设强制性标准的

E．施工单位存在重大质量、安全事故隐患的

【答案】BCDE。

【想对考生说】

这道题目还可能这样来考查："项目监理机构发现施工单位未按审查通过的工程设计文件施工的，总监理工程师应（   ）。"

3.【2016年真题】下列报审、报验表中，需要建设单位签署审批意见的是（ ）。

A．分包单位资格报审表   B．施工进度计划报审表

C．分项工程报验表   D．工程复工报审表

【答案】D。

【还会这样考】

1．施工单位采用不适当的施工工艺，或施工不当，造成工程质量不合格的，项目监理机构应及时签发（ ）。

A．监理通知单   B．工作联系单

C．工程暂停令   D．监理报告

【答案】A。

2．对施工单位的整改过程、结果进行检查、验收，符合要求的，（ ）应及时签署审批意见，并报建设单位批准后签发工程复工令。

A．监理员   B．专业监理工程师

C．总监理工程师代表   D．总监理工程师

【答案】D。

七、工程变更的控制

【考生必掌握】

这部分内容考生应掌握对于施工单位提出的工程变更，监理机构的处理程序，如图 1-5-3 所示。

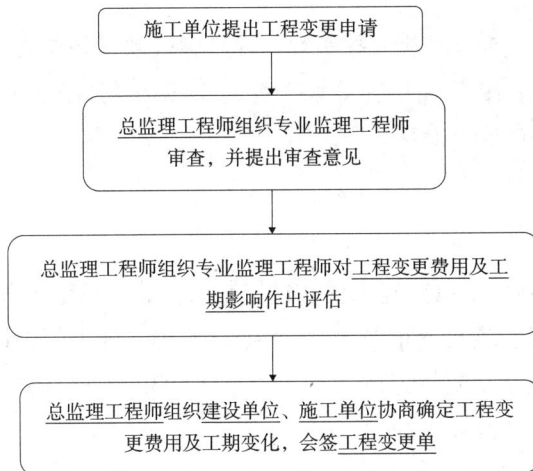

```
┌─────────────────────────────┐
│     施工单位提出工程变更申请      │
└─────────────────────────────┘
              │
              ▼
┌─────────────────────────────┐
│  总监理工程师组织专业监理工程师     │
│    审查，并提出审查意见           │
└─────────────────────────────┘
              │
              ▼
┌─────────────────────────────┐
│ 总监理工程师组织专业监理工程师对工程变更费用及工 │
│      期影响作出评估            │
└─────────────────────────────┘
              │
              ▼
┌─────────────────────────────┐
│ 总监理工程师组织建设单位、施工单位协商确定工程变 │
│   更费用及工期变化，会签工程变更单   │
└─────────────────────────────┘
```

图 1-5-3 施工单位提出工程变更的处理程序

【历年这样考】

【2019 年真题】对施工单位提出的工程变更，总监理工程师应履行的职责有（   ）。

A. 组织专业监理工程师审查变更申请并提出审查意见

B. 提交原设计单位修改工程设计文件

C. 组织专业监理工程师对变更费用及工期影响作出评估

D. 组织相关单位共同协商变更费用及工期变化

E. 组织会签工程变更单

【答案】ACDE。

【还会这样考】

对于施工单位提出的工程变更，总监理工程师组织（   ）等共同协商确定工程变更费用及工期变化，会签工程变更单。

A. 设计单位、施工单位   B. 建设单位、施工单位

C. 与施工单位无关系第三方、建设单位   D. 建设单位、设计单位

【答案】B。

八、质量记录资料的管理

【考生必掌握】

质量记录资料包括三方面，分别是施工现场质量管理检查记录资料、工程材料质量记录、施工过程作业活动质量记录资料。

> **【想对考生说】**
>
> 考查题型会有两种：
>
> 一是施工单位实施工程质量控制活动的质量记录资料包括的内容。
>
> 二是施工现场质量管理检查记录资料、工程材料质量记录或施工过程作业活动质量记录资料包括的内容。

【历年这样考】

【2017 年真题】施工单位实施工程质量控制活动的质量记录资料有（　　）。

A. 施工现场质量管理检查记录 　　　B. 施工图设计文件审查记录

C. 施工过程作业活动质量记录 　　　D. 工程材料质量记录

E. 工程有关合同文件评审记录

【答案】ACD。

【还会这样考】

根据施工质量验收的基本规定，施工单位提交给总监理工程师的《现场质量管理检查记录》中应包括的检查内容有（　　）。

A. 现场质量管理制度 　　　B. 主要专业工种操作上岗证书

C. 施工技术标准 　　　D. 地质勘察资料

E. 工程承包合同

【答案】ABCD。

第四节　安全生产的监理行为和现场控制

【考生必掌握】

安全生产的监理行为要求，包括四项：

（1）按规定编制监理规划和安全监理实施细则；

（2）按规定审查施工组织设计中的安全技术措施或者专项施工方案；

（3）按规定审核各相关单位资质、安全生产许可证、"安管人员"安全生产考核合格证书和特种作业人员操作资格证书并做好记录；

（4）按规定对现场实施安全监理。发现安全事故隐患严重且施工单位拒不整改或者不停止施工的，应及时向政府主管部门报告。

根据《工程质量安全手册（试行）》，项目监理机构应对基坑工程、脚手架工程、起重机械、模板支撑体系、临时用电、安全防护等进行现场控制。

【历年这样考】

【2021年真题】根据《工程质量安全手册（试行）》，高处作业吊篮内作业人员不应超过（　　）。

A. 1人　　　　　　　　　　　　B. 2人

C. 3人　　　　　　　　　　　　D. 专项施工方案所确定的人数

【答案】B。

【还会这样考】

根据《工程质量安全手册（试行）》，脚手架工程操作正确的有（　　）。

A. 扣件应按规定进行全数复试

B. 脚手架上严禁集中荷载

C. 高处作业的吊篮限位装置应齐全有效

D. 高处作业的吊篮内作业人员不应超过3人

E. 操作平台的使用应符合规范及专项施工方案要求

【答案】BCE。

第五节　危险性较大的分部分项工程施工安全管理

一、危大工程范围及专项施工方案的编制与审查

【考生必掌握】

首先应区分什么是危险性较大的分部分项工程与超过一定规定的危险性较大的分部分项工程。专项施工方案的编制与审查重点掌握以下几个采分点：

（1）实行施工总承包的，专项施工方案应当由施工总承包单位组织编制。危大工程实行分包的，专项施工方案可以由相关专业分包单位组织编制。

（2）专项施工方案应当由施工单位技术负责人审核签字、加盖单位公章，并由总监理工程师审查签字、加盖执业印章后方可实施。

（3）对于超过一定规模的危大工程，施工单位应当组织召开专家论证会对专项施工方案进行论证。专家论证前专项施工方案应当通过施工单位审核和总监理工程师审查。

【历年这样考】

1.**【2022年真题】**某混凝土工程总高度为80m，拟采用滑模技术施工，根据《危

险性较大的分部分项工程安全管理规定》，施工单位编制的专项施工方案的正确处理方式是（　　）。

  A．报送项目监理机构审批同意后方可实施

  B．经施工单位技术负责人审核和总监理工程师审查后，组织专家论证

  C．组织专家论证通过后，报送项目监理机构审查

  D．经总监理工程师审查同意后，报送监理单位技术负责人审批

  【答案】B。

  2．【2021年真题】根据《危险性较大的分部分项工程安全管理规定》，施工单位应编制专项施工方案，并组织专家论证的是（　　）工程。

  A．开挖深度为4.5m的基坑   B．45m高的脚手架

  C．悬挂高度为100m的高处作业吊篮 D．20m高的悬挑脚手架

  【答案】D。

  3．【2020年真题】根据《危险性较大的分部分项工程安全管理规定》，属于超过一定规模的危险性较大的分部分项工程有（　　）。

  A．开挖深度6m的深基坑工程

  B．搭设高度30m的落地式钢管脚手架工程

  C．搭设跨度20m的混凝土模板支撑工程

  D．开挖深度16m的人工挖孔桩工程

  E．提升高度50m的附着式升降平台工程

  【答案】ACD。

【还会这样考】

  专项施工方案应当由（　　）审查签字、加盖执业印章后方可实施。

  A．总监理工程师   B．监理员

  C．专业监理工程师   D．项目经理

  【答案】A。

二、现场安全管理

【考生必掌握】

  这部分内容应重点掌握施工单位和监理单位现场安全管理工作的内容。注意区分施工单位与监理单位纳入档案管理的资料。

【历年这样考】

  1．【2022年真题】深基坑工程事故应急抢险结束后，建设单位应当组织（　　）制定工程恢复方案。

  A．设计单位   B．勘察单位

  C．检测单位   D．监理单位

  E．施工单位

【答案】ABDE。

2.【2021年真题】对危险性较大的分部分项工程资料，项目监理机构应纳入档案管理的有（　　）。

A．专项施工方案审查文件　　　　　B．监理实施细则

C．专项巡视检查资料　　　　　　　D．工程验收及整改资料

E．工程技术交底记录

【答案】ABCD。

【还会这样考】

对危险性较大的分部分项工程资料，施工单位应纳入档案管理的有（　　）。

A．专项施工方案及审核文件　　　　B．专家论证资料

C．质量评估报告　　　　　　　　　D．工程验收及整改资料

E．工程技术交底记录

【答案】ABDE。

第六章

建设工程施工质量验收和保修

第一节 建筑工程施工质量验收

一、建筑工程施工质量验收层次划分原则

【考生必掌握】

建筑工程施工质量验收层次划分原则见表 1-6-1。

建筑工程施工质量验收层次划分原则 表 1-6-1

项目	划分标准	具体分类
单位工程	独立使用功能	—
分部工程	按专业性质、工程部位划分	建筑工程划分为地基与基础、主体结构、建筑装饰装修、屋面、建筑给水排水及供暖、通风与空调、建筑电气、智能建筑、建筑节能、电梯十个分部工程
分部工程	工程较大或较复杂时，可按材料种类、施工特点、施工程序、专业系统及类别划分	将分部工程划分为若干子分部工程。如：建筑工程的地基与基础分部工程划分为地基、基础、基坑支护、地下水控制、土方、边坡、地下防水等子分部工程。建筑工程的主体结构分部工程划分为混凝土结构、砌体结构、钢结构、钢管混凝土结构、型钢混凝土结构、铝合金结构、木结构等子分部工程。建筑工程的建筑装饰装修分部工程划分为建筑地面、抹灰、外墙防水、门窗、吊顶、轻质隔墙、饰面板、饰面砖、幕墙、涂饰、裱糊与软包、细部等子分部工程
分项工程	按主要工种、材料、施工工艺、设备类别划分	建筑工程主体结构分部工程中，混凝土结构子分部工程划分为模板、钢筋、混凝土、预应力、现浇结构、装配式结构等分项工程
检验批	按工程量、楼层、施工段、变形缝进行划分	—

【想对考生说】

分部工程、分项工程、检验批的划分常考的题型是："分部工程 / 分项工程 / 检验批可按（　　）标准进行划分。"2012 年、2014 年、2018 年考查了分部工程

的划分。2016 年、2018 年、2019 年、2022 年考查了分项工程划分。

另外还要注意，施工前，应由施工单位制定分项工程和检验批的划分方案，并由项目监理机构审核。

【历年这样考】

1.【2023 年真题】关于建筑工程施工质量验收层次划分的说法，正确的是（　　）。

A. 隐蔽工程是分部工程的组成部分

B. 检验批由分项工程组成

C. 分部工程是按专业性质和工程部位划分的

D. 检验批质量验收项目均为主控项目

【答案】C。

2.【2023 年真题】对于复杂的建筑工程主体结构分部工程，可划分为（　　）等子分部工程。

A. 混凝土结构　　　　　　　　　B. 填充墙砌体结构

C. 钢结构　　　　　　　　　　　D. 钢管混凝土结构

E. 铝合金结构

【答案】ACDE。

3.【2022 年真题】分项工程可按（　　）进行划分。

A. 材料　　　　　　　　　　　　B. 使用功能

C. 主要工种　　　　　　　　　　D. 设备类别

E. 施工工艺

【答案】ACDE。

4.【2018 年真题】根据《建筑工程施工质量验收统一标准》，当分部工程较大时，可按（　　）将分部工程划分为若干子分部工程。

A. 专业性质　　　　　　　　　　B. 施工工艺

C. 施工程序　　　　　　　　　　D. 材料种类

E. 施工特点

【答案】CDE。

【还会这样考】

1. 根据《建筑工程施工质量验收统一标准》，下列工程中，属于分项工程的是（　　）。

A. 计算机机房工程　　　　　　　B. 轻钢结构工程

C. 土方开挖工程　　　　　　　　D. 外墙防水工程

【答案】C。

2. 根据《建筑工程施工质量验收统一标准》，下列工程中，属于分部工程的有（　　）。

A. 砌体结构工程   B. 智能建筑工程

C. 建筑节能工程   D. 土方开挖工程

E. 装饰装修工程

【答案】ABCE。

二、建筑工程施工质量验收基本规定

【考生必掌握】

建筑工程施工质量验收基本规定见表1-6-2。

建筑工程施工质量验收基本规定　　　　　　　　　表1-6-2

项目	内容
建筑工程施工质量控制规定	（1）施工现场应具有健全的质量管理体系、相应的施工技术标准、施工质量检验制度和综合施工质量水平评定考核制度。 （2）主要材料、半成品、成品、建筑构配件、器具和设备应进行进场检验。按规定进行复验的，应经专业监理工程师检查认可。 （3）各施工工序应按施工技术标准进行质量控制，每道施工工序完成后，经施工单位自检符合规定后，才能进行下道工序施工。 （4）对于项目监理机构提出检查要求的重要工序，应经专业监理工程师检查认可，才能进行下道工序施工
抽样复验调整数量规定	符合下列条件之一时，可按相关专业验收规范的规定适当调整抽样复验、试验数量，调整后的抽样复验、试验方案应由施工单位编制，并报项目监理机构审核确认。 （1）同一项目中由相同施工单位施工的多个单位工程，使用同一生产厂家的同品种、同规格、同批次的材料、构配件、设备。 （2）同一施工单位在现场加工的成品、半成品、构配件用于同一项目中的多个单位工程。 （3）在同一项目中，针对同一抽样对象已有检验成果可以重复利用

【想对考生说】

主要记忆上述划线部分的采分点，考查以单项选择题为主。另外还要注意，当专业验收规范对工程中的验收项目未作出相应规定时，应由建设单位组织的监理、设计、施工等相关单位制定专项验收要求。涉及安全、节能、环境保护等项目的专项验收要求应由建设单位组织专家论证。

【历年这样考】

1.【2023年真题】关于工序验收的说法，正确的是（　　）。

A. 每道工序完成后，需经建设单位检查合格方可进行下道工序施工

B. 每道工序完成后，施工单位应当报项目监理机构进行验收

C. 监理单位提出检查要求的工序，应经项目监理机构检查认可方可进行下道工序施工

D. 只要分项工程的最后一道工序需要项目监理机构参加验收

【答案】C。

2.【2019年真题】根据《建筑工程施工质量验收统一标准》，涉及安全、节能、环境保护等项目的专项验收要求，应由（ ）组织专家论证。

A．建设单位 　　　　　　　　　　　B．监理单位

C．设计单位 　　　　　　　　　　　D．施工单位

【答案】A。

3.【2018年真题】根据《建筑工程施工质量验收统一标准》，符合专业验收规范规定适当调整试验数量的实施方案，需报（ ）审核确认。

A．建设单位 　　　　　　　　　　　B．施工单位

C．项目监理机构 　　　　　　　　　D．设计单位

【答案】C。

【还会这样考】

1．凡涉及安全、节能、环境保护和主要使用功能的重要材料、产品，应按各专业工程施工规范、验收规范和设计文件等规定进行复验，并应经（ ）检查认可。

A．专业监理工程师 　　　　　　　　B．总监理工程师

C．施工单位项目负责人 　　　　　　D．建设单位项目负责人

【答案】A。

2．根据《建筑工程施工质量验收统一标准》，专业验收规范对工程验收项目没有相应规定的，应由（ ）组织相关单位制定专项验收要求。

A．施工单位 　　　　　　　　　　　B．项目监理机构

C．设计单位 　　　　　　　　　　　D．建设单位

【答案】D。

三、建筑工程施工质量验收程序和合格规定

采分点1　建筑工程施工质量验收组织及验收记录的填写

【考生必掌握】

建筑工程施工质量验收组织及验收记录的填写见表1-6-3。

建筑工程施工质量验收组织及验收记录的填写　　　　　　　表1-6-3

工程	验收组织	参加人员	验收记录签认或签署
检验批（最小验收单位）	专业监理工程师	施工单位项目专业质量检查员、专业工长	专业监理工程师和施工单位专业质量检查员、专业工长共同签署
隐蔽工程			专业监理工程师
分项工程		施工单位项目专业技术负责人	专业监理工程师
分部工程	总监理工程师	施工单位项目负责人和项目技术负责人。地基与基础：勘察、设计单位项目负责人和施工单位技术、质量部门负责人。主体结构、节能：设计单位项目负责人和施工单位技术、质量部门负责人	地基与基础工程：施工、勘察、设计单位项目负责人、总监理工程师。主体结构、节能工程：施工、设计单位项目负责人和总监理工程师

续表

工程	验收组织	参加人员	验收记录签认或签署
单位工程	竣工预验收：<u>总监理工程师</u>	总监理工程师签署工程竣工验收报验单，向建设单位提出质量评估报告（经总监理工程师和监理单位技术负责人审核签字）	
	单位工程验收：<u>建设单位项目负责人</u>	监理、施工、设计、勘察等单位项目负责人	（1）验收记录：<u>施工单位</u>。 （2）验收结论：<u>监理单位</u>。 （3）综合验收结论：<u>建设单位</u>

【想对考生说】

这部分内容是本章最重要的考点，可考点也很多。验收组织考查一般是单项选择题，验收记录的填写一般会考查单项选择题。

【历年这样考】

1.【2023年真题】单位工程竣工验收由（　）组织相关单位进行。

A. 建设单位项目负责人
B. 总监理工程师

C. 设计单位项目负责人
D. 施工单位项目负责人

【答案】A。

2.【2022年真题】建设工程施工过程中，分项工程验收应由（　）组织。

A. 设计单位专业工程师
B. 监理员

C. 专业监理工程师
D. 建设单位代表

【答案】C。

3.【2022年真题】根据《建设工程监理规范》，工程竣工预验收应由（　）组织实施。

A. 建设单位项目负责人
B. 总监理工程师

C. 总监理工程师代表
D. 施工单位项目经理

【答案】B。

4.【2022年真题】工程质量评估报告应由（　）审核签字后报建设单位。

A. 总监理工程师
B. 总监理工程师代表

C. 监理单位技术负责人
D. 监理单位法定代表人

E. 监理单位质量部经理

【答案】AC。

5.【2021年真题】总监理工程师组织主体结构分部工程验收时，应参加验收的人员有（　）。

A. 设计单位项目负责人
B. 勘察单位项目负责人

C. 施工单位技术、质量部门负责人
D. 施工单位项目负责人

E. 建设单位项目负责人

【答案】ACD。

【想对考生说】

2018 年考查的也是参加分部工程质量验收的人员，在解答时首先要判断出主体结构工程属于分部工程。2016 年对该采分点是直接考查的，难度较小。

6.【2019 年真题】根据《建筑工程施工质量验收统一标准》，单位工程质量竣工验收记录表中验收结论由（　）填写。

A. 建设单位　　　　　　　　　　B. 监理单位

C. 施工单位　　　　　　　　　　D. 设计单位

【答案】B。2014 年考查了相同采分点。

7.【2019 年真题】工程施工过程中，检验批现场验收检查的原始记录应由（　）共同签署。

A. 建设单位项目负责人　　　　　B. 施工单位项目技术负责人

C. 施工单位专业质量检查员　　　D. 专业监理工程师

E. 施工单位专业工长

【答案】CDE。2015 年以多项选择题考查相同采分点。

8.【2018 年真题】根据《建筑工程施工质量验收统一标准》，电梯工程质量验收应由（　）组织。

A. 安装单位技术负责人　　　　　B. 总监理工程师

C. 施工单位项目负责人　　　　　D. 专业监理工程师

【答案】B。

【想对考生说】

这道题目考查的其实是分部工程质量验收的组织。2012 年、2014 年、2016 年、2018 年、2019 年是直接考查的分部工程验收由谁来组织。

这道题目在解答时要注意，首先要判断电梯工程属于单位工程、分部工程还是分项工程，这个判断正确了，那么谁来组织验收就清楚了。

这个题目也是结合前面讲过的工程划分来综合命题。

【还会这样考】

1. 根据《建筑工程施工质量验收统一标准》，建筑节能工程质量验收应由（　）组织。

A. 专业监理工程师　　　　　　　B. 总监理工程师

C. 施工单位项目负责人　　　　　D. 建设单位项目负责人

【答案】B。

2. 经项目监理机构对竣工资料及工程实体预验收合格后，由总监理工程师签署工程竣工报验单并向建设单位提交（　）。

A. 监理总结报告   B. 质量评估报告

C. 监理验收报告   D. 质量检验报告

【答案】B。

采分点2　建筑工程施工质量验收合格标准

【考生必掌握】

建筑工程施工质量验收合格标准见表1-6-4。

建筑工程施工质量验收合格标准   表1-6-4

工程	合格标准
检验批	（1）主控项目的质量经抽样检验均应合格。 （2）一般项目的质量经抽样检验合格。 （3）具有完整的施工操作依据、质量验收记录
分项工程	（1）所含检验批的质量均应验收合格。 （2）所含检验批的质量验收记录应完整
分部工程	（1）所含分项工程的质量均应验收合格。 （2）质量控制资料应完整。 （3）有关安全、节能、环境保护和主要使用功能的抽样检验结果应符合相应规定。 （4）观感质量应符合要求
单位工程	（1）所含分部工程的质量均应验收合格。 （2）质量控制资料应完整。 （3）所含分部工程中有关安全、节能、环境保护和主要使用功能的检验资料应完整。 （4）主要使用功能的抽查结果应符合相关专业质量验收规范的规定。 （5）观感质量应符合要求

【想对考生说】

这部分内容是本章的一个重要考点，一般会考查多项选择题。

为了加深理解检验批质量验收的合格规定，应注意以下几个方面的内容：

（1）主控项目是对检验批的基本质量起决定性影响的检验项目，必须全部符合有关专业验收规范的规定。

（2）一般项目的质量采用计数抽样时，合格点率应符合有关专业验收规范的规定，且不得存在严重缺陷。

（3）对质量控制资料完整性的检查，是检验批质量合格的前提。

分部工程质量验收时，观感质量验收综合给出"好""一般""差"的质量评价结果。对于"差"的检查点应进行返修处理。

单位工程质量控制资料核查记录、单位工程安全和功能检验资料核查及主要功能抽查记录应熟悉。

【历年这样考】

1.【2023 年真题】关于钢筋连接的一般项目，下列说法正确的是（　　）。

A. 纵向受力钢筋的连接方式应符合设计要求

B. 应按规定抽取钢筋机械连接接头、焊接接头试件作力学性能检验，其质量应符合有关规程的规定

C. 钢筋安装中钢筋弯起点位置偏差不超过 10mm

D. 接头末端至钢筋弯起点的距离不应小于钢筋直径的 10 倍

【答案】D。

2.【2023 年真题】在装配式混凝土结构连接部位及叠合构件浇筑混凝土之前，应进行隐蔽工程验收的内容有（　　）。

A. 混凝土粗糙面的质量

B. 键槽的尺寸、数量、位置

C. 钢筋的牌号、规格、数量、位置

D. 预制构件之间的防水、防火等构造做法

E. 构件出厂合格证

【答案】ABCD。

3.【2022 年真题】单位工程安全和功能检验资料核查及主要功能抽查记录表中所包含的安全和功能检查项目有（　　）。

A. 通风空调系统试运行记录

B. 绝缘电阻测试记录

C. 排水干管通球试验记录

D. 各结构层梁、板、柱静载试验报告

E. 建筑物沉降观测记录

【答案】ABCE。

4.【2021 年真题】分项工程质量合格的条件是（　　）。

A. 主控项目全部合格，一般项目合格率为 80%

B. 主控项目全部合格，一般项目经抽样检验合格

C. 所含的检验批质量均验收合格，且其验收资料齐全完整

D. 所含的检验批质量均验收合格，且其观感质量符合要求

【答案】C。2018 年以多项选择题考查相同采分点。

5.【2019 年真题】根据《建筑工程施工质量验收统一标准》，分部工程质量验收合格的规定包括（　　）。

A. 主控项目的质量均应验收合格　　　B. 所含主要分项工程的质量验收合格

C. 有关环境保护抽样检验结果符合规定　D. 观感质量应符合要求

E. 质量控制资料应完整

【答案】CDE。

【还会这样考】

1. 根据《建筑工程施工质量验收统一标准》，分部工程观感质量验收后，可综合给出的质量评价结果有（   ）。

A. 合格
B. 不合格
C. 差
D. 一般
E. 好

【答案】CDE。

2. 根据《建筑工程施工质量验收统一标准》，单位工程质量验收合格的规定有（   ）。

A. 所含分部工程的质量均应验收合格

B. 质量控制资料应完整

C. 所含分部工程有关安全、节能、环境保护和主要使用功能的检测资料应完整

D. 主要使用功能的抽查结果应符合相关专业质量验收规范的规定

E. 工程监理质量评估记录应符合各项要求

【答案】ABCD。

四、建筑工程质量验收时不符合要求的处理

【考生必掌握】

建筑工程施工质量验收时不符合要求的处理如图 1-6-1 所示。

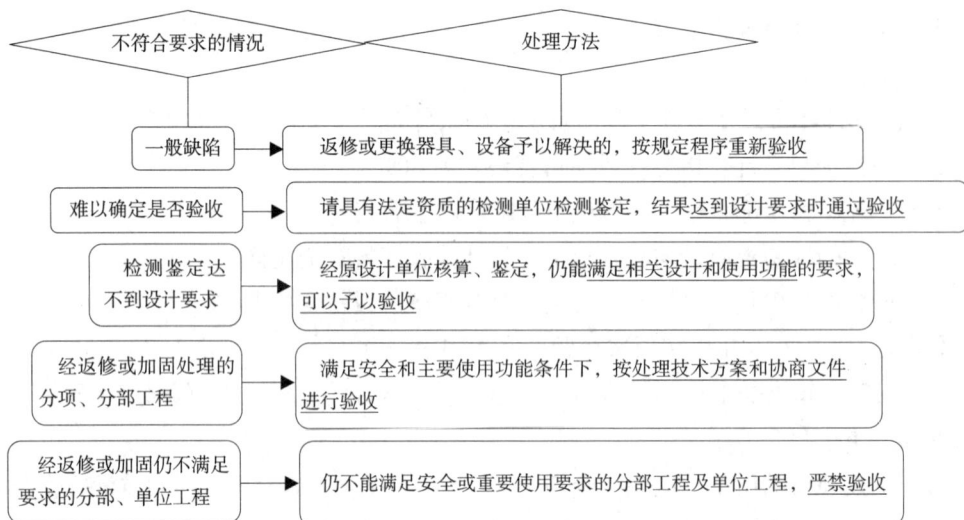

图 1-6-1　建筑工程施工质量验收时不符合要求的处理

【想对考生说】

这部分内容考查以单项选择题为主，题型有两种：

一是给出不符合要求的情况，判断处理方法。

二是给出处理方法，判断应满足这种方法的条件。

【历年这样考】

【2023年真题】某结构梁的混凝土强度设计等级为C30，其试块强度为35MPa，实体取芯强度评定为26MPa。则该结构混凝土验收合格的条件是（　　）。

　　A. 经项目监理机构确认，试块强度符合验收要求

　　B. 经建设单位组织专家论证，确定符合验收要求

　　C. 经监理单位计算复核，满足设计要求

　　D. 经原设计单位验算，满足结构安全和使用功能

【答案】D。

【想对考生说】

这道题考查的是第二类题型。2011年、2016年、2018年与此题考查的题型是一样的，2013年、2014年考查时给出了条件，判断采用的处理方法。

【还会这样考】

某检验批质量验收时，抽样送检资料显示其质量不合格，经有资质的法定检测单位实体检测后，仍不满足设计要求，但经原设计单位核算后认为能满足结构安全与使用功能要求，则该检验批的质量（　　）。

　　A. 应返工重做后重新验收　　　　　　B. 需与建设单位协商一致方可验收

　　C. 可予以验收　　　　　　　　　　　D. 由监督机构决定是否予以验收

【答案】C。

第二节　城市轨道交通工程施工质量验收

【考生必掌握】

单位工程验收、项目工程验收与竣工验收的要求见表1-6-5。

单位工程验收、项目工程验收与竣工验收的要求   表 1-6-5

项目	验收时间	组织	验收方案制定	验收方案报送
单位工程验收	单位工程完工后	（1）施工单位自验合格后，<u>总监理工程师应组织专业监理工程师</u>，依据有关法律、法规、工程建设强制性标准、设计文件及施工合同，对施工单位报送的验收资料进行审查后，组织单位工程预验。单位工程各相关参建单位须参加预验，预验程序可参照单位工程验收程序。 （2）单位工程预验合格、遗留问题整改完毕后，<u>施工单位应向建设单位提交单位工程验收报告</u>，申请单位工程验收。验收报告须经该工程总监理工程师签署意见。 （3）由<u>建设单位组织</u>，勘察、设计、施工、监理等各参建单位的<u>项目负责人参加</u>，组成验收小组	建设单位	建设单位应当在单位工程验收 7 个工作日前，书面报送工程质量监督机构
项目工程验收	各项单位工程验收后、试运行之前	<u>建设单位组织</u>，各参建单位项目负责人以及运营单位、负责专项验收的城市政府有关部门代表参加，组成验收组		建设单位应当在项目验收 7 个工作日前，书面报送工程质量监督机构
竣工验收	项目工程验收合格后，建设单位组织不载客试运行，试运行三个月、并通过全部专项验收后	<u>建设单位组织</u>，各参建单位项目负责人以及运营单位、负责规划条件核实和专项验收的城市政府有关部门代表参加，组成验收委员会		建设单位应当在竣工验收 7 个工作日前，书面报送工程质量监督机构

【想对考生说】

注意：单位工程预验收由总监理工程师组织，单位工程验收由建设单位组织。

注意：工程项目验收与竣工验收的验收组组成成员不同。

单位工程验收方案、项目工程验收方案的制定及报送时间会考核单项选择题。

1.【2023 年真题】城市轨道交通建设工程自（   ）合格之日可投入不载客试运行。

A. 单位工程验收   B. 竣工验收

C. 项目工程验收   D. 竣工预验收

【答案】C。

2.【2022 年真题】轨道交通建设项目的工程验收在（   ）进行。

A. 所有单位工程验收后，试运营之前

B. 所有单位工程验收后，试运行之前

C. 所有专项验收后，试运营之前

D. 所有专项验收后，试运行之前

【答案】B。

【还会这样考】

1. 根据《城市轨道交通建设工程验收管理暂行办法》（建质 [2014]42 号），单位工程验收由（　　）组织。

A. 建设单位　　　　　　　　　　　　B. 监理单位

C. 施工单位　　　　　　　　　　　　D. 质量监督机构

【答案】A。

2. 城市轨道交通建设工程竣工验收委员会由（　　）组成。

A. 参建单位项目负责人　　　　　　　B. 运营单位代表

C. 负责规划条件核实部门的代表　　　D. 施工单位技术负责人

E. 专项验收的城市政府有关部门代表

【答案】ABCE。

第三节　工程质量保修管理

【考生必掌握】

最低保修期限的规定见表 1-6-6。

最低保修期限　　　　　　　　　　　　　　　　　　　表 1-6-6

工程	最低保修期限
基础设施工程、房屋建筑工程的地基基础和主体结构工程	设计文件规定的该工程的合理使用年限
屋面防水工程、有防水要求的卫生间、房间和外墙面的防渗漏	5 年
供热与供冷系统	2 个采暖期、供冷期
电气管线、给水排水管道、设备安装和装修工程	2 年

关于保修期义务的规定。

房屋建筑工程保修期从工程竣工验收合格之日起计算。房屋建筑工程在保修期限内出现质量缺陷，建设单位或者房屋建筑所有人应当向施工单位发出保修通知。施工单位接到保修通知后，应当到现场核查情况。在保修书约定的时间内予以保修。

在保修期内，因房屋建筑工程质量缺陷造成房屋所有人、使用人或者第三方人身、财产损害的，房屋所有人、使用人或者第三方可以向建设单位提出赔偿要求。

下列情况不属于规定的施工单位保修范围：

①因使用不当或者第三方造成的质量缺陷；

②不可抗力造成的质量缺陷。

【想对考生说】

（1）出具工程质量保修书的时间（提交竣工验收报告时），会作为单项选择题考查。

（2）质量保修书包括保修范围、保修期限和保修责任，可能会考查多项选择题。

（3）最低保修期限（见表1-6-6）是考试的重点，一般会有三种考查题型：

一是判断正确与错误说法的综合题目。比如2018年真题题目。

二是题干中给出具体的工程，判断最低保修期限。比如2020年真题题目。

三是题干中给出最低保修期限，判断有哪些工程符合条件。

【历年这样考】

1.【2022年真题】关于建设工程质量保修的说法，正确的有（   ）。

A. 房屋建筑工程保修期从工程竣工验收合格之日起计算

B. 施工单位接到保修通知后，在工程质量保修书约定的时间内予以保修

C. 保修费用由施工单位承担

D. 屋面防水工程最低保修期限为5年

E. 因质量缺陷造成使用人财产损害的，施工单位应予赔偿

【答案】ABD。

2.【2021年真题】建设工程保修期内出现的质量问题，不属于施工单位保修责任的有（   ）。

A. 建设单位负责采购的给水排水管道破裂

B. 分包单位完成的屋面防水工程出现渗漏

C. 建设单位使用不当造成的质量缺陷

D. 运输公司货车撞裂建筑墙体

E. 不可抗力造成的质量缺陷

【答案】CDE。

3.【2020年真题】根据《建设工程质量管理条例》，在正常使用条件下，建设工程屋面防水的最低保修期限为（   ）年。

A. 2   B. 3

C. 4   D. 5

【答案】D。

4.【2018年真题】根据《建设工程质量管理条例》，在正常使用条件下，关于建设工程最低保修期限的说法，正确的有（   ）。

A. 地基基础工程为设计文件规定的合理使用年限

B. 屋面防水工程为设计文件规定的合理使用年限

C. 供热与供冷系统为2个采暖期、供冷期

D．有防水要求的卫生间为 5 年

E．电气管线和设备安装工程为 2 年

【答案】ACDE。

【还会这样考】

1．根据《建设工程质量管理条例》，建设工程施工单位向建设单位提交（　　）时，应向建设单位出具工程保修书。

A．工程竣工验收报告

B．工程款结算报告

C．工程竣工档案资料

D．工程移交证书

【答案】A。

2．根据《建设工程质量管理条例》，建设工程的最低保修期限为 5 年的工程有（　　）。

A．设备安装工程

B．屋面防水工程

C．外墙面的防渗漏工程

D．给水排水管道工程

E．装修工程

【答案】BC。

第七章
建设工程质量缺陷及事故处理

第一节　工程质量缺陷及处理

一、工程质量缺陷的成因

【考生必掌握】

工程质量缺陷的成因包括：①违背基本建设程序；②违反法律法规；③地质勘察数据失真；④设计差错；⑤施工与管理不到位；⑥操作工人素质差；⑦使用不合格的原材料、构配件和设备；⑧自然环境因素；⑨盲目抢工；⑩使用不当。

扫码学习

【想对考生说】

在这些成因里重点考查第①、⑤项，这部分内容会有两种考查题型：

一是判断备选项中的具体成因属于哪种类型的成因。这是历年的常考题型，而且具体成因会相互作为干扰选项出现。

二是题干中给出具体的成因，判断属于哪种类型的成因。

注意第⑦项成因，使用不合格的原材料、构配件和设备会造成的质量缺陷。

【历年这样考】

1.【2021年真题】水泥安定性不合格会造成的质量缺陷是（　　）。

A. 混凝土蜂窝麻面　　　　　　　B. 混凝土不密实

C. 混凝土碱骨料反应　　　　　　D. 混凝土爆裂

【答案】D。

2.【2019年真题】下列可能导致工程质量缺陷的因素中，属于施工管理不到位的是（　　）。

A. 超常低价中标　　　　　　　　B. 内力分析有误

C. 图纸未经会审　　　　　　　　D. 盲目套用图纸

【答案】C。

【解析】选项 A 属于违反法律法规；选项 B、D 属于设计差错。2016 年以多项选择题形式考查了该采分点。

3.【2018 年真题】下列可能导致工程质量缺陷的因素中，属于违背基本建设程序的是（　　）。

　　A. 未按有关施工规范施工　　　　　B. 计算简图与实际受力情况不符

　　C. 图纸技术交底不清　　　　　　　D. 不经竣工验收就交付使用

【答案】D。

【还会这样考】

某工程施工中，经调查分析由于"擅自修改设计"导致工程质量缺陷。则引起缺陷的主要原因是（　　）。

　　A. 违背基本建设程序　　　　　　　B. 施工与管理不到位

　　C. 违反法律法规　　　　　　　　　D. 盲目抢工

【答案】C。

二、工程质量缺陷的处理

【想对考生说】

这部分在考试可能会对以下采分点命题：

（1）发生质量缺陷首先做的工作是什么？

（2）施工单位报送的质量缺陷处理方案应由谁审查？

【历年这样考】

【2017 年真题】项目监理机构发现工程施工存在质量缺陷后，应发出（　　），要求施工单位进行处理。

　　A. 工程暂停令　　　　　　　　　　B. 监理通知单

　　C. 工作联系单　　　　　　　　　　D. 监理报告

【答案】B。

【还会这样考】

发生质量缺陷后，施工单位提出了经设计等单位认可的处理方案，工程监理单位应（　　）。

　　A. 审查处理方案并签署意见　　　　B. 组织实施处理

　　C. 签发工作联系单　　　　　　　　D. 进行观察和必要的跟踪

【答案】A。

第二节　工程质量事故等级划分及处理

一、工程质量事故等级划分

【考生必掌握】

根据工程质量事故造成的人员伤亡或者直接经济损失，工程质量事故分为4个等级，见表1-7-1。

工程质量事故等级　　　　　　　　　　　　　　表1-7-1

事故等级	造成死亡人数	造成重伤人数	造成直接经济损失
特别重大事故	30人以上	100人以上	1亿元以上
重大事故	10人以上30人以下	50人以上100人以下	5000万元以上1亿元以下
较大事故	3人以上10人以下	10人以上50人以下	1000万元以上5000万元以下
一般事故	3人以下死亡	10人以下	100万元以上1000万元以下

注："以上"包括本数，"以下"不包括本数。

【想对考生说】

这部分内容考查时有两种题型：

一是题干中给出质量事故造成的后果，判断事故等级。这类题目一定要注意，如果给出的条件不止一个时，我们先分别判断每个条件所对应的事故等级，最后选择等级最高的作为正确答案。还要再强调一点，每一事故等级所对应的3个条件是独立成立的，只要符合其中一条就可以判定。

二是题干中给出某事故的等级，选择备选项中哪个说法属于该等级。

【历年这样考】

1. 【2020年真题】工程发生质量安全事故，造成2人死亡、3800万元直接经济损失，则该事故等级是（　　）。

A. 一般事故　　　　　　　　　　　　　　B. 较大事故

C. 重大事故　　　　　　　　　　　　　　D. 特别重大事故

【答案】B。

2. 【2019年真题】工程施工过程中发生质量事故造成6人死亡，50人重伤，6000万元直接经济损失，该事故等级属于（　　）。

A. 一般事故　　　B. 较大事故　　　C. 重大事故　　　D. 特别重大事故

【答案】C。

【还会这样考】

1. 根据事故造成损失的程度,下列工程质量事故中,属于较大事故的是( )。

A. 造成1亿元以上直接经济损失的事故

B. 造成1000万元以上5000万元以下直接经济损失的事故

C. 造成100万元以上1000万元以下直接经济损失的事故

D. 造成5000万元以上1亿元以下直接经济损失的事故

【答案】B。

2. 根据工程质量事故造成损失的程度分级,属于特别重大事故的有( )。

A. 110人重伤   B. 30人死亡

C. 1亿元以上直接经济损失   D. 20人死亡

E. 5000万元以上1亿元以下直接经济损失

【答案】ABC。

二、工程质量事故处理的依据

【历年这样考】

【2018年真题】工程施工过程中,处理质量事故的依据有( )。

A. 相关法律法规   B. 有关合同文件

C. 质量事故实况资料   D. 有关工程定额

E. 有关工程设计文件

【答案】ABCE。

【解析】处理依据除了ABC三项外,还包括有关工程技术文件、资料和档案(选项 E 属于这项）。

三、工程质量事故处理程序

【考生必掌握】

工程质量事故处理程序如图 1-7-1 所示。

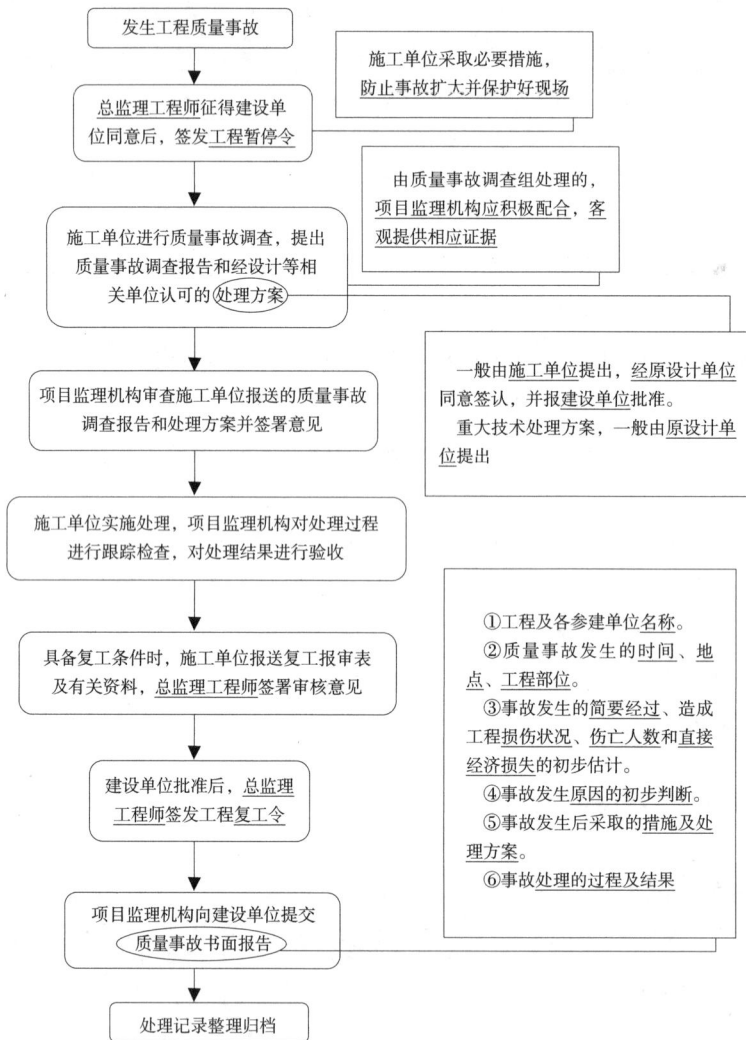

图 1-7-1　工程质量事故处理程序

【考生这样记】

停工防护报主管；协助调查研意见；责做方案再核签；监督实施要检验；审查资料签复工；提交报告要归档。

【想对考生说】

　　这部分内容是本章最重要的考点，可以说处处是采分点，尤其要掌握划线部分。历年考试以单项选择题为主，质量事故书面报告会作为多项选择题采分点考查。

【历年这样考】

1.【2022年真题】建设工程发生施工质量事故后，施工单位应提交质量事故调查报告，其中在质量事故发展情况中应明确的内容是（　　）。

　　A. 事故范围是否继续扩大　　　　　　　B. 是否发生直接经济损失

　　C. 应急措施是否直接有效　　　　　　　D. 是否发生人员伤亡

【答案】A。

2.【2022年真题】质量事故处理完毕，施工单位提交复工报审表后，项目监理机构的正确做法是（　　）。

　　A. 提交质量事故调查报告

　　B. 签发复工令

　　C. 审查复工报审表，符合要求后报建设单位

　　D. 继续进行观测

【答案】C。

3.【2022年真题】建设工程施工质量事故发生后，施工单位提交的质量事故调查报告应包括的内容有（　　）。

　　A. 事故发生的简要经过　　　　　　　　B. 事故原因的初步判断

　　C. 事故责任范围的初步界定　　　　　　D. 事故主要责任者情况

　　E. 事故等级的初步推定

【答案】ABD。

4.【2021年真题】工程质量事故发生后，总监理工程师应采取的做法是（　　）。

　　A. 立即组织抢险

　　B. 立即征得建设单位同意后签发工程暂停令

　　C. 立即进行事故调查

　　D. 立即要求施工单位查清原因和责任人

【答案】B。在2014年、2018年、2019年、2020年都考查了工程发生质量事故后，由谁签发工程暂停令。

5.【2019年真题】因施工原因发生工程质量事故，涉及结构安全处理的重大技术处理方案，一般由（　　）提出。

　　A. 施工单位　　　　　　　　　　　　　B. 项目监理机构

　　C. 原设计单位　　　　　　　　　　　　D. 法定检测机构

【答案】C。

6.【2017年真题】因施工原因发生工程质量事故后，质量事故技术处理方案一般应经（　　）签认，并报建设单位批准。

A. 事故调查组建议的单位　　　　　　B. 施工单位

C. 法定检测单位　　　　　　　　　　D. 原设计单位

【答案】D。

【想对考生说】

B项是易混项，如果考查是由谁提出，一般由施工单位提出，在2016年考查了重大技术处理方案的提出，应该是原设计单位。

【还会这样考】

监理工程师对工程质量事故调查组提出的处理意见，可要求相关单位完成（　　）后，予以审核签认。

A. 技术论证方案　　　　　　　　　　B. 事故调查报告

C. 技术处理方案　　　　　　　　　　D. 事故处理报告

【答案】C。

四、工程质量事故处理的基本方法

采分点1　工程质量事故处理方案类型及辅助方法
【考生必掌握】

【想对考生说】

这部分内容需要掌握三个采分点：

（1）工程质量事故处理基本要求，这是一个多项选择题采分点，考生可通过2019年考试题目掌握。

（2）工程质量事故处理方案三个类型：修补处理、返工处理和不做处理，下面着重介绍不做处理的情况。

（3）最适用工程质量事故处理方案的四个辅助方法，分别是试验验证、定期观测、专家论证、方案比较。在考查辅助方法时，鉴定验收方法常会作为干扰选项出现。

通常可以不用专门处理的情况有以下几种：

（1）不影响结构安全和正常使用。

（2）有些质量缺陷，经过后续工序可以弥补。

（3）经法定检测单位鉴定合格。

（4）出现的质量缺陷，经检测鉴定达不到设计要求，但经原设计单位核算，仍能满足结构安全和使用功能。

【历年这样考】

1.【2021年真题】某工程的混凝土构件尺寸偏差不符合验收规范要求，经原设计单位验算，得出的结论是该构件能够满足结构安全和使用功能要求，则该混凝土构件的处理方式是（　　）。

A. 返工处理　　　　　　　　　　　B. 不做处理

C. 试验检测　　　　　　　　　　　D. 限制使用

【答案】B。

2.【2020年真题】对涉及技术领域广泛、问题复杂、仅依据合同约定难以决策的工程质量缺陷，应选用的辅助决策方法是（　　）。

A. 专家论证法　　　　　　　　　　B. 方案比较法

C. 试验验证法　　　　　　　　　　D. 定期观测法

【答案】A。

3.【2019年真题】工程施工过程中，质量事故处理的基本要求有（　　）。

A. 安全可靠，不留隐患　　　　　　B. 满足工程的功能和使用要求

C. 技术可行，经济合理　　　　　　D. 满足建设单位的要求

E. 造型美观，节能环保

【答案】ABC。

【还会这样考】

某混凝土结构工程的框架柱表面出现局部蜂窝麻面，经调查分析，其承载力满足设计要求，则对该框架柱表面质量问题的恰当处理方式是（　　）。

A. 加固处理　　　　　　　　　　　B. 修补处理

C. 返工处理　　　　　　　　　　　D. 限制使用

【答案】B。

采分点2　工程质量事故处理的鉴定验收

【考生必掌握】

工程质量事故处理的鉴定验收，包括检查验收、必要的鉴定、验收结论。

【历年这样考】

1.【2023年真题】混凝土钻芯取样试验可用来检验的混凝土特性有（　　）。

A. 密实性　　　　　　　　　　　　B. 裂缝处理效果

C. 抗压强度　　　　　　　　　　　D. 耐久性

E. 与钢筋的握裹性能

【答案】ABC。

2.【2018年真题】为确保涉及结构使用安全质量事故的处理效果，需由项目监理机构组织进行的工作是（　　）。

A. 检验鉴定　　　　　　　　　　　B. 定期观测

C. 专家论证 D. 定期评估

【答案】A。

3.【2016 年真题】项目监理机构最终确认工程质量事故的技术处理是否达到预期目的所采取的手段是（　　）。

A. 定期观测和必要的判断 B. 分析和必要的论证

C. 检查验收和必要的鉴定 D. 征询设计单位意见

【答案】C。

【还会这样考】

1. 为了确保工程质量事故的处理效果，对涉及结构承载力等使用安全和其他重要性能的处理，必须委托有资质的（　　）进行必要的检测鉴定。

A. 法定检测单位 B. 工程咨询单位

C. 质量监督单位 D. 勘察设计单位

【答案】A。

2. 工程质量事故处理完毕进行鉴定验收，监理工程师应（　　）。

A. 办理验收手续

B. 组织各有关单位会签

C. 作出验收鉴定结论

D. 拒绝处理后不满足要求工程的验收

E. 进行检测鉴定

【答案】ABCD。

第八章
设备采购和监造质量控制

第一节　设备采购质量控制

一、市场采购设备质量控制

采分点1　设备采购方案的编制

【考生必掌握】

设备采购方案的编制如图 1-8-1 所示。

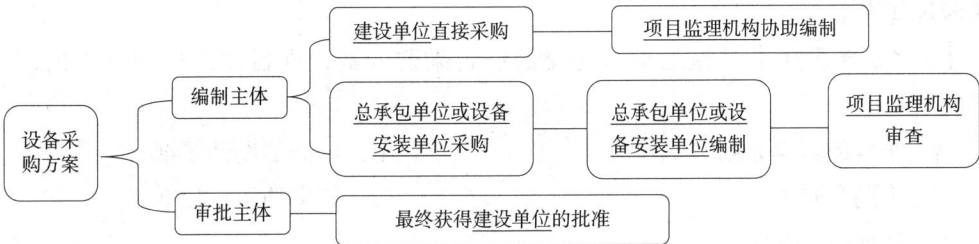

图 1-8-1　设备采购方案的编制

【想对考生说】

上述划线部分为易考采分点，考生应能区分建设单位、承包单位、监理机构的工作。

【历年这样考】

【2018年真题】采购设备时，根据设计文件要求编制的设备采购方案应由（　　）批准后方可实施。

A. 施工单位　　　　　　　　　　　　B. 设计单位

C. 项目监理机构　　　　　　　　　　D. 建设单位

【答案】D。

【还会这样考】

工程总承包单位或设备安装工程单位进行设备采购时，项目监理机构的主要工作是（　　）。

A. 审查采购方案　　　　　　　　　　B. 确定采购方案

C. 考察供应商　　　　　　　　　　　D. 向建设单位上报采购方案

【答案】 A。

采分点2　市场采购设备的质量控制要点

【考生必掌握】

市场采购设备的质量控制要点分为三个方面：

（1）监理人员应熟悉和掌握设计文件中设备的各项要求、技术说明和规范标准。

（2）总承包单位或设备安装单位采购人员，主要审查技术能力情况。

（3）对设备采购方案，重点审查采购的基本原则、范围和内容、依据的图纸、规范和标准、质量标准、检查及验收程序、质量文件要求，以及保证设备质量的具体措施等。

【想对考生说】

在2014年、2017年、2018年都是对第（3）点的考查，而且都是多项选择题。

【历年这样考】

【2018年真题】 对施工单位提交的设备采购方案，项目监理机构审查的内容有（　　）。

A. 采购的基本原则　　　　　　　　　B. 依据的设计图纸

C. 采购合同条款　　　　　　　　　　D. 依据的质量标准

E. 检查和验收程序

【答案】 ABDE。

【想对考生说】

考试中还会设置的干扰选项有"设备检查及验收程序""供货商的生产能力与报价""安装单位技术能力"。

【还会这样考】

项目监理机构应了解和把握对于总承包单位或设备安装单位负责设备采购人员的技术能力情况，具体包括（　　）。

A. 了解采购人员具备设备的专业知识　　B. 了解设备的技术要求

C. 了解市场供货情况　　　　　　　　　D. 熟悉合同条件及采购程序

E. 了解设备检查及验收程序

【答案】ABCD。

二、向生产厂家订购设备质量控制

【考生必掌握】

选择一个合格的供货厂商,是向生产厂家订购设备质量控制工作的首要环节。为此,设备订购前应做好厂商的初选入围与实地考察。厂商初选的内容如图1-8-2所示。

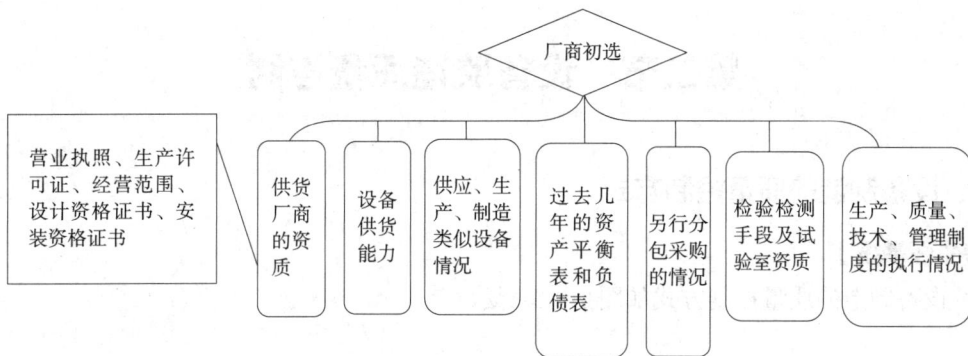

图 1-8-2 对供货厂商进行初选的内容

【想对考生说】

这部分会考查四个采分点:

一是向生产厂家订购设备质量控制工作的首要环节。

二是供货厂商进行初选的内容包括哪些,一般会是多项选择题。

三是供货厂商资质审查的内容。

四是设备供货能力审查的内容。

【历年这样考】

1.【2016年真题】建设单位负责采购设备时,控制质量的首要环节是（　　）。

A. 编制设备监造方案　　　　B. 选择合格的供货厂商

C. 确定主要技术参数　　　　D. 选择适宜的运输方式

【答案】B。

2.【2012年真题】为保证订购设备的质量,采购方首先要通过评审选择一个合格的供货厂商。评审的内容包括（　　）。

A. 供货厂商资质　　　　B. 设备供货能力

C. 设备营销方式　　　　D. 近年类似设备的生产和质量情况

E. 各种检验检测手段

【答案】ABDE。

【还会这样考】

对供货厂商进行初选，应审查供货厂商的资质包括（　　）。

A. 营业执照　　　　　　　　　　B. 生产许可证

C. 经营范围　　　　　　　　　　D. 安装资格证书

E. 财务状况

【答案】ABCD。

第二节　设备监造质量控制

一、设备制造的质量控制方式

【考生必掌握】

设备制造的质量控制方式如图 1-8-3 所示。

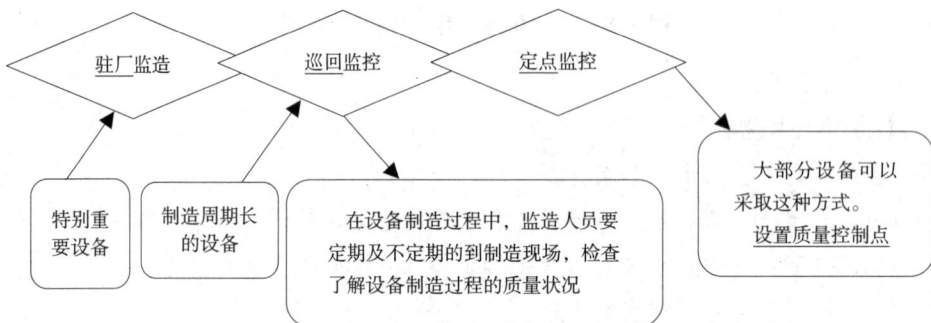

图 1-8-3　设备制造的质量控制方式

【想对考生说】

这部分内容主要考查单项选择题，题型一般是：判断所制造的设备，需要采用哪种控制方式。

【历年这样考】

1.【2023 年真题】设备制造质量控制中，通过设置设备质量控制点实现设备制造过程质量控制的工作方式是（　　）。

A. 驻厂监控　　　　　　　　　　B. 巡回监控

C. 定点监控　　　　　　　　　　D. 定时监控

【答案】C。

2.【2019 年真题】监理单位对制造周期长的设备制造过程，质量控制可采用的方式是（　　）。

 A. 驻厂监造   B. 巡回监控

 C. 定点监控   D. 目标监控

 【答案】B。

【还会这样考】

对厂家设备制造的质量监控，可采用驻厂监造、巡回监控和（　　）方式。

 A. 委托厂家监控   B. 定期监控

 C. 设置质量控制点监控   D. 日常监控

 【答案】C。

二、设备制造的质量控制内容

【考生必掌握】

设备制造的质量控制内容见表 1-8-1。

设备制造的质量控制内容   表 1-8-1

项目	控制内容
设备制造前	（1）熟悉图纸、合同，掌握相关的标准、规范和规程，明确质量要求。 （2）明确设备制造过程的要求及质量标准。 （3）审查设备制造的工艺方案。 （4）对设备制造分包单位的审查。 （5）对检验计划和检验要求的审查。 （6）对生产人员上岗资格的检查。 （7）对用料的检查
设备制造过程	（1）对加工作业条件的控制。 （2）对工序产品的检查与控制。 （3）对不合格零件的处置。 （4）对设计变更的处理。 （5）对零件、半成品、制成品的保护
设备装配和整机性能检测	（1）设备装配过程的监督。 （2）监督设备的调整试车和整机性能检测

【想对考生说】

在命题时，设备制造前和设备制造过程的质量控制内容会相互作为干扰选项，应注意区分。会这样命题："工程监理单位控制设备制造前（过程）质量的主要内容有（　　）。"

质量记录资料的内容包括质量管理资料，设备制造依据，制造过程的检查、验收资料，设备制造原材料、构配件的质量资料等。此为多项选择题采分点，在 2015 年、2019 年对此都进行了了考查。

　　还需要注意一点，对设备的设计提出修改时，应由<u>原设计单位</u>出具书面设计变更通知或变更图，并由<u>总监理工程师</u>审核设计变更及因变更引起的费用增减和制造工期的变化。

【历年这样考】

1.【2022年真题】设备制造过程中，项目监理机构控制设备装备质量的工作内容是（　　）。

A. 复核设备制造图纸　　　　　　　　B. 检查零部件定位质量

C. 审查设备制造分包单位资格　　　　D. 审查零部件运输方案

【答案】B。

2.【2020年真题】设备制造前，监理单位的质量控制工作是（　　）。

A. 审查设备制造分包单位　　　　　　B. 检查工序产品质量

C. 处理不合格零件　　　　　　　　　D. 控制加工作业条件

【答案】A。

【解析】选项B、C、D都属于设备制造过程中的控制内容。

3.【2019年真题】设备制造过程质量状况记录资料的主要内容有（　　）。

A. 设备制造单位质量管理检查资料　　B. 设备制造依据及工艺资料

C. 设备制造材料的质量记录　　　　　D. 设备制造过程的检查验收资料

E. 设备订货的合同文件

【答案】ABCD。

【还会这样考】

　　向厂家订货的设备在制造过程中如需对设备的设计提出修改，应由原设计单位进行设计变更，并由（　　）审核设计变更文件和处理相关事宜。

A. 原设计负责人　　　　　　　　　　B. 建设单位代表

C. 总监理工程师　　　　　　　　　　D. 采购方负责人

【答案】C。

02 | 第二部分

建设工程投资控制

第一章

建设工程投资控制概述

第一节　建设工程项目投资的概念和特点

【考生必掌握】

1. 建设工程项目总投资的几个概念

（1）生产性建设工程项目总投资包括<u>建设投资、建设期利息和流动资金</u>。

（2）建设投资，由<u>设备及工器具购置费、建筑安装工程费、工程建设其他费用、预备费</u>（包括基本预备费和涨价预备费）组成。

（3）<u>静态投资</u>部分由<u>建筑安装工程费、设备及工器具购置费、工程建设其他费和基本预备费</u>构成。<u>动态投资</u>部分包括<u>涨价预备费和建设期利息</u>。

> 【考生这样记】
>
> 静态投资的组成：其他建安基本购置。

2. 建设工程项目投资的特点

<u>数额巨大、差异明显、需要单独计算、确定依据复杂、确定层次繁多、需要动态跟踪调整</u>。

> 【想对考生说】
>
> 建设投资可能会考查计算题，也可能会考查其组成部分。另一个重要的采分点是静态投资、动态投资的组成和计算。

【历年这样考】

1.【2023年真题】某项目的设备及工器具购置费6000万元，建筑安装工程费5000万元，工程建设其他费3600万元，基本预备费450万元，涨价预备费610万元，建设期利息650万元，流动资金900万元，则该项目的动态投资部分为（　　）元。

　　A. 2160　　　　　　B. 1260　　　　　　C. 1060　　　　　　D. 610

【答案】B。

【解析】该项目的动态投资 =610+650=1260 万元。

2.【2022 年真题】某项目的建筑安装工程费 3000 万元，设备及工器具购置费 2000 万元，工程建设其他费用 1000 万元，建设期利息 500 万元，基本预备费 300 万元，则该项目的静态投资额为（　　）万元。

A. 5800　　　　B. 6300　　　　C. 6500　　　　D. 6800

【答案】B

【解析】该项目静态投资 =3000+2000+1000+300=6300 万元。

3.【2019 年真题】某建设项目，静态投资 3460 万元，建设期贷款利息 60 万元，涨价预备费 80 万元，流动资金 800 万元。则该项目的建设投资为（　　）万元。

A. 3520　　　　B. 3540　　　　C. 3600　　　　D. 4400

【答案】B。

【解析】建设投资 = 设备及工器具购置费 + 建筑安装工程费 + 工程建设其他费用 + 预备费 = 静态投资 + 涨价预备费 =3460+80=3540 万元。

【还会这样考】

1. 生产性建设项目总投资由（　　）组成。

A. 建筑工程投资和安装工程投资　　　B. 建安工程投资和设备工器具投资

C. 建设投资和建设期利息　　　D. 建设投资、建设期利息和流动资金

【答案】D。

2. 每个建设工程项目都有专门的用途，所以其结构、面积、造型和装饰也不尽相同。因此，建设工程项目投资需（　　）。

A. 分步组合　　　B. 分层组合　　　C. 多次计算　　　D. 单独计算

【答案】D。

第二节　建设工程投资控制原理

一、投资控制的目标

【考生必掌握】

（1）投资估算，是建设工程设计方案选择和进行初步设计的一个大致的投资控制目标。

（2）设计概算。进行技术设计和施工图设计的投资控制目标。

（3）施工图预算或建安工程承包合同价，是施工阶段投资控制的目标。

【想对考生说】

这部分内容只需要区分几个概念。

【历年这样考】

【2021年真题】选择建设工程设计方案和进行初步设计时，应以（　　）作为投资控制的目标。

A. 投资估算　　　B. 设计概算　　　C. 施工图预算　　　D. 施工预算

【答案】A。

【还会这样考】

设计估算是建设工程项目（　　）的投资控制目标。

A. 技术设计　　　　　　　　　　　B. 设计方案选择

C. 初步设计　　　　　　　　　　　D. 施工图设计

E. 承包合同价

【答案】AD。

二、投资控制的措施

【考生必掌握】

投资控制的措施见表2-1-1。

扫码学习

投资控制的措施　　　表2-1-1

措施	内容
组织措施	（1）进行施工跟踪的人员、任务分工和职能分工。 （2）编制投资控制工作计划和详细的工作流程图
经济措施	（1）编制资金使用计划，确定、分解投资控制目标，进行风险分析。 （2）进行工程计量。 （3）复核工程付款账单，签发付款证书。 （4）投资跟踪控制，定期进行投资实际支出值与计划目标值的比较。 （5）协商确定工程变更的价款。审核竣工结算。 （6）对投资支出做好分析与预测
技术措施	（1）控制设计变更。 （2）寻找节约投资的可能性。 （3）审核施工组织设计，对主要施工方案进行技术经济分析
合同措施	（1）做好工程施工记录，保存各种文件图纸。参与处理索赔事宜。 （2）参与合同修改、补充工作，着重考虑它对投资控制的影响

【想对考生说】

考试时四个措施会相互作为干扰选项出现。题型有两种：

一是题干中给出采取的具体投资控制措施，判断属于哪类措施。

二是题干中给出措施类型，判断备选项中符合这类型的措施。这种题型考查较多，在2011年、2013年、2014年、2016年、2022年考查的都是这类型题目。

【历年这样考】

1. 【2022年真题】下列建设工程投资控制措施中，属于技术措施的是（　　）。

A. 明确各管理部门投资控制职责　　　　B. 安排专人负责投资控制

C. 组织设计方案评审和优化　　　　　　D. 在合同中订立成本节超奖罚条款

【答案】C。

2. 【2016年真题】监理工程师在施工阶段进行投资控制的经济措施有（　　）。

A. 分解投资控制目标　　　　　　　　　B. 进行工程计量

C. 严格控制设计变更　　　　　　　　　D. 审查施工组织设计

E. 审核竣工结算

【答案】ABE。

【还会这样考】

1. 下列施工阶段投资控制措施中，属于组织措施的是（　　）。

A. 编制资金使用计划　　　　　　　　　B. 编制详细的工作流程图

C. 对设计变更进行技术经济分析　　　　D. 对投资支出做出分析与预测

【答案】B。

2. 监理工程师在施工阶段应做好工程施工记录，保存各种文件图纸，特别是注有实际施工变更情况的图纸，注意积累素材，为正确处理可能发生的索赔提供依据。这种措施属于（　　）。

A. 组织措施　　　B. 经济措施　　　C. 技术措施　　　D. 合同措施

【答案】D。

第三节　建设工程投资控制的主要任务

【考生必掌握】

项目监理机构在施工阶段投资控制的主要工作包括五个方面，分别是：

（1）进行工程计量和付款签证。

（2）对完成工程量进行偏差分析。

（3）审核竣工结算款。

（4）处理施工单位提出的工程变更费用。

（5）处理费用索赔。

【想对考生说】

这五个方面的控制工作在2011年、2013年、2019年、2020年、2022年都以多项选择题进行了考查。工程勘察设计阶段和工程保修阶段投资控制的主要工作内容也需要熟悉。

【历年这样考】

1.【2022年真题】项目监理机构在施工阶段进行投资控制的主要工作有（   ）。

A．组织专家对设计成果进行评审　　　　B．审查施工图预算

C．进行工程计量和付款签证　　　　　　D．审查工程结算报告和保修费用

E．处理工程变更费用和索赔费用

【答案】CE。

2.【2021年真题】项目监理机构处理施工单位提出的工程变更费用时，正确的做法有（   ）。

A．自主评估工程变更费用

B．组织建设单位、施工单位协商确定工程变更费用

C．根据工程变更引起的费用和工期变化变更施工合同

D．变更实施前，与建设单位、施工单位协商确定工程变更的计价原则、方法

E．建设单位与施工单位未能就工程变更费用达成协议时，自主确定一个价格作为最终结算的依据

【答案】ABD。

3.【2018年真题】下列工作中，属于工程监理单位提供相关服务的工作内容有（   ）。

A．审查设计单位提出的设计概算

B．审查设计单位提出的新材料备案情况

C．处理施工单位提出的工程变更费用

D．处理施工单位提出的费用索赔

E．调查使用单位提出的工程质量缺陷的原因

【答案】ABE。

【还会这样考】

项目监理机构在建设工程施工阶段投资控制的任务包括（   ）。

A．确定建设工程设计限额　　　　　　B．对建设工程造价目标进行风险分析

C．编制工程量清单　　　　　　　　　D．审查工程变更价款

E．进行实际工程量和计划工程量对比

【答案】BDE。

第二章

建设工程投资构成

第一节　建设工程投资构成概述

一、我国现行建设工程投资构成

【考生必掌握】

我国现行建设工程投资构成如图 2-2-1 所示。

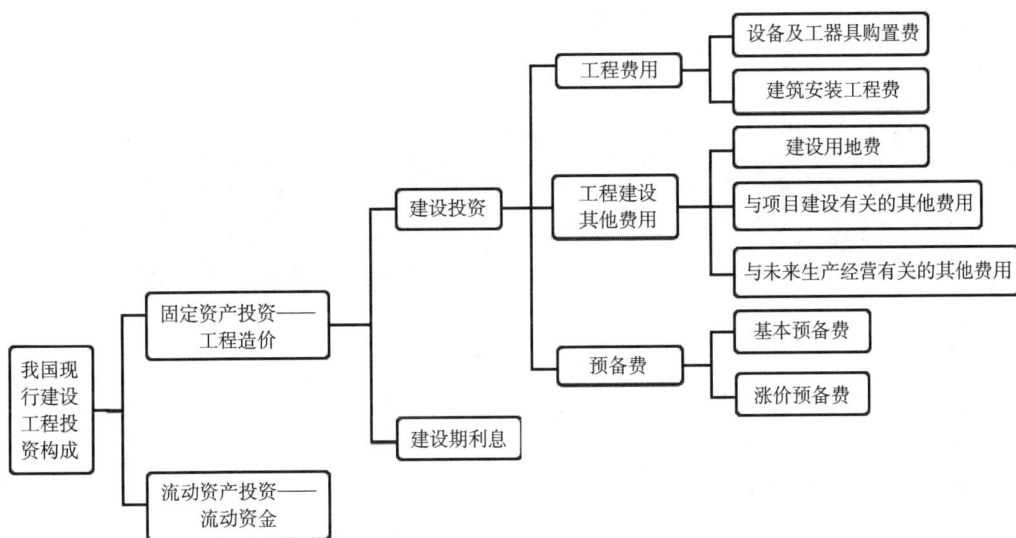

图 2-2-1　我国现行建设工程投资构成

【历年这样考】

1.【2021 年真题】某生产性项目的建设投资 2000 万元，建设期利息 300 万元，流动资金 500 万元，则该项目的固定资产投资为（　　）万元。

A. 2000　　　　　　B. 2300　　　　　　C. 2500　　　　　　D. 2800

【答案】B。

【解析】固定资产投资 = 建设投资 + 建设期利息 =2000+300=2300 万元。

2.【2020 年真题】某建设项目，设备工器具购置费 1000 万元，建筑安装工程费 1500 万元，工程建设其他费 700 万元，基本预备费 160 万元，涨价预备费 200 万元，则该项目的工程费用为（　　）万元。

A. 2500　　　　　　B. 3200　　　　　　C. 3360　　　　　　D. 3560

【答案】A。

【解析】工程费用包括建筑安装工程费和设备及工器具购置费用。该项目的工程费用 =1000+1500=2500 万元。

【还会这样考】

根据我国现行建设工程投资构成，建设投资由（　　）构成。

A. 工程费用、建设期利息、预备费

B. 工程费用、建设期利息、流动资金

C. 工程费用、工程建设其他费用、预备费

D. 建筑安装工程费、设备及工器具购置费、工程建设其他费用

【答案】C。

二、世界银行和国际咨询工程师联合会建设工程投资构成

【考生必掌握】

世界银行和国际咨询工程师联合会建设工程投资由项目直接建设成本、间接建设成本、应急费、建设成本上升费用构成。

> 【想对考生说】
>
> 直接建设成本与间接建设成本一般会相互作为干扰选项，考查多项选择题。
> 间接建设成本可以这样记：生产前管理试车，地方行政保运费。
> 应急费与建设成本上升费一般会考查单项选择题，注意应急费的两种用途。

【还会这样考】

1. 根据世界银行对建设工程投资构成的规定，只能作为一种储备可能不动用的费用是（　　）。

A. 未明确项目准备金　　　　　　　　B. 基本预备费

C. 不可预见准备金　　　　　　　　　D. 建设成本上升费用

【答案】C。

2. 根据世界银行对工程项目总建设成本的规定，下列费用应计入项目间接建设成本的有（　　）。

A. 临时公共设施及场地的维持费　　　B. 建设保险和债券费

C. 开工试车费　　　　　　　　　　　D. 土地征购费

E. 生产前费用

【答案】CE。

第二节　建筑安装工程费用的组成和计算

一、按费用构成要素划分的建筑安装工程费用项目组成

【考生必掌握】

按费用构成要素划分的建筑安装工程费用项目组成如图 2-2-2 所示。

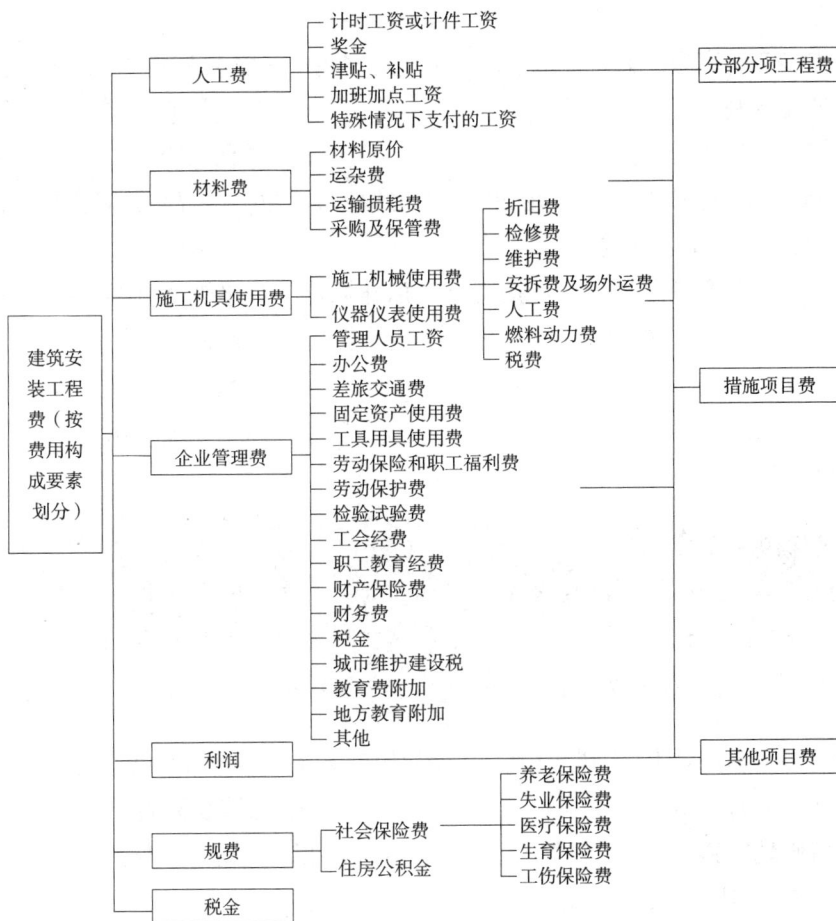

图 2-2-2　按费用构成要素划分的建筑安装工程费用项目组成

【考生这样记】

人工费：特班金鸡奖。

企业管理费：检验雇（固）工捞（劳）财宝（保），公差管税会教他。

社会保险费：老是（失）伤医生。

【想对考生说】

该采分点是必考考点，考查题型主要有两种：

一是题干中给出具体费用内容，判断属于哪一类费用。

二是选项中给出费用内容，判断属于哪一类费用。这是常考题型。

【历年这样考】

1.【2023年真题】纳税人所在地在县城、镇的，城市维护建设投资税率为（   ）。

A. 1%   B. 3%   C. 5%   D. 7%

【答案】C。

2.【2022年真题】下列费用中，属于建筑安装工程费中人工费的是（   ）。

A. 职工福利费   B. 高空作业津贴

C. 养老保险费   D. 工伤保险费

【答案】B。人工费的内容在2013年、2018年、2019年都考查了多项选择题。2020年考查题型与本题一致。

3.【2022年真题】施工企业按照有关标准规定，对建筑及材料、构件和建筑安装物进行一般鉴定、检查所发生的费用属于建筑安装工程费中的（   ）。

A. 材料费   B. 规费

C. 企业管理费   D. 仪器仪表使用费

【答案】C。

【想对考生说】

2014年、2016年、2019年考查了相同的采分点。除了上述命题方式外，还会这样命题："下列费用中，属于建筑安装工程费用中检验试验费的是（   ）。"

需要牢记一点：材料一般检验试验费属于企业管理费。

4.【2022年真题】下列费用中，属于建筑安装工程企业管理费的有（   ）。

A. 职工教育经费   B. 社会保险费

C. 特殊地区施工津贴   D. 劳动保护费

E. 夏季防暑降温费

【答案】ADE。

5.【2019年真题】下列费用中，属于建筑安装工程规费的是（   ）。

A. 教育费附加   B. 地方教育附加

C. 职工教育经费   D. 住房公积金

【答案】D。规费的内容也是考生应重点掌握的，2014年、2017年考查了相同的采分点。

6.【2017 年真题】下列费用中，不应列入建筑安装工程材料费的是（ ）。

A．施工中耗费的辅助材料费用

B．施工企业自设试验室进行试验所耗用的材料费用

C．在运输装卸过程中发生的材料损耗费用

D．在施工现场发生的材料保管费用

【答案】B。

【想对考生说】

这道题目属于逆向命题，考试时还可能这样命题：分部分项工程材料费的构成包括（ ）。

【还会这样考】

1．从事建筑安装工程施工生产的工人，工伤期间的工资属于人工费中的（ ）。

A．计时工资　　　　　　　　　　B．津贴补贴

C．加班加点工资　　　　　　　　D．特殊情况支付的工资

【答案】D。

2．根据现行建筑安装工程费用项目组成，职工的劳动保险费应计入（ ）。

A．规费　　　　　　　　　　　　B．措施费

C．人工费　　　　　　　　　　　D．企业管理费

【答案】D。

3．下列费用中，属于建筑安装工程施工机具使用费的有（ ）。

A．施工机械临时故障排除所需的费用　　B．机上司机的人工费

C．财产保险费　　　　　　　　　　　　D．仪器仪表使用费

E．施工机械检修费

【答案】ABDE。

【想对考生说】

施工机具使用费的内容一般会考查多项选择题。施工机具使用费包括施工机械使用费和仪器仪表使用费，仪器仪表使用费容易被漏选。

4．根据我国现行建筑安装工程费用项目组成的相关规定，施工企业按规定标准为职工缴纳的基本医疗保险费应计入建筑安装工程费用的（ ）。

A．人工费　　　　　　　　　　　B．措施项目费

C．规费　　　　　　　　　　　　D．企业管理费

【答案】C。

二、按造价形成划分的建筑安装工程费用项目组成

【考生必掌握】

按造价形成划分的建筑安装工程费用项目组成如图 2-2-3 所示。

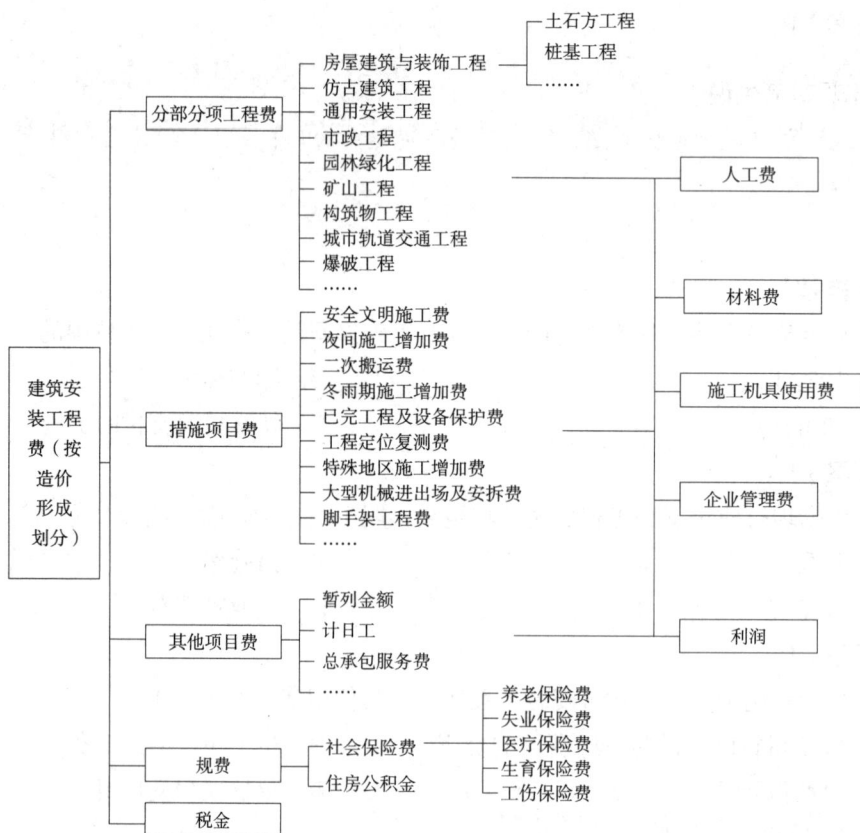

图 2-2-3　按造价形成划分的建筑安装工程费用项目组成

【考生这样记】

措施项目费：夜间安全定位、冬雨期二次已完成、大型特殊脚手架。

【想对考生说】

该采分点需要重点掌握措施项目费的组成，安全文明施工费的内容也是一个重点，它包括环境保护费、文明施工费、安全施工费、临时设施费、建筑工人实名制管理费，这在 2011 年、2014 年、2016 年、2022 年都以多项选择题考查过。

该采分点的命题形式主要是："下列费用中，属于建筑安装工程费中措施项目费的是/有（　　）。"

【历年这样考】

1.【2023年真题】某综合办公楼项目，建筑分部分项工程费为4500万元，安装分部分项工程费为2500万元，装饰装修分部分项工程费为3000万元。人工费占分部分项工程费的30%；措施项目费以分部分项工程费为计算基础，措施项目费费率为5%；其他项目费合计1200万元；规费以人工费为计费基础，规费费率为15%；增值税税率为9%。以上费用均不含增值税进项税额，则该项目的建筑安装工程费为（　）万元。

A. 11700.0　　　B. 12150.0　　　C. 13203.0　　　D. 13243.5

【答案】D。

【解析】按造价形成划分的建筑安装工程费由分部分项工程费、措施项目费、其他项目费、规费、税金组成。分部分项工程费=4500+2500+3000=10000万元，措施项目费=10000×5%=500万元，其他项目费=1200万元，规费=10000×30%×15%=450万元，税金=（10000+500+1200+450）×9%=1093.5万元，则该项目的建筑安装工程费=10000+500+1200+450+1093.5=13243.5万元。

2.【2022年真题】下列费用中，属于建筑安装工程安全文明施工费的有（　）。

A. 环境保护费　　　　　　　　　B. 医疗保险费

C. 施工单位临时设施费　　　　　D. 建筑工人实名制管理费

E. 已完工程及设备保护费

【答案】ACD。

3.【2021年真题】下列费用中，属于建筑安装工程措施项目费的有（　）。

A. 建筑工人实名制管理费　　　　B. 大型机械进出场及安拆费

C. 建筑材料鉴定、检查费　　　　D. 工程定位复测费

E. 施工单位临时设施费

【答案】ABDE。2015年、2018年、2020年考查的都是相同题型，仅在选项设置上略有区别。

4.【2020年真题】将塔式起重机自停放地点运至施工现场的运输、拆卸、安装费用属于（　）。

A. 施工机械使用费　　　　　　　B. 大型机械进出场及安拆费

C. 二次搬运费　　　　　　　　　D. 工具用具使用费

【答案】B。

【还会这样考】

1. 施工现场设立的安全警示标志、现场围挡等所需的费用应计入（　）费用。

A. 分部分项工程　　　　　　　　B. 规费项目

C. 措施项目　　　　　　　　　　D. 其他项目

【答案】C。

2. 根据现行建筑安装工程费用项目组成的规定，下列费用中应计入暂列金额的是（　）。

A. 施工用电、用水的开办费

B. 应建设单位要求，完成建设项目之外的零星项目费用

C. 对建设单位自行采购的材料进行保管所发生的费用

D. 施工过程中可能发生的工程变更以及索赔、现场签证等费用

【答案】D。

三、建筑安装工程费用计算方法

采分点1　各费用工程要素计算方法

【考生必掌握】

各费用工程要素计算方法见表2-2-1。

各费用工程要素计算方法　　　　　　　　　　　表2-2-1

费用		计算方法
材料费	材料费	材料费 = ∑（材料消耗量 × 材料单价） 材料单价 = {（材料原价 + 运杂费）×[1+ 运输损耗率（%）]} ×[1+ 采购保管费率（%）]
	工程设备费	工程设备费 = ∑（工程设备量 × 工程设备单价） 工程设备单价 =（设备原价 + 运杂费）×[1+ 采购保管费率（%）]
施工机具使用费	施工机械使用费	施工机械使用费 = ∑（施工机械台班消耗量 × 机械台班单价） 机械台班单价 = 台班折旧费 + 台班检修费 + 台班维护费 + 台班安拆费及场外运费 + 台班人工费 + 台班燃料动力费 + 台班车船税费 （1）折旧费计算公式为： $$台班折旧费 = \frac{机械预算价格 ×（1 - 残值率）}{耐用总台班数}$$ $$耐用总台班数 = 折旧年限 × 年工作台班$$ （2）检修费计算公式为： $$台班检修费 = \frac{一次检修费 × 检修次数}{耐用总台班数}$$
	仪器仪表使用费	仪器仪表使用费 = 工程使用的仪器仪表摊销费 + 维修费
规费		社会保险费和住房公积金应以定额人工费为计算基础，根据工程所在地省、自治区、直辖市或行业建设主管部门规定费率计算
增值税	一般计税	建筑业增值税税率为9%。计算公式为： $$增值税 = 税前造价 ×9\%$$ 税前造价为人工费、材料费、施工机具使用费、企业管理费、利润和规费之和，各费用项目均以不包含增值税可抵扣进项税额的价格计算
	简易计税	建筑业增值税税率为3%。计算公式为： $$增值税 = 税前造价 × 3\%$$ 税前造价为人工费、材料费、施工机具使用费、企业管理费、利润和规费之和，各费用项目均以包含增值税进项税额的含税价格计算

【想对考生说】

该采分点主要掌握材料单价、施工机具使用费、增值税的计算。

【历年这样考】

1.【2022年真题】某项目分部分项工程费3000万元，措施项目费90万元，其中安全文明施工费60万元；其他项目费80万元，规费40.5万元，以上费用均不含增值税进项税额。则该项目的增值税销项税额为（　　）万元。

A. 96.315
B. 283.545

C. 288.945
D. 321.050

【答案】C。

【解析】增值税销项税额=（3000+90+80+40.5）×9%=288.945万元。

2.【2021年真题】某材料的出厂价2500元/t，运杂费80元/t，运输损耗率1%，采购保管费率2%，则该材料的（预算）单价为（　　）元/t。

A. 2575.50
B. 2655.50

C. 2657.40
D. 2657.92

【答案】D。

【解析】材料单价=（2500+80）×（1+1%）×（1+2%）=2657.92元/t。

3.【2019年真题】某施工机械预算价格为30万元，残值率为2%，折旧年限为10年，年平均工作225个台班，采用平均折旧法计算，则该施工机械的台班折旧费为（　　）元。

A. 130.67
B. 133.33

C. 1306.67
D. 1333.33

【答案】A。

【解析】耐用总台班数=10×225=2250台班；台班折旧费=300000×（1-2%）/2250=130.67元。

【还会这样考】

建筑安装工程费中工伤保险费的计算基础是（　　）。

A. 定额直接费
B. 定额人工费

C. 定额人工费和机械费
D. 定额人工费和材料费

【答案】B。

采分点2　建筑安装工程计价程序

【想对考生说】

该采分点主要掌握建设单位工程最高投标限价计价程序，我们通过一道题目说明。

【历年这样考】

【2019年真题】 某招标工程，分部分项工程费为41000万元（其中定额人工费占15%），措施费以分部分项工程费的2.5%计算，暂列金额800万元，规费以定额人工费为基础计算，规费费率为8%，税率为9%。则该工程的最高投标限价为（　）万元。

A. 46343.530

B. 47143.530

C. 47215.530

D. 47247.794

【答案】 C。

【解析】 工程最高投标限价计算过程见表2-2-2。

工程最高投标限价计算过程 　　　　　　　　　　　　表2-2-2

序号	内容	计算方法	计算结果（万元）
1	分部分项工程费	按计价规定计算	41000
2	措施项目费	按计价规定计算	41000×2.5%=1025
2.1	其中：安全文明施工费	按规定标准计算	
3	其他项目费		800
3.1	其中：暂列金额	按计价规定估算	
3.2	其中：专业工程暂估价	按计价规定估算	
3.3	其中：计日工	按计价规定估算	
3.4	其中：总承包服务费	按计价规定估算	
4	规费	按规定标准计算	41000×15%×8% = 492
5	税金	（1+2+3+4）× 规定税率	（41000+1025+800+492）×9% = 3898.530

最高投标限价 =1+2+3+4+5=41000+1025+800+492+3898.530 = 47215.530 万元

第三节　设备、工器具购置费用组成和计算

【想对考生说】

设备购置费＝设备原价或进口设备抵岸价＋设备运杂费，下面主要对设备原价与进口设备抵岸价进行讲解。

一、设备原价的组成与计算

【考生必掌握】

设备原价是指国产标准设备、非标准设备的原价。

国产标准设备原价一般指的是设备制造厂的交货价，即出厂价。在计算设备原价时，一般按带有备件的出厂价计算。

非标准设备原价的计算方法有<u>成本计算估价法、系列设备插入估价法、分部组合估价法、定额估价法</u>等。

【历年这样考】

【2012 年真题】国产标准设备原价一般是指（　　）。

A. 设备出厂价与采购保管费之和　　　　B. 设备购置费

C. 设备出厂价与运杂费之和　　　　　　D. 设备出厂价

【答案】D。

【还会这样考】

关于国产设备原价的说法，正确的有（　　）。

A. 非标准国产设备原价中应包含运杂费

B. 国产标准设备的原价一般是指出厂价

C. 由设备成套公司供应的国产标准设备，原价为订货合同价

D. 国产标准设备在计算原价时，一般按带有备件的出厂价计算

E. 非标准国产设备原价的计算方法应简便，并使估算价接近实际出厂价

【答案】BCDE。

二、进口设备的交货方式

【考生必掌握】

进口设备的交货方式可分为<u>内陆交货类、目的地交货类、装运港交货类</u>，内陆交货类与港运交货类卖方与买方的责任应熟悉。

【想对考生说】

卖方与买方的责任都是对应的，考生只需要记忆一方的责任就可以推出另一方的责任了。比如装运港交货类中，卖方要将货物装上指定的船只，那么租船订舱就是买方的责任。

【历年这样考】

【2017 年真题】进口设备采用装运港船上交货时，买方的责任有（　　）。

A. 承担货物装船前的一切费用　　　　B. 承担货物装船后的一切费用

C. 负责租船或订舱，支付费用　　　　D. 负责办理保险及支付保险费

E. 提供出口国有关方面签发的证件

【答案】BCD。

【还会这样考】

进口设备采用内陆交货方式时，卖方的责任是（　　）。

A. 在交货前将货物的所有权转移给买方　　B. 承担交货前的一切费用和风险

C. 办理装运出口　　　　　　　　　　　　D. 办理出口手续

【答案】B。

三、进口设备抵岸价的构成及其计算

【考生必掌握】

进口设备抵岸价的构成及其计算见表 2-2-3。

进口设备抵岸价的构成及其计算　　　　　　　　　　　表 2-2-3

构成	计算
货价	货价 = 离岸价（FOB 价）× 人民币外汇牌价
国外运费	国外运费 = 离岸价 × 运费率 国外运费 = 运量 × 单位运价
国外运输保险费	国外运输保险费 = $\dfrac{（离岸价 + 国际运费）}{1 - 国外保险费率}$ × 国外保险费率
银行财务费	银行财务费 = 离岸价 × 人民币外汇牌价 × 银行财务费率
外贸手续费	外贸手续费 = 进口设备到岸价 × 人民币外汇牌价 × 外贸手续费率 进口设备到岸价（CIF）= 离岸价（FOB）+ 国外运费 + 国外运输保险费
进口关税	进口关税 = 到岸价 × 人民币外汇牌价 × 进口关税率
增值税	进口产品增值税额 = 组成计税价格 × 增值税率 组成计税价格 = 到岸价 × 人民币外汇牌价 + 进口关税 + 消费税
消费税	消费税 = $\dfrac{到岸价 × 人民币外汇牌价 + 关税}{1 - 消费税率}$ × 消费税率

【想对考生说】

该采分点会考查四种题型：

一是各构成费用的计算。增值税、进口关税考查较多。

二是对于公式的表述是否正确的表述题目。

三是某项费用的计算基数。

四是抵岸价的计算。

【考生这样记】

该采分点的计算公式比较多，在记忆上容易混淆，下面给考生总结一个方法，可以快速地记忆。

（1）在到岸之前会产生 4 个费用，它们是货价、国外运费、国外运输保险费和银行财务费（三费一价），它们的计算基数是离岸价，乘以相应费率或汇率。

（2）在到岸之后会产生 4 个费用，它们是外贸手续费、进口关税、增值税和消费税（三税一费），它们的计算基数是到岸价，乘以相应费率或税率。

（3）特殊的公式是国外运输保险费、消费税，需要特别记忆。

【历年这样考】

1.【2023年真题】某进口设备，装运港船上交货价（FOB）为70万美元，到岸价（CIF）为78万美元，关税税率为10%，增值税税率为13%，美元汇率为：1美元=6.9元人民币，则该进口设备的增值税为人民币（　　）万元。

A. 62.7900　　　　　　　　　　B. 69.9660

C. 76.2450　　　　　　　　　　D. 76.9626

【答案】D。

【解析】该进口设备的增值税=（78×6.9）×（1+10%）×13%=76.9626万元。

2.【2022年真题】某进口设备按人民币计算，离岸价为100万元，到岸价为112万元，增值税税率为13%，进口关税税率为5%。则该进口设备的关税为（　　）万元。

A. 5.000　　　　　　　　　　B. 5.600

C. 5.650　　　　　　　　　　D. 6.328

【答案】B。

【解析】进口关税=112×5%=5.600万元。

3.【2020年真题】某进口设备，装运港船上交货价（FOB）10万美元，国外运费1万美元，国外运输保险费0.029万美元，关税税率10%，银行外汇牌价为1美元=7.10元人民币，没有消费税。则该进口设备计算增值税时的组成计税价格为（　　）万元人民币。

A. 71.21　　　B. 78.31　　　C. 78.83　　　D. 86.14

【答案】D。

【解析】到岸价=10+1+0.029=11.029万美元，进口设备计算增值税时的组成计税价格=11.029×7.10+11.029×7.10×10%+0=86.14万元人民币。

【还会这样考】

1. 某进口设备货价400万元人民币，国际运费40万元人民币，运输保险费率为3‰，则该设备应计的运输保险费为（　　）万元人民币。

A. 1.083　　　　　　　　　　B. 1.196

C. 1.204　　　　　　　　　　D. 1.324

【答案】D。

【解析】运输保险费=（400+40）/（1-3‰）×3‰=1.324万元。

2. 下列进口设备外贸手续费计算公式的表述，正确的是（　　）。

A. 外贸手续费=FOB×人民币外汇汇率×外贸手续费率

B. 外贸手续费=CIF×人民币外汇汇率×外贸手续费率

C. 外贸手续费=FOB×人民币外汇汇率/（1-外贸手续费率）×外贸手续费率

D. 外贸手续费=CIF×人民币外汇汇率/（1-外贸手续费率）×外贸手续费率

【答案】B。

3. 按人民币计算，某进口设备离岸价为2000万元，到岸价为2100万元，银行财务费为 10 万元，外贸手续费为 30 万元，进口关税为 147 万元。增值税税率为 13%，不考虑消费税，则该设备的抵岸价为（　　）万元。

A. 2566.11

B. 2479.11

C. 2466.11

D. 2579.11

【答案】D。

【解析】进口设备抵岸价 = 货价 + 国外运费 + 国外运输保险费 + 银行财务费 + 外贸手续费 + 进口关税 + 增值税 + 消费税 =2100+10+30+147+（2100+147）×13%=2579.11 万元。

第四节　工程建设其他费用、预备费、建设期利息、铺底流动资金组成和计算

一、工程建设其他费用的组成

采分点1　建设用地费

【考生必掌握】

建设用地费的组成如图 2-2-4 所示。

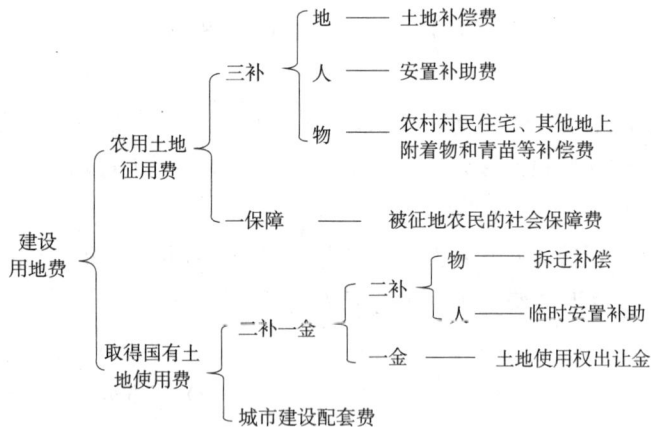

图 2-2-4　建设用地费的组成

【想对考生说】

本考点主要考查取得国有土地使用费的组成，干扰选项设置会是农用土地征用费的组成。

【历年这样考】

【2019 年真题】取得国有土地使用费包括（　　）。

A．土地使用权出让金　　　　　B．青苗补偿费

C．城市建设配套费　　　　　　D．拆迁补偿费

E．临时安置补助费

【答案】ACDE。

【还会这样考】

征收农用地以外的其他土地、地上附着物和青苗等的补偿标准，由省、自治区、直辖市制定，对其中的农村村民住宅，应当按照（　　）原则，尊重农村村民意愿，给予公平、合理的补偿。

A．先补偿后搬迁、居住条件有改善　　B．土地原有用途

C．土地供求关系　　　　　　　　　　D．经济社会发展水平

【答案】A。

采分点2　与项目建设有关的其他费用

【考生必掌握】

与项目建设有关的其他费用组成如图2-2-5所示。

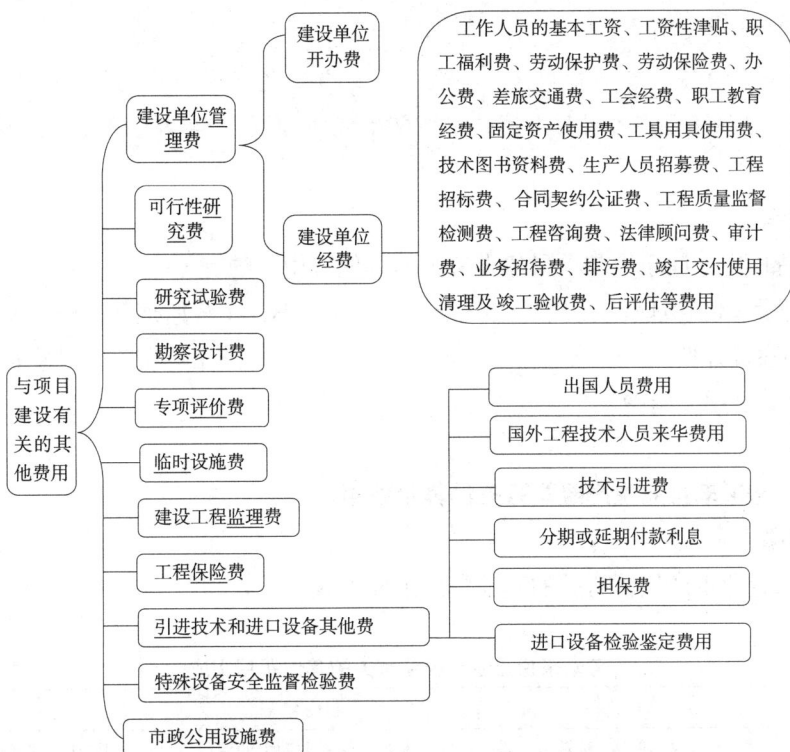

图2-2-5　与项目建设有关的其他费用组成

【考生这样记】

一管理二研究，一勘察一评价，临时监理最保险，引进特殊来公用。

【想对考生说】

该采分点中考生应熟悉建设单位经费的内容，考试会考查其中的某一项，判断其是否属于建设单位管理费。

【历年这样考】

1.【2021年真题】下列费用中，属于引进技术和进口设备其他费的有（　　）。

A．单台设备调试费用　　　　　　　B．进口设备检验鉴定费用

C．设备无负荷联动试运转费用　　　D．国外工程技术人员来华费用

E．生产职工培训费用

【答案】BD。

2.【2016年真题】下列费用中，属于建设单位管理费的是（　　）。

A．可行性研究费　　　　　　　　　B．工程竣工验收费

C．环境影响评价费　　　　　　　　D．劳动安全卫生评价费

【答案】B。

【想对考生说】

2014年考查了相同知识点，而且题干设置都是相同的，仅在部分选项设置上不同。这种题型在本科目考试中是经常出现的，所以考生对于真题一定要重视。

【还会这样考】

下列费用中，属于"与项目建设有关的其他费用"的有（　　）。

A．建设单位管理费　　　　　　　　B．工程监理费

C．勘察设计费　　　　　　　　　　D．施工单位临时设施费

E．市政公用设施费

【答案】ABCE。

采分点3　与未来企业生产经营有关的其他费用

【考生必掌握】

与未来企业生产经营有关的其他费用组成见表2-2-4。

与未来企业生产经营有关的其他费用组成　　　　　　　　　表2-2-4

费用	内容
联合试运转费	内容包括：试运转所需的原料、燃料、油料和动力的费用，机械使用费用，低值易耗品及其他物品的购置费用和施工单位参加联合试运转人员的工资等。 不包括：应由设备安装工程费开支的单台设备调试费及无负荷联动试运转费用
生产准备费	（1）生产职工培训费。自行培训、委托其他单位培训人员的工资、工资性补贴、职工福利费、差旅交通费、学习资料费、学费、劳动保护费。 （2）生产单位提前进厂参加施工、设备安装、调试等以及熟悉工艺流程及设备性能等人员的工资、工资性补贴、职工福利费、差旅交通费、劳动保护费等

续表

费用	内容
办公和生活家具购置费	办公和生活家具购置费是指为保证新建、改建、扩建项目初期正常生产、使用和管理所必须购置的办公和生活家具、用具的费用

【考生这样记】

与未来企业生产经营有关的其他费用：联合生产来办公。

【历年这样考】

【2023年真题】 下列费用中，属于工程建设其他费的有（　　）。

A．工程招标费　　　　　　　　　　B．环境影响评价费

C．单台设备调试费　　　　　　　　D．进口设备检验鉴定费

E．生产准备费

【答案】 ABDE。

【想对考生说】

考查工程建设其他费用三部分组成内容时，注意不要漏选。

【还会这样考】

1．下列费用中，可计入联合试运转费的是（　　）。

A．无负荷联动试运转费用　　　　　B．试运转中暴露出来的施工缺陷处理费用

C．单台设备调试费　　　　　　　　D．施工单位参加联合试运转人员的工资

【答案】 D。

2．下列费用中，应计入生产准备费的是（　　）。

A．人员培训费　　　　　　　　　　B．竣工验收费

C．联合试运转费　　　　　　　　　D．工程咨询费

【答案】 A。

3．下列工程建设投资中，属于与未来生产经营有关的其他费用的有（　　）。

A．生产职工培训费　　　　　　　　B．购买原材料、能源的费用

C．办公家具购置费　　　　　　　　D．联合试运转费

E．提前进厂人员的工资、福利等费用

【答案】 ACDE。

二、预备费

【考生必掌握】

预备费的构成及计算见表2-2-5。

预备费的构成及计算   表 2-2-5

构成	计算
基本预备费	在项目实施中可能发生难以预料的支出，需要预先预留的费用，又称不可预见费。主要指设计变更及施工过程中可能增加工程量的费用。计算公式为： 基本预备费 =（设备及工器具购置费 + 建筑安装工程费 + 工程建设其他费）× 基本预备费率
涨价预备费	涨价预备费是建设工程在建设期内利率、汇率或价格等变化而预留的可能增加的费用，也称为价格变动不可预见费。计算公式为： $$P=\sum_{t=1}^{n} I_t[(1+f)^m (1+f)^{0.5} (1+f)^{t-1}-1]$$ 式中 P——涨价预备费； 　　I_t——第 t 年的静态投资计划额； 　　n——建设期年份数； 　　f——投资价格指数； 　　t——建设期第 t 年； 　　m——建设前期年限

【想对考生说】

这部分内容主要考查计算题目，难度不大，最关键的是掌握计算基数，注意涨价预备费的计算基数包括工程费用、工程建设其他费及基本预备费。

【历年这样考】

【2011 年真题】某工程，设备与工器具购置费为 5000 万元，建筑安装工程费为 10000 万元，工程建设其他费为 4000 万元，铺底流动资金为 6000 万元，基本预备费率为 5%，该项目估算的基本预备费应为（　）万元。

A. 500   B. 750

C. 950   D. 1250

【答案】C。

【解析】基本预备费 =（5000+10000+4000）× 5%=950 万元。

【还会这样考】

1. 考虑项目在实施中可能会发生设计变更增加工程量，投资计划中需要事先预留的费用是（　）。

A. 涨价预备费   B. 铺底流动资金

C. 基本预备费   D. 工程建设其他费用

【答案】C。

2. 在建设工程项目总投资组成中的涨价预备费主要是为（　）而预留的。

A. 建设期内材料价格上涨增加的费用

B. 因施工质量不合格返工增加的费用

C. 设计变更增加工程量的费用

D．因业主方拖欠工程款增加的承包商贷款利息

【答案】A。

3．某建设项目静态投资为 10000 万元，项目建设前期年限为 1 年，建设期为 2 年，第 1 年完成投资 40%，第 2 年完成投资 60%。在年平均价格上涨率为 6% 的情况下，该项目涨价预备费应为（　　）万元。

A．666.3

B．981.6

C．1306.2

D．1640.5

【答案】C。

【解析】根据涨价预备费的计算公式可知：

第 1 年涨价预备费 $=10000 \times 40\% \times [(1+6\%) \times (1+6\%)^{0.5} - 1]=365.3$ 万元；

第 2 年涨价预备费 $=10000 \times 60\% \times [(1+6\%) \times (1+6\%)^{0.5} \times (1+6\%) - 1]=940.9$ 万元；

项目涨价预备费 $=365.3+940.9=1306.2$ 万元。

三、建设期利息

【考生必掌握】

在编制投资估算时通常假定借款均在每年的年中支用，借款第一年按半年计息，其余各年份按全年计息。计算公式为：

各年应计利息 = （年初借款本息累计 + 本年借款额 /2）× 年利率

【想对考生说】

本考点主要考查计算题目，在命题形式可能会是项目第 × 年的建设期利息，也可能是求项目几年一共的建设期利息，考生一定要审清问题。另外还需要注意在计算第 2 年建设期利息的时候一定是年初借款本息累计 + 本年借款额 /2。

【历年这样考】

1．【2023 年真题】某新建项目，建设期 2 年，计划向银行借款 9000 万元，第 1 年借款 5000 万元，第 2 年借款 4000 万元。年利率为 5%，则该项目估算的建设期利息为（　　）万元。

A．250.00

B．356.25

C．481.25

D．712.50

【答案】C。

【解析】第 1 年的利息：$5000 \times 1/2 \times 5\%=125$ 万元；

第 2 年的利息：$(5000+125+4000 \times 1/2) \times 5\%=356.25$ 万元；

合计：$125+356.25=481.25$ 万元。

2．【2016 年真题】某项目，建设期为 2 年，项目投资部分为银行贷款，贷款年利率为 4%，按年计息且建设期不支付利息，第 1 年贷款额为 1500 万元，第 2 年贷款额

1000 万元，假设贷款在每年的年中支付，建设期贷款利息的计算，正确的有（　　）。

A．第 1 年的利息为 30 万元　　　　　B．第 2 年的利息为 60 万元

C．第 2 年的利息为 81.2 万元　　　　D．第 2 年的利息为 82.4 万元

E．两年的总利息为 112.4 万元

【答案】AC。

【解析】第 1 年的利息 =1500×1/2×4%=30 万元；第 2 年的利息 =（1500+30 + 1000×1/2）×4%=81.2 万元。建设期利息总和 =30+81.2 =111.2 万元。

【还会这样考】

某项目建设期为 2 年，共向银行借款 10000 万元，借款年利率为 6%。第 1 和第 2 年借款比例均为 50%。借款在各年内均衡使用，建设期内只计息不付息。则编制投资估算时该项目建设期利息总和为（　　）万元。

A．300　　　　　　　　　　　　　　B．450

C．459　　　　　　　　　　　　　　D．609

【答案】D。

【解析】第 1 年利息：10000÷2÷2×6%=150 万元，第 2 年利息：（10000÷2÷2+10000÷2+150）×6%=459 万元，则建设期利息 =150+459=609 万元。

第三章
建设工程项目投融资

第一节　工程项目资金来源

一、项目资本金制度

【考生必掌握】

在这部分内容中主要介绍项目资本金的来源、项目资本金的比例及项目资金管理。

项目资金的来源主要掌握两点，一是项目资本金的出资方式，可以用货币出资，也可以用实物、工业产权、非专利技术、土地使用权作价出资。以工业产权、非专利技术作价出资的比例不得超过投资项目资本金总额的20%，国家对采用高新技术成果有特别规定的除外。二是以货币方式认缴的资本金的资金来源。这是一个多项选择题采分点，或者是作为判断正确与错误说法题目中的备选项出现。

项目资金本的比例这部分内容中，可能会考核数字题目。

项目资本金管理这部分内容中，要特别注意以下两点：

（1）投资项目资本金只能用于项目建设，不得挪作他用，更不得抽回。

（2）凡资本金不落实的投资项目，一律不得开工建设。

【历年这样考】

1.【2023年真题】某城市公路项目，静态投资总概算20000万元，动态投资总概算21000万元，根据相关办法规定，本项目资本金最低出资额为（　　）万元。

　A. 4000　　　　　B. 4200　　　　　C. 5000　　　　　D. 5250

【答案】B。

【解析】作为计算资本金基数的总投资，是指投资项目的固定资产投资与铺底流动资金之和，具体核定时以经批准的动态概算为依据。项目资本金占项目总投资最低比例为20%，则本项目资本金最低出资额 =21000×20%=4200万元。

2.【2022年真题】基础设施领域项目通过发行权益型、股权类金融工具筹措的资本金，不得超过项目资本金总额的（　　）。

　A. 20%　　　　　B. 30%　　　　　C. 40%　　　　　D. 50%

【答案】D。

【还会这样考】

关于项目资本金的说法，正确的是（　　）。

A．所有投资项目都必须实行资本金制度

B．投资项目部分资本金可以用非专利技术作价出资

C．政府的财政预算内资金不能作为项目资本金的资金来源

D．对国家重点建设项目，一律不得降低资本金比例

【答案】B。

二、项目资金筹措渠道和方式

采分点1　项目资本金筹措渠道与方式

【考生必掌握】

项目资本金筹措渠道与方式见表 2-3-1。

项目资本金筹措渠道与方式　　　　　　　　　　　　表 2-3-1

筹措方式		内容
既有法人项目资本金筹措	内部资金来源	（1）企业的现金。 （2）未来生产经营中获得的可用于项目的资金。 （3）企业资产变现。通常包括：短期投资、长期投资、固定资产、无形资产的变现。 （4）企业产权转让
	外部资金来源	（1）企业增资扩股。 （2）优先股。 （3）国家预算内投资
新设法人项目资本金筹措		（1）在新法人设立时由发起人和投资人按项目资本金额度要求提供足额资金。主要形式有： ①在资本市场募集股本资金，包括私募和公开募集。 ②合资合作。 （2）由新设法人在资本市场上进行融资来形成项目资本金

【想对考生说】

这部分内容要重点掌握既有法人项目资本金筹措，即有法人可用于项目资本金的内部来源和外部来源在考核时会相互作为干扰选项。

【还会这样考】

下列资金来源中，属于既有法人项目资本金内部资金来源的有（　　）。

A．新投资人投资　　　　　　　　　　B．无形资产变现

C．短期投资变现　　　　　　　　　　D．企业产权转让

E．增资扩股

【答案】BCD。

采分点 2　债务资金筹措渠道与方式

【想对考生说】

债务资金主要通过信贷、债券、租赁等方式进行筹措。信贷方式融资内容较多，可能就某一句话单独命题，也可能会是判断正确与错误说法的综合题目，注意掌握。

债券筹资方式的特点可能会考查多项选择题。

【历年这样考】

1.【2021年真题】相比其他债务资金筹措渠道与方式，债券筹资的优点有（　　）。

A. 保障股东控制权　　　　　　　　B. 发挥财务杠杆作用

C. 便于调整资本结构　　　　　　　D. 经营灵活性高

E. 筹资成本较低

【答案】ABCE。

2.【2020年真题】商业银行的中期贷款是指贷款期限（　　）的贷款。

A. 1~2年　　　　　　　　　　　　B. 1~3年

C. 2~4年　　　　　　　　　　　　D. 3~5年

【答案】B。

【还会这样考】

1. 在公司融资和项目融资中，所占比重最大的债务融资方式是（　　）。

A. 发行股票　　　　　　　　　　　B. 信贷融资

C. 发行债券　　　　　　　　　　　D. 融资租赁

【答案】B。

2. 关于信贷方式融资的说法，正确的是（　　）。

A. 国际金融机构贷款的期限安排可以有附加条件

B. 国外商业银行的贷款利率由各国中央银行决定

C. 出口信贷通常需对设备价款全额贷款

D. 政策性银行贷款利率通常比商业银行贷款利率高

【答案】A。

3. 投资项目债务资金的来源渠道和方式主要有（　　）。

A. 经营租赁　　　　　　　　　　　B. 出口信贷

C. 企业债券　　　　　　　　　　　D. 银行贷款

E. 政府贷款贴息

【答案】ABCD。

三、资金成本

【考生必掌握】

这部分内容需要掌握资金成本的构成、作用与计算，我们通过表 2-3-2 来学习。

资金成本的构成、作用与计算　　　　　　　　　　表 2-3-2

项目		内容
构成	资金筹集成本	发行股票或债券支付的印刷费、发行手续费、律师费、资信评估费、公证费、担保费、广告费等
	资金使用成本	支付给股东的各种股息和红利、向债权人支付的贷款利息及支付其他债权人的各种利息费用等
作用		个别资金成本主要用于比较各种筹资方式资金成本的高低，是确定筹资方式的重要依据。 综合资金成本是项目公司资本结构决策的依据。 边际资金成本是追加筹资决策的重要依据
计算		$$K = \frac{D}{P - F} \quad 或 \quad K = \frac{D}{P - (1 - f)}$$ 式中　K——资金成本率； 　　　P——筹资资金总额； 　　　D——使用费； 　　　F——筹资费； 　　　f——筹资费费率

【想对考生说】

在考核资金成本构成时，资金筹集成本与资金使用成本会相互作为干扰选项。注意资金使用成本也称为资金占用费。

【历年这样考】

【2023 年真题】项目公司将边际资金成本作为（　　）的依据。

A. 比较项目各种融资方式优劣　　　　　B. 比较选择各个追加筹资方案

C. 确定项目最佳资本结构　　　　　　　D. 分析和计算个别资金成本高低

【答案】B。

【还会这样考】

下列资金成本中，属于资金占用费的有（　　）。

A. 股息和红利　　　　　　　　　　　　B. 发行手续费

C. 贷款利息　　　　　　　　　　　　　D. 发行债券支付的印刷费

E. 筹资过程中支付的广告费

【答案】AC。

第二节　工程项目融资

一、项目融资特点和程序

【考生必掌握】

项目融资主要具有<u>项目导向</u>、<u>有限追索</u>、<u>风险分担</u>、<u>非公司负债型融资</u>、<u>信用结构多样化</u>、<u>融资成本高</u>、<u>可利用税务优势</u>的特点。

项目融资大致可分为五个阶段：投资决策分析、融资决策分析、融资结构设计、融资谈判及融资执行。

> **【想对考生说】**
>
> 项目融资的特点会考查两种题型：
>
> 一是项目融资的特点包括哪些。
>
> 二是对项目融资特点的表述题目。
>
> 应能区分项目融资五个阶段的工作内容。

【历年这样考】

【2020 年真题】与传统的抵押贷款方式相比，项目融资的特点有（　　）。

A. 有限追索 　　　　　　　　　　B. 融资成本低

C. 风险分担 　　　　　　　　　　D. 非公司负债型融资

E. 项目导向

【答案】ACDE。

【还会这样考】

在项目融资程序中，需要在融资谈判阶段进行的工作有（　　）。

A. 起草融资法律文件 　　　　　　B. 评价项目风险因素

C. 控制与管理项目风险 　　　　　D. 选择项目融资方式

E. 组织贷款银团

【答案】AE。

二、项目融资主要方式

采分点 1　BOT、TOT、ABS、PFI 融资方式

【考生必掌握】

BOT、TOT、ABS、PFI 融资方式见表 2-3-3。

BOT、TOT、ABS、PFI 融资方式 表 2-3-3

融资方式	相关内容
BOT	（1）包括：典型 BOT、BOOT 及 BOO。 （2）为筹建中的项目融资。 （3）风险承担：政府、投资者 / 经营者、贷款机构。 （4）合同类型：特许经营合同。 （5）资金来源：民间资本。 （6）BT 项目中，投资者获得项目的建设权，项目的经营权属于政府
TOT	（1）通过已建成项目为其他新项目进行融资。 （2）优点：可回避超支、风险，尽快取得收益。 （3）信用保证结构：不需要太复杂
ABS	（1）物质基础：未来现金流量所代表的资产。 （2）权属：所有权属于 SPV，经营权与决策权属于原始权益人。 （3）资金来源：民间资本。 （4）风险承担：投资者
PFI	（1）3 种典型模式：经济上自立、向公共部门出售服务与合资经营项目。 （2）合同类型：服务合同

【想对考生说】

区分各融资模式的特点，一般会考查两种题型：

一是对某一项特点的阐述，判断融资方式。

二是对融资方式特点的表述，判断正确与否的题目。

【还会这样考】

1. 关于 BT 项目经营权和所有权归属的说法，正确的是（　　）。

A. 特许期经营权属于投资者，所有权属于政府

B. 经营权属于政府，所有权属于投资者

C. 经营权和所有权均属于投资者

D. 经营权和所有权均属于政府

【答案】D。

2. 从投资者角度看，既能回避建设过程风险，又能尽快取得收益的项目融资方式是（　　）方式。

A. BT　　　　　　B. BOO　　　　　　C. BOOT　　　　　　D. TOT

【答案】D。

3. 采用 ABS 融资方式进行项目融资的物质基础是（　　）。

A. 项目原始权益人的全部资产

B. 具有可靠未来现金流量的项目资产

C. 债券发行机构的注册资金

D．债券承销机构的担保资产

【答案】B。

4．采用 PFI 融资方式，政府部门与私营部门签署的合同类型是（　　）。

A．服务合同　　　　　　　　　　B．特许经营合同

C．承包合同　　　　　　　　　　D．融资租赁合同

【答案】A。

采分点 2　政府和社会资本合作（PPP）模式

【考生必掌握】

这部分内容较多，主要讲述了 PPP 模式的适用范围、实施方案的内容、物有所值（VFM）与财政承受能力论证。这里主要讲解物有所值（VFM）与财政承受能力论证，见表 2-3-4。

物有所值（VFM）与财政承受能力论证　　　　　　　　表 2-3-4

项目		内容
物有所值评价	定性评价	六项基本评价指标：全生命周期整合程度、风险识别与分配、绩效导向与鼓励创新、潜在竞争程度、政府机构能力、可融资性等。 补充评价指标：项目规模大小、预期使用寿命长短、主要固定资产种类、全生命周期成本测算准确性、运营收入增长潜力、行业示范性等
	定量评价	物有所值定量评价是在假定采用 PPP 模式与政府传统投资方式产出绩效相同的前提下，通过对 PPP 项目全生命周期内政府方净成本的现值（PPP 值）与公共部门比较值（PSC 值）进行比较，判断 PPP 模式能否降低项目全生命周期成本。 PSC 值是以下三项成本的全生命周期现值之和：参照项目的建设和运营维护净成本、竞争性中立调整值、项目全部风险成本。 PPP 值小于或等于 PSC 值的，认定为通过定量评价；PPP 值大于 PSC 值的，认定为未通过定量评价
财政承受能力论证		（1）责任识别。 （2）支出测算。 （3）能力评估

【想对考生说】

考核物有所值定性评价指标时，基本评价指标与补充评价指标会相互作为干扰选项。

PSC 值包括三项成本要牢记。

财政承受能力论证这部分内容中，关于支出测算中涉及的公式了解即可。

【历年这样考】

1．【2023 年真题】政府和社会资本合作（PPP）项目中，原则上由社会资本承担的项目风险有（　　）。

A．法律和政策风险　　　　　　　　B．项目设计风险

C. 项目财务风险　　　　　　　　D. 项目最低需求风险

E. 运营维护风险

【答案】BCE。

2.【2022年真题】对于核心边界条件和技术经济参数明确、完整，符合国家法律法规和政府采购政策，且采购中不作更改的 PPP 项目，适宜采用的采购方式是（　　）。

A. 公开招标　　　　　　　　　　B. 竞争性谈判

C. 竞争性磋商　　　　　　　　　D. 单一来源采购

【答案】A。

3.【2022年真题】进行 PPP 项目物有所值定性评价时，可采用的基本评价指标有（　　）。

A. 项目规模大小　　　　　　　　B. 全生命周期整合程度

C. 潜在竞争程度　　　　　　　　D. 可融资性

E. 行业示范性

【答案】BCD。

【还会这样考】

1. 政府和社会资本合作（PPP）项目物有所值评价中采用 PPP 值和 PSC 值进行比较，其中 PSC 值的确定一般应参照（　　）。

A. 项目的建设和运营维护净成本、竞争性中立调整值、项目全部风险成本

B. 项目的建设成本、竞争性中立调整值、项目全部风险成本

C. 项目的建设和运营维护净成本、竞争性中立调整值、社会资本的风险成本

D. 项目的建设成本、竞争性中立调整值、政府自留的风险成本

【答案】A。

2. 为确保政府财政承受能力，每一年度全部 PPP 项目需要从预算中安排的支出，占一般公共预算支出的比例应当不超过（　　）。

A. 20%　　　　　　B. 15%　　　　　　C. 10%　　　　　　D. 5%

【答案】C。

第四章

建设工程决策阶段投资控制

第一节 项目可行性研究

【考生必掌握】

可行性研究的作用包括三方面，分别是：投资决策的依据；筹措资金和申请贷款的依据；编制初步设计文件的依据。

项目可行性研究的重点是研究论证项目建设的必要性和可行性，主要内容有：项目建设的必要性、市场预测分析、建设方案研究与必选、投资估算与资金筹措、财务分析、经济分析、经济影响分析、资源利用分析、土地利用及移民搬迁安置方案分析、社会评价或社会影响分析、风险分析、研究结论。

可行性研究的依据（八项）：项目建议书（初步可行性研究报告）；经济和社会、行业部门发展规划；法律、法规、政策；标准、规范、定额；拟建厂址的基础资料；项目各方签订的协议书或意向书；拟建项目市场信息或社会公众要求；专题研究报告。

【历年这样考】

1.【2023年真题】在项目可行性研究阶段，建设方案研究和比选应包括的内容是（　　）。

A. 工艺技术和主要设备方案   B. 项目监理工作方案

C. 项目施工组织设计   D. 危大工程施工应急预案

【答案】A。

2.【2022年真题】下列可行性研究内容中，属于市场预测分析的是（　　）。

A. 主要投入物供应现状   B. 工艺技术和主要设备方案

C. 项目组织机构和人力资源配置   D. 项目资金来源及使用条件

【答案】A。

3.【2020年真题】下列文件资料中，属于项目可行性研究依据的是（　　）。

A. 经投资主管部门审批的投资概算

B. 经投资各方审定的初步设计方案

C. 建设项目环境影响评价报告书

D. 合资项目各投资方签订的协议书或意向书

【答案】D。

【还会这样考】

关于项目可行性研究报告及其结论作用的说法，正确的是（　　）。

A. 可行性研究报告是政府投资主管部门核准项目的依据

B. 可行性研究报告是进行项目施工图设计的依据

C. 可行性研究结论是筹措资金和申请贷款的依据

D. 可行性研究结论是取得安全生产许可证的依据

【答案】C。

第二节　资金时间价值

一、现金流量

【想对考生说】

这部分内容有两个采分点：

（1）现金流量图：绘制现金流量图的三要素会是一个多项选择题；关于现金流量图绘制规则表述的题目。

（2）现金流量表，会考查净现金流量的计算。

【历年这样考】

【2020年真题】某项目现金流量见表2-4-1，则第3年初的净现金流量为（　　）万元。

某项目现金流量表　　　　表2-4-1

时间（年）	1	2	3	4	5
现金流入（万元）		100	700	800	800
现金流出（万元）	500	500	400	300	300

A. –500　　　　B. –400　　　　C. 300　　　　D. 500

【答案】B。

【解析】现金流量表中，与时间 t 对应的现金流量表示现金流量发生在当期期末，本题中，第3年初的净现金流量也就是第2年年末的净现金流量，计算见表2-4-2。

净现金流量计算 表 2-4-2

时间（年）	1	2	3	4	5
现金流入（万元）		100	700	800	800
现金流出（万元）	500	500	400	300	300
净现金流量（万元）	−500	−400	300	500	500

【还会这样考】

1. 绘制现金流量图需要把握的现金流量的要素有（　　）。

A. 现金流量的大小　　　　　　　　B. 绘制比例

C. 时间单位　　　　　　　　　　　D. 现金流入或流出

E. 发生的时点

【答案】ADE。

2. 关于现金流量图绘制规则的说法，正确的有（　　）。

A. 整个横轴表示经济系统的计算期

B. 横轴的起点表示时间序列第一期期末

C. 横轴上每一间隔代表一个计息周期

D. 与横轴相连的垂直箭线代表现金流量

E. 垂直箭线的长短应体现各时点现金流量的大小

【答案】ACE。

二、资金时间价值的计算

采分点 1　利息的计算

【考生必掌握】

利息的计算分为单利法和复利法两种方式，其计算公式见表 2-4-3。

利息的计算 表 2-4-3

方法	计算公式
单利法	$I=P\times n\times i$ 式中　n——计息期数； 　　　i——利率。 n 个计息周期后的本利和为：$F=P(1+i\times n)$ 式中　F——本利和
复利法	$I=P[(1+i)^{n}-1]$ $F=P(1+i)^{n}$ 式中　I——利息

【想对考生说】

　　单利是不论计息周期数为多少，只有本金计息，利息不计利息。复利是本金和利息都要计息。该采分点主要以计算题为主，一般在题干中都会给出是采用哪种计息方式，题目也比较简单。

【历年这样考】

　　1.【2019年真题】某银行给企业贷款100万元，年利率为4%，贷款年限3年，到期后企业一次性还本付息，利息按复利每半年计息一次，到期后企业应支付给银行的利息为（　　）万元。

　　A. 12.000　　　　　　　　　　　　B. 12.616

　　C. 24.000　　　　　　　　　　　　D. 24.973

　　【答案】B。

　　【解析】因为是按复利每半年计息一次，所以我们首先要计算实际利率，也就是半年利率。半年实际利率 = 4%/2 = 2%。3年后复本利和 = $100 \times (1+2\%)^{2 \times 3}$ = 112.616万元；到期后企业应支付给银行的利息 = 112.616 − 100 = 12.616万元。这是按周期实际利率来计算的方法。还有一种方法是按年实际利率来计算：年实际利率 = $(1+4\%/2)^2 − 1 = 4.04\%$。3年后复本利和 = $100 \times (1+4.04\%)^3$ = 112.616万元；到期后企业应支付给银行的利息 = 112.616 − 100 = 12.616万元。

　　2.【2017年真题】某企业年初从金融机构借款3000万元，月利率1%，按季复利计息，年末一次性还本付息，则该企业年末需要向金融机构支付的利息为（　　）万元。

　　A. 360.00　　　　　　　　　　　　B. 363.61

　　C. 376.53　　　　　　　　　　　　D. 380.48

　　【答案】C。

　　【解析】月利率1%，年名义利率=12%，则该企业年末需要向金融机构支付的利息 $I=P[(1+i)^n − 1]=3000 \times [(1+12\%/4)^4 − 1]$= 376.53万元。

【还会这样考】

　　某施工企业年初从银行借款500万元，按季度计息并支付利息，季度利率为2%，则该企业一年支付的利息总计为（　　）万元。

　　A. 10.00　　　　　　　　　　　　B. 20.00

　　C. 40.00　　　　　　　　　　　　D. 41.22

　　【答案】C。

　　【解析】按季度计息并支付利息，则该企业一年支付的利息 =$500 \times 2\% \times 4$=40.00万元。

采分点2　实际利率和名义利率

【考生必掌握】

　　名义利率与实际利率换算万能表见表2-4-4。

名义利率与实际利率换算万能表　　　　　　　表2-4-4

年名义利率	计息期	年计息次（m）	年有效利率	半年有效利率	季有效利率	月有效利率
r	年	1	r	$(1+r)^{\frac{1}{2}}-1$	$(1+r)^{\frac{1}{4}}-1$	$(1+r)^{\frac{1}{12}}-1$
	半年	2	$(1+\frac{r}{2})^2-1$	$\frac{r}{2}$	$(1+\frac{r}{2})^{\frac{1}{2}}-1$	$(1+\frac{r}{2})^{\frac{1}{6}}-1$
	季	4	$(1+\frac{r}{4})^4-1$	$(1+\frac{r}{4})^2-1$	$\frac{r}{4}$	$(1+\frac{r}{4})^{\frac{1}{3}}-1$
	月	12	$(1+\frac{r}{12})^{12}-1$	$(1+\frac{r}{12})^6-1$	$(1+\frac{r}{12})^3-1$	$\frac{r}{12}$

【想对考生说】

一个公式：$i_{\text{eff}}=\left(1+\dfrac{r}{m}\right)^m-1$

（1）公式中"$\dfrac{r}{m}$"的 m = 计息的次数。

（2）指数 m = 所求有效利率的时间单位 ÷ 计息周期的时间单位。

如果题目所给定的计息周期短于 1 年，比如按半年、季、月计息，或每季计息一次、每季复利一次、按季计算复利等，此时题目所给的已知年利率一定是名义利率（除非题目已说明是年有效利率或年实际利率）。

【历年这样考】

1.【2021年真题】某项两年期借款，年利率为 6%，按月复利计息，每季度结息一次，则该项借款的季度实际利率为（　　）。

A. 1.508%　　　　　　　　　　B. 1.534%

C. 1.542%　　　　　　　　　　D. 1.589%

【答案】A。

【解析】季度实际利率 =（1+6%/12）^{3} — 1=1.508%。

2.【2020年真题】某企业从银行借入 1 年期流动资金 200 万元，年利率 8%，按季度复利计息，还款方式可以选择按季付息、年末还本或者按季等额还本付息。关于该笔借款的说法，正确的有（　　）。

A. 借款的年名义利率为 8%

B. 借款的季度实际利率大于 2%

C. 借款的年实际利率为 8.24%

D. 按季付息年末还本方式前期还款压力小

E. 按季等额还本付息方式支付的利息总额多

【答案】ACD。

【解析】对本题的分析如下：

（1）借入期为 1 年，年名义利率 = 年实际利率 8%，所以选项 A 正确。

（2）季度实际利率 =8%/4=2%，所以选项 B 错误。

（3）年实际利率 =（1+8%/4）^{4} — 1=8.24%，所以选项 C 正确。

（4）按季付息，每季度利息 =200×8%/4=4 万元，一年还本付息金额 =200+4×4=216 万元；如果按季度复利计息，年实际利率 =（1+8%/4）^{4} — 1=8.24%，则一年还本付息金额 =200×（1+8.24%）=216.48 万元。按季付息年末还本方式前期还款压力小，所以选项 D 正确。

（5）等额还本付息方式下，每季度的本息和都是一致的，即每季度的本息和 $A=P$

$$(A/P, i, n) = 200 \times \frac{8\% / 4 + (1+8\% / 4)^4}{(1+8\% / 4)^4 - 1} = 52.52 \text{ 万元}$$，一年还本付息金额 =52.52×4=210.08 万元，利息总和为 10.08 万元，按季等额还本付息方式支付的利息总额少。所以选项 E 错误。

【还会这样考】

1. 年利率 8%，按季度复利计息，则半年期实际利率为（   ）。

A. 4.00%   B. 4.04%

C. 4.07%   D. 4.12%

【答案】B。

2. 某施工企业欲借款 800 万元，借款期限 2 年，到期一次还本。现有甲、乙、丙、丁四家银行都提供贷款，年名义利率均为 7%。其中，甲要求按月计息并支付利息，乙要求按季度计息并支付利息，丙要求按半年计息并支付利息，丁要求按年计息并支付利息。若其他条件相同，则该企业应选择的银行是（   ）。

A. 甲   B. 乙

C. 丙   D. 丁

【答案】D。

【解析】本题的计算过程如下：$i_甲$ =（1+7%/12）^{12} — 1=7.23%；$i_乙$ =（1+7%/4）^{4} — 1=7.19%；$i_丙$ =（1+7%/2）^{2} — 1=7.12%；$i_丁$ =7%；则该企业应选择的银行是丁银行。

采分点 3　复利法资金时间价值计算的基本公式

【考生必掌握】

复利法资金等值计算的基本公式见表 2-4-5。

复利法资金等值计算的基本公式　　　　　　　　　　　　　　　　　　　表 2-4-5

类别	问题	系数表达式	计算公式
一次支付终值 （已知 P 求 F）	现在投入的一笔资金，在 n 年末一次收回（本利和）多少？	$F=P$（$F/P, i, n$）	$F=P(1+i)^n$
一次支付现值 （已知 F 求 P）	希望 n 年末有一笔资金，n 年初需要一次投入多少？	$P=F$（$P/F, i, n$）	$P=F(1+i)^{-n}$

续表

类别	问题	系数表达式	计算公式
等额支付系列终值 （已知 A 求 F）	从现在起每年末投入的一笔等额资金，在 n 年末一次收回（本利和）是多少？	$F=A(F/A,i,n)$	$F=A[(1+i)^n-1]/i$
等额支付系列偿债基金 （知 F 求 A）	希望在 n 年末有一笔资金，在 n 年内每年末需要等额投入多少？	$A=F(A/F,i,n)$	$A=F\{i/[(1+i)^n-1]\}$
等额支付系列现值 （已知 A 求 P）	希望 n 年内每年末收回等额资金，现在需要投资多少？	$P=A(P/A,i,n)$	$P=A[(1+i)^n-1]/[i(1+i)^n]$
等额支付系列资金回收 （已知 P 求 A）	现在投入的一笔资金在 n 年内每年末的收益是多少？	$A=P(A/P,i,n)$	$A=P\{i(1+i)^n/[(1+i)^n-1]\}$

【想对考生说】

等值计算方法：画图→定公式→定 i →定 n →代入公式计算。

扫码学习

【历年这样考】

1.【2023 年真题】某项目年初向银行借款 1000 万元，年利率 3%，按年复利计息，从借款年当年末起连续 3 年末等额还本付息，则每年末应偿还的金额为（　）万元。

A. 343　　　　　　　　　　B. 344

C. 353　　　　　　　　　　D. 364

【答案】C。

【解析】每年末应偿还的金额 $=1000×3\%×(1+3\%)^3/[(1+3\%)^3-1]=353.53$ 万元。

2.【2022 年真题】连续三年年初购买 10 万元理财产品，第三年年末一次性兑付本息。该理财产品年利率为 3.5%，按年复利计息，则第 3 年年末累计可兑付本息（　）万元。

A. 30.70　　　　　　　　　B. 31.05

C. 31.06　　　　　　　　　D. 32.15

【答案】D。

【解析】第 3 年年末累计可兑付本息 $=10×[(1+3.5\%)^3-1]÷3.5\%×(1+3.5\%)=32.15$ 万元。

【还会这样考】

企业第 1 年年初和第 1 年年末分别向银行借款 30 万元，年利率均为 10%，复利计息，第 3～5 年年末等额本息偿还全部借款。则每年年末应偿还金额为（　）万元。

A. 20.94　　　　　　　　　B. 23.03

C. 27.87　　　　　　　　　D. 31.57

【答案】C。

【解析】本题可以采用两种计算方法：

第一种方法：将现金流入和现金流出都算到第2年年末，求年金A：

$30 \times (1+10\%)^2 + 30 \times (1+10\%) = A[(1+10\%)^3 - 1]/[10\% \times (1+10\%)^3]$

解得：$A=27.87$万元。

第二种方法：将现金流入和现金流出都折算到第5年年末，也就是第1年初、1年年末的30万元，折算到第5年年末；然后再由终值F求第3～5年的等额资金，求年金A：

$30 \times (1+10\%)^5 + 30 \times (1+10\%)^4 = A[(1+10\%)^3 - 1]/10\%$

解得：$A=27.87$万元。

第三节　投资估算

一、项目建议书阶段的投资估算

【考生必掌握】

项目建议书阶段的投资估算可采用生产能力指数法、系数估算法、比例估算法、指标估算法或混合法进行编制。

重点掌握生产能力指数法、系数估算法和比例估算法，见表2-4-6。

项目建议书阶段的投资估算　　　　　　　　　　　表2-4-6

估算方法		公式
生产能力指数法		$$C_2 = C_1 \left(\frac{Q_2}{Q_1} \right)^x \cdot f$$ 式中　C_1——已建成类似项目的投资额； 　　　C_2——拟建项目的投资额； 　　　Q_1——已建类似项目的生产能力； 　　　Q_2——拟建项目的生产能力； 　　　f——不同时期、不同地点的定额、单价、费用和其他差异的综合调整系数； 　　　x——生产能力指数。取值规定如下： （1）若已建类似项目规模和拟建项目规模的比值为0.5～2，x的取值近似为1。 （2）若已建类似项目规模与拟建项目规模的比值为2～50，且拟建项目生产规模的扩大仅靠增大设备规模来达到时，则x的取值为0.6～0.7。 （3）若是靠增加相同规格设备的数量达到时，x的取值为0.8～0.9
系数估算法	设备系数法	$$C = E(1 + f_1 P_1 + f_2 P_2 + f_3 P_3 + \cdots) + I$$ 式中　　　　C——拟建项目投资； 　　　　E——拟建项目根据当时当地价格计算的设备购置费； 　　P_1，P_2，P_3——已建成类似项目中建筑安装工程费及其他工程费等与设备购置费的比重； 　　f_1，f_2，f_3——不同建设时间、地点而产生的定额、价格、费用标准等差异的调整系数； 　　　　I——拟建项目的其他费用

续表

估算方法		公式
系数估算法	主体专业系数法	式中　$C=E(1+f_1P'_1+f_2P'_2+f_3P'_3+\cdots)+I$ 　　　　E——与生产能力直接相关的工艺设备投资； 　　P'_1，P'_2，P'_3——已建项目中各专业工程费用与工艺设备投资的比重。 其他符号同公式
比例估算法		$$I=\frac{1}{K}\sum_{i=1}^{n}Q_iP_i$$ 式中　I——拟建项目投资； 　　　　K——主要设备投资占项目总投资的比重； 　　　　n——主要设备种类数； 　　　　Q_i——第i种主要设备的数量； 　　　　P_i——第i种主要设备的单价（到厂价格）

【想对考生说】

项目建议书阶段的投资估算不仅会考查概念题，还涉及计算题目。

可行性研究阶段建设项目投资估算原则上应采用指标估算法。

【历年这样考】

1.【2021年真题】采用生产能力指数法估算某拟建项目的建设投资，拟建项目规模为已建类似项目规模的5倍，且是靠增加相同规格设备数量达到的，则生产能力指数的合理取值范围是（　）。

A．0.2～0.5

B．0.6～0.7

C．0.8～0.9

D．1.1～1.5

【答案】C。

2.【2020年真题】采用设备系数法估算拟建项目投资时，建筑安装工程费应以拟建项目的设备费为基数，根据（　）计算。

A．已建成同类项目建筑安装工程费与拟建项目设备费的比率

B．拟建项目建筑安装工程量与已建成同类项目建筑安装工程量的比率

C．已建成同类项目建筑安装工程费占设备价值的百分比

D．已建成同类项目建筑安装工程费占总投资的百分比

【答案】C。

【还会这样考】

1．某地2019年拟建一座年产20万t的化工厂，该地区2017年建成的年产15万t，相同产品的类似项目实际建设投资为8000万元。调整系数为1.1，生产能力指数为0.6。则该项目投资为（　）万元。

A．8800.00　　　　B．9507.21　　　　C．10457.93　　　　D．11733.33

【答案】C。

【解析】该项目投资 =8000×（20/15）$^{0.6}$×1.1=10457.93 万元。

2．投资估算的编制方法中，以拟建项目的主体工程费为基数，以其他辅助或配套工程费占主体工程费的百分比为系数，估算拟建项目投资的方法是（　　）。

A．单位生产能力估算法　　　　　　B．生产能力指数法

C．系数估算法　　　　　　　　　　D．比例估算法

【答案】C。

二、流动资金估算

【考生必掌握】

流动资金估算方法包括分项详细估算法和扩大指标估算法。分项详细估算法中应重点掌握以下公式：

（1）流动资金 = 流动资产 — 流动负债

（2）流动资产 = 应收账款 + 预付账款 + 存货 + 现金

（3）流动负债 = 应付账款 + 预收账款

（4）应收账款 = 年经营成本 / 应收账款周转次数

（5）预付账款 = 预付的各类原材料、燃料或服务年费用 / 预付账款年周转次数

（6）存货 = 外购原材料、燃料 + 其他材料 + 在产品 + 产成品

（7）外购原材料、燃料 = 年外购原材料、燃料费用 / 分项周转次数

（8）其他材料 = 年其他材料费用 / 其他材料周转次数

（9）

$$在产品 = \frac{年外购原材料、燃料 + 年工资及福利费 + 年修理费 + 年其他制造费用}{在产品年周转次数}$$

（10）产成品 =（年经营成本 — 年其他营业费用）/ 产成品周转次数

（11）现金 =（年工资及福利费 + 年其他费用）/ 现金年周转次数

（12）其他费用 = 制造费用 + 管理费用 + 营业费用 —（以上三项费用中所含的工资及福利费、折旧费、摊销费、修理费）

（13）应付账款 = 外购原材料、燃料动力费及其他材料年费用 / 应付账款周转次数

（14）预收账款 = 预收的营业收入年金额 / 预收账款周转次数

【想对考生说】

流动资金估算在考核时有两种题型：

一是对公式的表述题目；

二是计算题目。

【历年这样考】

1．【2023 年真题】某项目预计年经营成本为 3000 万元，年外购原材料、燃料或

服务费用为 2000 万元，年预付各类原材料、燃料或服务费为 1200 万元，年应收账款周转次数 4 次，则该项目应收账款估算金额为（　　）万元。

  A．450   B．500

  C．750   D．800

【答案】C。

【解析】应收账款 =3000/4=750 万元。

  2．【2022 年真题】某生产性项目正常生产年份应收账款、预付账款、存货、现金的平均占用额度分别为 100 万元、80 万元、300 万元和 50 万元，应付账款、预收账款的平均余额分别为 90 万元和 120 万元，则该项目估算的流动资金为（　　）万元。

  A．270   B．320

  C．410   D．480

【答案】B。

【解析】流动资金 =（100+80+300+50）—（90+120）=320 万元。

【还会这样考】

  下列关于投资项目流动资金估算的计算公式中，正确的是（　　）。

  A．产成品 =（年经营成本 — 年其他制造费用）/ 产成品年周转次数

  B．在产品 =（年经营成本 — 年其他营业费用）/ 在产品年周转次数

  C．应收账款 = 年经营成本 / 应收账款年周转次数

  D．现金 =（年工资或薪酬 + 年其他营业费用）/ 现金年周转次数

【答案】C。

第四节　财务和经济分析

一、财务分析的主要报表和主要指标

【考生必掌握】

  财务分析的主要指标如图 2-4-1 所示。

【想对考生说】

  图中各指标在考试时相互作为干扰选项。考查题型主要是："下列方案经济评价指标中，属于×××评价指标的是（　　）。"单项选择题、多项选择题都会考查。

  财务分析主要报表有投资现金流量表、资本金现金流量表、投资各方现金流量表、财务计划现金流量表、利润和利润分配表。这几个报表会考查概念题。

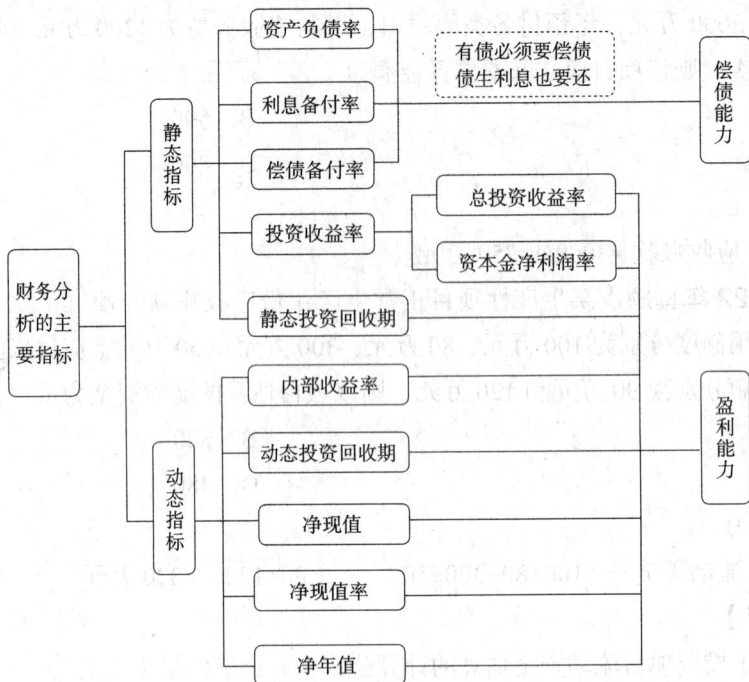

图 2-4-1　财务分析的主要指标

【历年这样考】

1.【2019年真题】下列方案经济评价指标中，属于偿债能力评价指标的是（　　）。

A. 净年值

B. 利息备付率

C. 内部收益率

D. 总投资收益率

【答案】B。

2.【2017年真题】下列投资方案经济评价指标中，属于盈利能力静态评价指标的是（　　）。

A. 利息备付率

B. 资产负债率

C. 净现值率

D. 静态投资回收期

【答案】D。

【想对考生说】

盈利能力静态评价指标包括投资收益率和静态投资回收期。

【还会这样考】

1. 以项目建设所需的总投资作为计算基础，反映项目在整个计算期内现金流入和流出的财务分析报表是（　　）。

A. 资本金现金流量表

B. 投资各方现金流量表

C. 财务计划现金流量表

D. 投资现金流量表

【答案】D。

2.下列投资方案财务分析指标中，属于动态评价指标的有（　　）。

A．总投资收益率　　　　　　　　　　B．净现值

C．资本金净利润率　　　　　　　　　D．内部收益率

E．资产负债率

【答案】BD。

二、财务分析主要指标分析

采分点1　财务分析主要指标的优缺点

【考生必掌握】

财务分析主要指标的优缺点见表2-4-7。

财务分析主要指标的优缺点　　　　　　　　　　表2-4-7

指标	优点	缺点
投资收益率	（1）经济意义明确、直观，计算简便。 （2）在一定程度上反映了投资效果的优劣，可适用于各种投资规模	（1）没有考虑投资收益的时间因素。 （2）正常生产年份的选择比较困难
投资回收期	（1）容易理解，计算也比较简便。 （2）在一定程度上显示了资本的周转速度	无法准确衡量项目在整个计算期内的经济效果
净现值	（1）考虑了资金的时间价值，并全面考虑了项目在整个计算期内的经济状况。 （2）经济意义明确直观，能够直接以金额表示项目的盈利水平。 （3）判断直观	（1）必须首先确定一个符合经济现实的基准收益率。 （2）如果互斥方案寿命不等，必须构造一个相同的分析期限，才能进行方案比选。 （3）不能反映项目投资中单位投资的使用效率，不能直接说明在项目运营期各年的经营成果
内部收益率	（1）考虑了资金的时间价值以及项目在整个计算期内的经济状况。 （2）能够直接衡量项目未回收投资的收益率。 （3）不需要事先确定一个基准收益率，而只需要知道基准收益率的大致范围即可	（1）计算比较麻烦。 （2）对于具有非常规现金流量的项目来讲，其内部收益率往往不是唯一的，在某些情况下甚至不存在

【想对考生说】

表2-4-7中评价指标的优缺点，考生应对比记忆，尤其是划线部分，是考试常设置陷阱的地方，考试时主要以判断正确与错误说法的题目考查。

另外还要掌握三个概念，划线部分是采分点。

（1）投资收益率是指项目达到设计生产能力后一个正常生产年份的年净收益总额与投资总额的比率。

（2）静态投资回收期是在不考虑资金时间价值的条件下，以项目的净收益回收其全部投资所需要的时间。

（3）内部收益率是使项目在计算期内各年净现金流量的<u>现值累计等于零时</u>的<u>折现率</u>。

【历年这样考】

【2016年真题】 关于净现值指标的说法，正确的是（   ）。

A．该指标全面考虑了项目在整个计算期内的经济状况

B．该指标未考虑资金的时间价值

C．该指标反映了项目投资中单位投资的使用效率

D．该指标直接说明了在项目运营期各年的经营成果

【答案】 A。

【还会这样考】

1．投资收益率是指项目达到设计生产能力后一个正常生产年份的（   ）的比率。

A．年销售收入与固定资产投资   B．年销售收入与总投资

C．年净收益总额与总投资   D．年净收益总额与固定资产投资

【答案】 C。

2．关于投资回收期特点的说法，正确的是（   ）。

A．投资回收期只考虑了投资回收之前的效果

B．投资回收期可以单独用来评价项目是否可行

C．投资回收期若大于基准投资回收期，则表明该项目可以接受

D．投资回收期越长，表明资本周转速度越快

【答案】 A。

3．下列财务分析指标中，既考虑了资金的时间价值，又考虑了项目在整个计算期内经济状况的指标有（   ）。

A．净现值   B．投资回收期

C．净年值   D．投资收益率

E．内部收益率

【答案】 ACE。

采分点2 投资收益率指标分析

【考生必掌握】

投资收益率指标分析见表2-4-8。

投资收益率指标分析　　　　　　　　　　　　表 2-4-8

项目		内容
应用指标	总投资收益率（ROI）	$$ROI=\frac{EBIT}{TI}\times100\%$$ 式中　$EBIT$——项目达到设计生产能力后正常年份的年息税前利润或运营期内年平均息税前利润； 　　　TI——项目总投资
	资本金净利润率（ROE）	$$ROE=\frac{NP}{EC}\times100\%$$ 式中　NP——项目达到设计生产能力后正常年份的年净利润或运营期内平均净利润； 　　　EC——项目资本金
评价准则		（1）若投资收益率（R）≥基准投资收益率（R_e），可以考虑接受。 （2）若投资收益率（R）<基准投资收益率（R_e），是不可行的

【想对考生说】

该采分点主要考查计算题目，在 2015 年、2017 年、2020 年、2021 年考查的是这类型题目。还可能根据计算结果判断项目是否可行。考生应能区分公式中字母的含义。

【历年这样考】

【2021 年真题】某项目建设投资 1200 万元，建设期贷款利息 100 万元，铺底流动资金 90 万元，铺底流动资金为全部流动资金的 30%，项目正常生产年份税前利润 260 万元，年利息 20 万元，则该项目的总投资收益率为（　　）。

A．16.25%　　　　　　　　　　　　B．17.50%

C．20.00%　　　　　　　　　　　　D．20.14%

【答案】B。

【解析】总投资收益率 =（260+20）/（1200+100+90/30%）=17.50%。计算时要注意不要忘记加"年利息 20 万元"。

【还会这样考】

某项目总投资 2000 万元，其中资本金 1500 万元，运营期年平均利息 20 万元，年平均所得税 42 万元。若项目总投资收益率为 12%，则项目资本金净利润率为（　　）。

A．13.33%　　　　　　　　　　　　B．14.67%

C．11.87%　　　　　　　　　　　　D．16.00%

【答案】C。

【解析】求项目资本金净利润率，首先要求息税前利润，可以根据总投资收益率计算公式求得，息税前利润 =2000×12%=240 万元。项目资本金净利润率 =（240-20-42）/1500=11.87%。

采分点3 投资回收期指标分析

【考生必掌握】

投资回收期指标分析见表2-4-9。

投资回收期指标分析 表2-4-9

项目		内容
静态投资回收期	计算公式	（1）项目建成投产后各年的净收益（即净现金流量）均相同的计算公式： $$P_t = \frac{TI}{A}$$ 式中　TI——项目总投资； 　　　　A——每年的净收益，即 $A=(CI-CO)_t$。 （2）项目建成投产后各年的净收益不相同的计算公式为： $$P_t = （累计净现金流量出现正值的年份数 - 1）+ \frac{上一年累计净现金流量的绝对值}{出现正值年份的净现金流量}$$
	评价准则	（1）若静态投资回收期（P_t）≤基准投资回收期（P_c），可以考虑接受。 （2）若静态投资回收期（P_t）>基准投资回收期（P_c），是不可行的
动态投资回收期		$$P_t' = （累计净现金流量现值出现正值的年数 - 1）+ \frac{上一年累计净现金流量现值的绝对值}{出现正值年份净现金流量的现值}$$

【想对考生说】

该采分点主要考查静态投资回收期的计算，考生应主要审题，根据条件选取公式。另外，要注意投资回收期可以自项目建设开始年算起，也可以自项目投产年开始算起。自投产开始年算起时，应予以注明。

【历年这样考】

1.【2023年真题】某项目计算期8年，基准收益率为6%，基准动态投资回收期为7年，计算期现金流量见表2-4-10（单位：万元）。

计算期现金流量表 表2-4-10

计算期	1	2	3	4	5	6	7	8
净现金流量	-3300	500	500	500	500	500	500	600

根据该项目现金流量可得到的结论是（　　）。

A. 项目累计净现金流量为300万元

B. 项目年投资利润率为15.15%

C. 项目静态投资回收期为7.5年

D. 从动态投资回收期判断，项目可行

E. 项目前三年累计现金流量现值为-2248.4万元

【答案】 ACE。

【解析】项目累计净现金流量 =−3300+500+500+500+500+500+500+600=300 万元。故选项 A 正确。从表中无法找到利润的相关数据，故选项 B 错误。静态投资回收期是在不考虑资金时间价值的条件下，累计净现金流等于 0 时对应时间，即 7+300/600=7.5 年，故选项 C 正确。动态投资回收期要比静态投资回收期长些，因此动态投资回收期大于 7.5 年，超过基准动态投资回收期，项目不可行，故选项 D 错误。项目前三年累计现金流量现值为 −3300/（1+6%）+500/（1+6%）^{2}+500/（1+6%）^{3}=−2248.4 万元，故选项 E 正确。

2.【2014 年真题】某建设项目，第 1 ~ 3 年每年年末投入建设资金 500 万元，第 4 ~ 8 年每年年末获得利润 800 万元，则该项目的静态投资回收期为（　）年。

A．3.87　　　　　　　　　　　　B．4.88

C．4.90　　　　　　　　　　　　D．4.96

【答案】B。

【解析】建设项目累计净现金流量见表 2-4-11：

建设项目累计净现金流量　　　　　　　　　　表 2-4-11

计算期	1	2	3	4	5	6	7	8
净现金流量（万元）	−500	−500	−500	800	800	800	800	800
累计净现金流量（万元）	−500	−1000	−1500	−700	100	900	1700	2500

则该项目的静态投资回收期 =（5 − 1）+ | − 700|/800=4.88 年。

【还会这样考】

某项目建设投资为 1000 万元，流动资金为 200 万元，建设当年即投产并达到设计生产能力，年净收益为 340 万元。则该项目的静态投资回收期为（　）年。

A．7.14　　　　　　　　　　　　B．3.53

C．2.94　　　　　　　　　　　　D．2.35

【答案】B。

【想对考生说】

这道题目投产后各年的净收益（即净现金流量）均相同，应选择第一个公式。

采分点 4　净现值指标分析

【考生必掌握】

净现值指标分析见表 2-4-12。

扫码学习

净现值指标分析　　　　　　　　　　　　　　　　　　表 2-4-12

项目	内容
计算公式	$$NPV=\sum_{t=0}^{n}(CI-CO)_t\,(1+i_c)^{-t}$$ 式中　　　NPV——净现值； （$CI-CO$）$_t$——第 t 年的净现金流量（应注意"$+$""$-$"号）； i_c——基准收益率； n——方案计算期
评价准则	（1）当方案的 $NPV \geqslant 0$ 时，在经济上是可行的。 （2）当方案的 $NPV<0$ 时，在经济上是不可行的

【想对考生说】

该采分点主要考查两个内容：

（1）净现值的计算。运用的资金时间价值系数（P/F，i，n）。还会根据计算结果判断项目的可行性。

（2）确定基准收益率考虑的因素，这会是一个多项选择题采分点。

【历年这样考】

1.【2019 年真题】关于净现值指标的说法，正确的是（　　）。

A. 该指标能够直观地反映项目在运营期内各年的经营成果

B. 该指标可直接用于不同寿命期互斥方案的比选

C. 该指标小于零时，项目在经济上可行

D. 该指标大于等于零时，项目在经济上可行

【答案】D。

2.【2014 年真题】确定基准收益率时，应综合考虑的因素包括（　　）。

A. 投资风险　　　　　　　　　　　　　　B. 资金限制

C. 资金成本　　　　　　　　　　　　　　D. 通货膨胀

E. 投资者意愿

【答案】ABCD。

【还会这样考】

某项目各年净现金流量见表 2-4-13，设基准收益率为 10%，则该项目的财务净现值为（　　）万元。

项目各年净现金流量　　　　　　　　　　　　　　　表 2-4-13

年份	0	1	2	3	4	5
净现金流量（万元）	−160	50	50	50	50	50

A. −32.02　　　　　　　　　　　　　　B. 32.02

C．－29.54　　　　　　　　　　　　　　D．29.54

【答案】D。

采分点 5　内部收益率指标分析

【考生必掌握】

内部收益率指标分析见表 2-4-14。

内部收益率指标分析　　　　　　　　　　　表 2-4-14

项目	内容
计算公式	对常规投资项目，内部收益率就是净现值为零时的收益率，其数学表达式为： $$NPV(IRR)=\sum_{t=0}^{n}(CI-CO)_t(1+IRR)^{-t}=0$$ 式中　IRR——内部收益率。 用内插法求得 IRR 的近似值，其计算公式为： $$IRR=i_1+\frac{NPV_1}{NPV_1+\|NPV_2\|}(i_2-i_1)$$
评价准则	（1）若 $IRR \geqslant$ 基准收益率 i_c，则方案在经济上可以接受。 （2）若 $IRR <$ 基准收益率 i_c，则方案在经济上应予拒绝

【想对考生说】

该采分点主要考查净现值与内部收益率的关系及采用内插法求得 IRR 的近似值。

【历年这样考】

1.【2023 年真题】某项目在可行性研究阶段，有甲、乙、丙、丁四个备选方案，投资额依次增加，内部收益率分别为 7.8%、8%、9%、9.8%，基准收益率为 8%，若采用增量内部收益率时，应优先选择（　　）两个方案进行比较。

A．甲、乙　　　　　　　　　　　　　B．乙、丙

C．丙、丁　　　　　　　　　　　　　D．甲、丙

【答案】B。

2.【2022 年真题】某具有常规现金流量的项目，折现率为 9% 时，项目财务净现值为 120 万元；折现率为 11% 时，项目财务净现值为 －230 万元。若基准收益率为 10%，则关于该项目财务分析指标及可行性的说法，正确的是（　　）。

A．$IRR > 10\%$，$NPV < 0$，项目不可行

B．$IRR > 10\%$，$NPV \geqslant 0$，项目可行

C．$IRR < 10\%$，$NPV < 0$，项目不可行

D．$IRR < 10\%$，$NPV \geqslant 0$，项目可行

【答案】C。

【解析】IRR 的范围在 9% ~ 11%，可把曲线近似为一条直线，如图 2-4-2 所示。可得出：$(IRR-9\%)/120=(11\%-IRR)/230$，则 $IRR=9.6857\%$。

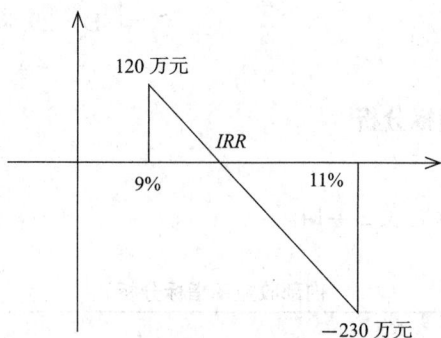

图 2-4-2　净现值与内部收益率的关系图

当基准收益率为 10% 时，净现值小于 0，即项目不可行。

3.【2022 年真题】某项目建设期 2 年，计算期 8 年，总投资为 1100 万元，全部为自有资金投入，计算期现金流量见表 2-4-15，基准收益率 5%。关于该项目财务分析的说法，正确的有（　　）。

计算期现金流量表　　　　　　　　　　　　　　　表 2-4-15

年份	1	2	3	4	5	6	7	8
净现金流量（万元）	−400	−700	100	200	200	200	200	200

A．运营期第 3 年的资本金净利润率为 18.2%

B．项目总投资收益率高于资本金净利润率

C．项目静态投资回收期为 8 年

D．项目内部收益率小于 5%

E．项目财务净现值小于 0

【答案】BCDE。

【解析】根据题意无法得知净利润为多少，故选项 A 错误。总投资为 1100 万元，全部为自有资金投入，因此资本金＝总投资，显然项目总投资收益率高于资本金净利润率，故选项 B 正确。第 8 年的累计净现金流量 $=-400-700+100+200+200+200+200+200=0$，因此项目静态投资回收期为 8 年，故选项 C 正确。净现值 $=-400\times(1+5\%)^{-1}-700\times(1+5\%)^{-2}+100\times(1+5\%)^{-3}+200\times(1+5\%)^{-4}+200\times(1+5\%)^{-5}+200\times(1+5\%)^{-6}+200\times(1+5\%)^{-7}+200\times(1+5\%)^{-8}=-181.50$ 万元，小于 0，故选项 E 正确。当基准收益率为 5% 时，净现值小于零，显然当净现值为 0 时对应的收益率小于 5%，即项目内部收益率小于 5%，故选项 D 正确。

4.【2020 年真题】某常规投资项目，在不同收益率下的项目净现值见表 2-4-16。则采用线性内插法计算的项目内部收益率 IRR 为（　　）。

不同收益率下的项目净现值　　　　　　　　　　　　表 2-4-16

收益率（i）	8%	10%	11%	12%
项目净现值（万元）	220	50	—20	—68

　A．9.6%　　　　　　　　　　　　　　B．10.3%

　C．10.7%　　　　　　　　　　　　　　D．11.7%

【答案】C。

【解析】内插法求得 IRR 的近似值，其计算公式为：$IRR = i_1 + \dfrac{NPV_1}{NPV_1 + |NPV_2|} \times (i_2 - i_1)$，为了保证 IRR 的精度，i_1 与 i_2 之间的差距以不超过 2% 为宜，最大不要超过 5%。想要净现值等于零，项目内部收益率 IRR 应在 10% 与 11% 之间，由此排除了 A、D 两项。净现值与内部收益率的关系如图 2-4-3 所示。

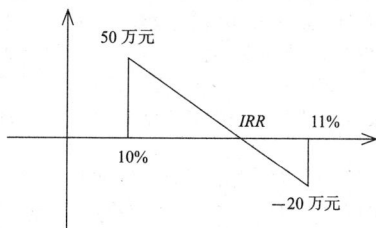

图 2-4-3　净现值与内部收益率的关系图

　项目内部收益率计算如下：

$$IRR = 10\% + \dfrac{50}{50 + |-20|} \times (11\% - 10\%) = 10.7\%。$$

【还会这样考】

　某常规投资项目的净现值函数曲线如图 2-4-4 所示，则该方案的内部收益率为（　　）。

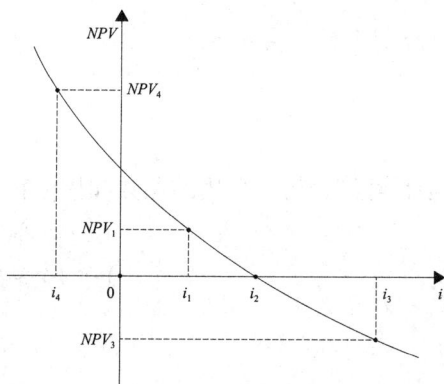

图 2-4-4　投资方案的净现值函数曲线

A. i_1　　　B. i_2　　　C. i_3　　　D. i_4

【答案】B。

三、项目经济分析

【考生必掌握】

这部分内容中，主要掌握经济分析与财务分析的联系和区别，具体内容见表2-4-17。

经济分析与财务分析的联系和区别　　　　　　　　表2-4-17

项目		经济分析	财务分析
联系		（1）财务分析是经济分析的基础。（2）大型项目中，经济分析是财务分析的前提	
区别	出发点和目的不同	从国家或地区的角度分析项目对整个国民经济以至于整个社会所产生的收益和成本	站在项目或投资人立场上，从其利益出发分析项目的财务收益与成本
	费用和效益的组成不同	只有当项目的投入或产出能够给国民经济带来贡献时才被视为项目的费用或效益	凡是流出或流入项目的货币收支均视为项目或投资者的费用和效益
	分析对象不同	项目实施引起的国民收入增值和社会耗费	项目或投资人的财务收益与成本
	计量费用与效益的价格尺度不同	关注的是项目对国民经济的贡献，采用体现资源合理有效配置的影子价格计量项目投入和产出物的价值	关注的是项目的实际货币效果，它根据预测的市场交易价格计量项目投入和产出物的价值
	分析内容和方法不同	采用费用与效益分析、成本与效益分析和多目标综合分析等方法	主要采用项目或投资人成本与效益的分析方法
	采用的评价标准和参数不同	净收益、经济净现值、社会折现率等	净利润、财务净现值、市场利率等
	分析时效性不同	多数是按照宏观经济原则进行分析	必须随着国家财税制度的变更而作出相应的变化

【想对考生说】

该采分点一般会以判断正确与错误说法的综合题目考核。另外，还要掌握应进行经济费用效益分析的项目，共6类。

【历年这样考】

1.【2022年真题】项目经济分析可采用的参数和指标有（　　）。

A. 社会折现率　　　　　　　　B. 经济净现值

C. 投资收益率　　　　　　　　D. 经济效益费用比

E. 累计净现金流量

【答案】ABD。

2.【2021年真题】关于项目财务分析和经济分析关系的说法，正确的有（　　）。

A．财务分析的数据资料是经济分析的基础

B．两种分析所站立场和角度相同

C．两种分析的内容和方法相同

D．两种分析的依据和分析结论时效性不同

E．两种分析计量费用和效益的价格尺度不同

【答案】ADE。

【还会这样考】

关于项目经济分析与财务分析的区别的说法，正确的是（　　）。

A．前者站在项目投资人立场上从利益出发进行分析

B．前者的分析对象是项目实施引起的国民收入增值和社会耗费，后者的分析对象是项目或投资人的财务收益与成本

C．前者评价标准和参数是市场利率，后者评价标准和参数是社会折现率

D．前者必须随着国家财税制度的变更而作出相应的变化，后者是按照宏观经济原则进行分析

【答案】B。

第五章

建设工程设计阶段投资控制

第一节　设计方案评选内容和方法

【考生必掌握】

（1）民用建筑设计方案评选内容：建筑与环境关系适用性；工程设计方案适用性（从规划控制、场地设计、建筑物设计、室内环境、建筑设备方面展开）。

（2）工业建筑设计方案评选内容（6方面）：生产工艺；建筑技术；建筑经济；卫生和安全；结构形式；节能和绿色设计。

进行工程设计方案适用性内容评选，应考察其是否满足安全、卫生、环保等基本要求，应同时始终要把经济、绿色和美观作为评选内容。

"经济"是要追求全寿命的经济、高性价比的经济。

"绿色"就是要推行绿色设计。绿色设计是指在项目整个寿命周期内，要充分考虑对资源和环境的影响，在充分考虑项目的功能、质量、建设周期和成本的同时，更要优化各种相关因素、着重考虑产品环境属性（可拆卸性、可回收性、可维护性、可重复利用性等）并将其作为设计目标,使项目建设和运行过程中对环境的总体负影响减到最小。

"美观"在建筑上的作用，应从文化层面上理解。

（3）设计方案评选的方法包括定量评价法、定性评价法和综合评价法，每种方法包括的具体方法应熟悉。

【历年这样考】

1.【2022年真题】对民用建筑设计方案进行绿色设计评审的主要内容是（　　）。

A. 绿地率是否符合控制性规划的要求

B. 建筑物使用空间的自然采光、通风、日照是否符合规定

C. 施工阶段扬尘和对绿地的破坏程度

D. 项目寿命期内建造和使用对资源和环境的影响

【答案】D。

2.【2021年真题】民用建筑设计方案经济性评价追求的目标是（　　）。

A. 规模一定的条件下，工程造价/投资最低

B. 单位面积使用阶段能耗最低，节能效果好

C. 满足结构安全的前提下，主要建筑材料消耗最少

D. 全寿命周期的高性价比

【答案】D。

3.【2020年真题】民用建筑工程设计方案适用性评价时，建筑基地内人流、车流和物流是否合理分流，属于（　　）评价的内容。

A. 场地设计　　　　　　　　　　B. 建筑物设计

C. 规划控制指标　　　　　　　　D. 绿色设计

【答案】A。

【还会这样考】

1. 民用建筑工程设计方案适用性评价时，根据使用功能，建筑的使用空间应充分利用日照、采光、通风和景观等自然条件，属于（　　）评价的内容。

A. 场地设计　　　　　　　　　　B. 建筑物设计

C. 规划控制　　　　　　　　　　D. 建筑设备

【答案】B。

2. 对设计方案进行综合评价时，可以在定性评价定量化的基础上进行综合评价，也可以在对定性评价结果和定量评价指标综合权衡的基础上，由决策者确定各设计方案的优劣。常用的定性方法有（　　）。

A. 德尔菲法　　　　　　　　　　B. 加权评分法

C. 优缺点列举法　　　　　　　　D. 几何平均值评分法

E. 强制评分法

【答案】AC。

第二节　价值工程方法及其应用

一、价值工程方法

采分点1　价值工程方法及特点

【考生必掌握】

价值工程是以提高产品或作业价值为目的，通过有组织的创造性工作，寻求用最低的寿命周期成本，可靠地实现使用者所需功能的一种管理技术。这里所述的价值是对象的比较价值。

【想对考生说】

如果考查价值的含义，使用价值、经济价值、交换价值会是干扰选项。从上面的概念，也可以看出价值工程涉及价值、功能和寿命周期成本三个要素。

价值工程具有以下特点：

（1）目标：以最低的寿命周期成本，实现产品必须具备的功能。产品的寿命周期成本由生产成本和使用成本组成。

（2）核心：对产品进行功能分析。

（3）将产品价值、功能和成本作为一个整体同时考虑。

（4）强调不断改革和创新，开拓新构思和新途径，获得新方案，创造新功能载体，从而简化产品结构，节约原材料，节约能源，绿色环保，提高产品的技术经济效益。

【想对考生说】

上述四个特点可能会考查判断正确与错误说法的综合题目，第（1）、（2）条也可能会单独成题，考查单项选择题。

另外还要熟悉产品功能与成本的关系图。

【历年这样考】

【2017年真题】关于价值工程的说法，正确的有（　　）。

A. 价值工程的核心是对产品进行功能分析

B. 价值工程涉及价值、功能和寿命周期成本三要素

C. 价值工程应以提高产品的功能为出发点

D. 价值工程是以提高产品的价值为目标

E. 价值工程强调选择最低寿命周期成本的产品

【答案】ABD。

【还会这样考】

1. 产品的寿命周期成本由产品生产成本和（　　）组成。

A. 使用及维护成本　　　　　　　B. 使用成本

C. 生产前准备成本　　　　　　　D. 资金成本

【答案】A。

2. 价值工程应用中，对产品进行分析的核心是（　　）。

A. 产品的结构分析　　　　　　　B. 产品的材料分析

C. 产品的性能分析　　　　　　　D. 产品的功能分析

【答案】D。

采分点 2　价值工程的工作程序

【考生必掌握】

价值工程的工作程序如图 2-5-1 所示。

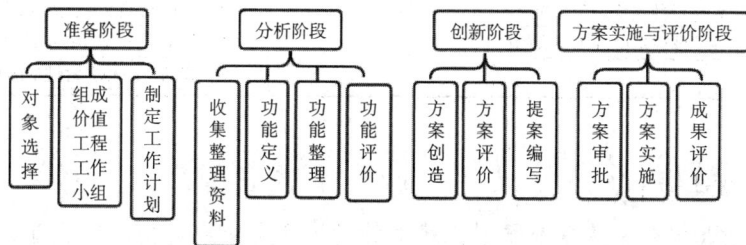

图 2-5-1　价值工程的工作程序

【想对考生说】

该采分点需要区分每个阶段包括的工作，可能会考查多项选择题，也可能考查排序题。每个阶段的对应问题需要了解，可能会给出某个阶段，判断这个阶段对应的问题是什么。

【还会这样考】

1. 价值工程分析阶段的工作包括：①功能定义；②整理资料；③功能整理；④功能评价。正确的步骤是（　　）。

A. ①→②→③→④　　　　　　　　B. ①→③→②→④

C. ②→①→③→④　　　　　　　　D. ②→③→①→④

【答案】C。

2. 在产品价值工程工作程序中，准备阶段需要回答的问题是（　　）。

A. 明确产品的成本是什么　　　　B. 确定产品的价值是什么

C. 界定产品是干什么用的　　　　D. 确定价值工程的研究对象是什么

【答案】D。

3. 价值工程创新阶段的工作有（　　）。

A. 方案创造　　　　　　　　　　B. 方案评价

C. 方案审批　　　　　　　　　　D. 功能整理

E. 功能评价

【答案】AB。

二、价值工程对象的选择

采分点 1　价值工程对象选择的一般原则

【考生必掌握】

价值工程对象选择的一般原则见表 2-5-1。

价值工程对象选择的一般原则 表 2-5-1

项目	对生产企业的产品组合	对由各组成部分组成的产品
一般原则	（1）结构复杂或落后的产品。 （2）制造工序多或制造方法落后及手工劳动较多的产品。 （3）原材料种类繁多和互换材料较多的产品。 （4）在总体成本中占比重大的产品	（1）造价高的组成部分。 （2）占产品成本比重大的组成部分。 （3）数量多的组成部分。 （4）体积或重量大的组成部分。 （5）加工工序多的组成部分。 （6）废品率高和关键性的组成部分

【想对考生说】

该采分点只有一种考查题型，就是针对生产企业或对由各组成部分组成的产品，应优先选择作为价值工程的对象是什么。

【历年这样考】

【2016 年真题】由多个部件组成的产品，应优先选择（　　）的部件作为价值工程的分析对象。

A. 造价低　　　　　　　　　　B. 数量多

C. 体积小　　　　　　　　　　D. 加工工序多

E. 废品率高

【答案】BDE。

【还会这样考】

对生产企业的产品组合，应优先选择（　　）的产品作为价值工程的分析对象。

A. 结构复杂　　　　　　　　　B. 数量多

C. 体积小　　　　　　　　　　D. 制造工序多

E. 互换材料较多

【答案】ADE。

采分点 2　价值工程对象选择的方法

【考生必掌握】

价值工程对象选择的方法见表 2-5-2。

价值工程对象选择的方法 表 2-5-2

选择方法	内容
因素分析法	根据价值工程对象选择应考虑的各种因素，凭借分析人员的经验集体研究确定选择对象
ABC 分析法	应用数理统计分析的方法来选择对象。其基本原理为"关键的少数和次要的多数"，抓住关键的少数可以解决问题的大部分。 ABC 分析法抓住成本比重大的零部件或工序作为研究对象，有利于集中精力重点突破，取得较大效果，同时简便易行

续表

选择方法	内容
强制确定法	以功能重要程度作为选择价值工程对象
百分比分析法	通过分析某种费用或资源对企业的某个技术经济指标的影响程度的大小（百分比），来选择价值工程对象的方法
价值指数法	通过比较各个对象（或零部件）之间的功能水平位次和成本位次，寻找价值较低对象（或零部件），并将其作为价值工程研究对象

【历年这样考】

1.【2018年真题】下列价值工程对象的选择方法中，属于非强制确定方法的有（　　）。

A. 应用数理统计分析的方法

B. 考虑各种因素凭借经验集体研究确定的方法

C. 以功能重要程度来选择的方法

D. 寻求价值较低对象的方法

E. 按某种费用对某项技术经济指标影响程度来选择的方法

【答案】ABDE。

2.【2014年真题】根据功能重要程度选择价值工程对象的方法称为（　　）。

A. 因素分析法　　　　　　　　　　B. ABC分析法

C. 强制确定法　　　　　　　　　　D. 价值指数法

【答案】C。

【还会这样考】

1. 采用ABC分析法确定价值工程对象，是指将（　　）的零部件或工序作为研究对象。

A. 功能评分值高　　　　　　　　　B. 成本比重大

C. 价值系数低　　　　　　　　　　D. 生产工艺复杂

【答案】B。

2. 通过比较各个对象之间的功能水平位次和成本位次，寻找价值较低对象，并将其作为价值工程研究对象的一种方法，该方法称为（　　）。

A. 强制确定法　　　　　　　　　　B. 百分比分析法

C. ABC分析法　　　　　　　　　　D. 价值指数法

【答案】D。

三、价值工程的功能和价值分析

【考生必掌握】

功能分析是价值工程活动的核心。它包括功能定义、功能整理、功能计量和评价等环节，考生应重点掌握功能评价。

1. 成本指数 C 的计算

$$第 i 个评价对象的成本指数 \ C_I = \frac{第 i 个评价对象的现实成本 \ C_i}{全部成本}$$

2. 功能评价值 F 的计算

$$第 i 个评价对象的功能指数 \ F_I = \frac{第 i 个评价对象的功能得分值 \ F_i}{全部功能得分值}$$

确定功能重要性系数的关键是对功能进行打分，常用的打分方法有<u>强制打分法</u>、<u>多比例评分法</u>、<u>逻辑评分法</u>、<u>环比评分法</u>等。这里主要介绍强制打分法中的 0—1 评分法。

0—1 评分法是一定数量的专业人员参加功能的评价。首先按照功能重要程度一一对比打分，重要的打 1 分，相对不重要的打 0 分。要分析的对象（零部件）自己与自己相比不得分，用"×"表示。最后，根据每个参与人员选择该零部件得到的功能重要性系数 W_i，可以得到该零部件的功能性重要性系数平均值 W，公式为：

$$W = \frac{\sum\limits_{i=1}^{k} W_i}{k}$$

式中　k——参加功能评价的人数。

【想对考生说】

　　常用的打分方法会是一个多项选择题采分点。还可能会根据 0—1 打分法计算功能重要性系数。

3. 功能价值 V 的计算及分析

功能价值 V 的计算及分析见表 2-5-3。

功能价值 V 的计算及分析

表 2-5-3

计算方法	内容
功能成本法	表达式如下： $$第 i 个评价对象的价值系数 \ V = \frac{第 i 个评价对象的功能评价值 \ F}{第 i 个评价对象的现实成本 \ C}$$ 功能的价值系数计算结果有以下三种情况： （1）$V=1$。即功能评价值等于功能现实成本。此时，说明评价对象的价值为最佳，一般无需改进。 （2）$V<1$。即功能现实成本大于功能评价值。这时，一种可能存在着过剩的功能，另一种可能是功能虽无过剩，但实现功能的条件或方法不佳，以致使实现功能的成本大于功能的实际需要。 （3）$V>1$。即功能现实成本小于功能评价值，表明该部件功能比较重要，但分配的成本较少
功能指数法	又称相对值法，其表达式如下： $$第 i 个评价对象的价值指数 \ V_I = \frac{第 i 个评价对象的功能指数 \ F_I}{第 i 个评价对象的成本指数 \ C_I}$$ 价值指数的计算结果有以下三种情况： （1）$V_I=1$。评价对象的功能比重与成本比重大致平衡，合理分配，可以认为功能的现实成本是比较合理的。

续表

计算方法	内容
功能指数法	（2）$V_i<1$。评价对象的成本比重大于其功能比重，此时，应将评价对象列为改进对象，改善方向主要是降低成本。 （3）$V_i>1$。评价对象的成本比重小于其功能比重

【想对考生说】

在这部分内容会有三种考查题型：

一是通过计算选择最优方案。

二是通过计算选择改进对象。

三是根据价值结果，判断应采取的措施。

【历年这样考】

1.【2023年真题】某分项工程具有四项功能，各功能区功能价值和现实成本见表2-5-4。对该分项工程开展价值工程活动时，应优先先作为改进对象的是（ ）。

各功能区功能价值和现实成本 表 2-5-4

功能区	F1	F2	F3	F4
功能价值（元）	130	170	155	215
现实成本（元）	150	180	140	200

A. F1 　　　　　　　　　　　　　B. F2

C. F3 　　　　　　　　　　　　　D. F4

【答案】A。

【解析】以功能目标成本为基准,通过与功能现实成本的比较,求出两者的比值（功能价值）和两者的差值（改善期望值），然后选择功能价值低、改善期望值大的功能作为价值工程活动的重点对象。本题中，F1：150－130=20万元；F2：180－170=10万元；F3：140－155=－15万元；F4：200－215=－15；所以应优先选择F1作为改进对象。

2.【2022年真题】某项目有甲、乙、丙、丁四个设计方案，均能满足建设目标要求，经综合评估，各方案功能综合得分及造价见表2-5-5。根据价值系数，应选择（ ）为实施方案。

各方案功能综合得分及造价 表 2-5-5

方案	甲	乙	丙	丁
综合得分	33	33	35	32
造价（元/m²）	3050	3000	3300	2950

A. 甲　　　　　　　　　　　　B. 乙

C. 丙　　　　　　　　　　　　D. 丁

【答案】B。

【解析】本题的计算过程如下：

综合得分总和 =33+33+35+32=133；

总造价 =3050+3000+3300+2950=12300。

价值系数 = 功能系数 / 成本系数，则：

甲的价值系数 =（33/133）÷（3050/12300）=1.001

乙的价值系数 =（33/133）÷（3000/12300）=1.017

丙的价值系数 =（35/133）÷（3300/12300）=0.981

丁的价值系数 =（32/133）÷（2950/12300）=1.003

乙的价值系数最大，应选择方案乙。

3.【2021 年真题】某项目建筑安装工程目标造价 2000 元 /m²，项目四个功能区重要性采用 0—1 评分法，评分结果见表 2-5-6，则该项目建筑安装工程在节能方面的投入宜为（　　）元 /m²。

采用 0—1 评分法评分结果　　　　　　　　表 2-5-6

功能区	安全	适用	节能	美观
安全	×	0	1	1
适用	1	×	1	1
节能	0	0	×	1
美观	0	0	0	×

A. 340　　　　B. 400　　　　C. 600　　　　D. 660

【答案】B。

【解析】功能重要性系数计算见表 2-5-7。

功能重要性系数计算表　　　　　　　表 2-5-7

功能区	安全	适用	节能	美观	功能总分	修正得分	功能重要性系数
安全	×	0	1	1	2	3	3/10=0.3
适用	1	×	1	1	3	4	4/10=0.4
节能	0	0	×	1	1	2	2/10=0.2
美观	0	0	0	×	0	1	1/10=0.1
合计					6	10	1

则节能的投入 =2000×0.2=400 元 /m²。

【还会这样考】

1. 价值工程应用中，如果评价对象的价值系数 $V<1$，则正确的策略是（　　）。

A. 剔除不必要功能或降低现实成本　　B. 剔除过剩功能及降低现实成本

C. 不作为价值工程改进对象　　D. 提高现实成本或降低功能水平

【答案】B。

2. 价值工程活动中，用来确定产品功能评价值的方法有（　　）。

A. 环比评分法　　B. 替代评分法

C. 强制评分法　　D. 逻辑评分法

E. 循环评分法

【答案】ACD。

四、价值工程新方案创造

【考生必掌握】

这部分内容需要掌握理论依据和创造方法。

（1）理论依据：功能载体具有可替代性。

（2）创造方法：头脑风暴法、哥顿法、专家意见法（又称德尔菲法）、专家检查法。

【历年这样考】

【2023年真题】价值工程活动中，在创新阶段创建新方案可采用的方法有（　　）。

A. 功能成本法　　B. 功能指数法

C. 德尔菲法　　D. 头脑风暴法

E. 哥顿法

【答案】CDE。

【想对考生说】

干扰选项设置宜为价值工程对象选择的方法及功能评价值的方法。

【还会这样考】

价值工程中方案创造的理论依据是（　　）。

A. 产品功能具有系统性　　B. 功能载体具有替代性

C. 功能载体具有排他性　　D. 功能实现程度具有差异性

【答案】B。

第三节　设计概算编制和审查

一、设计概算的内容

【考生必掌握】

三级设计概算包括建设工程总概算、单项工程综合概算、单位工程概算，二级设计概算包括建设工程总概算、单位工程概算。考试主要考查单项工程综合概算的组成。

单项工程综合概算的组成如图 2-5-2 所示。

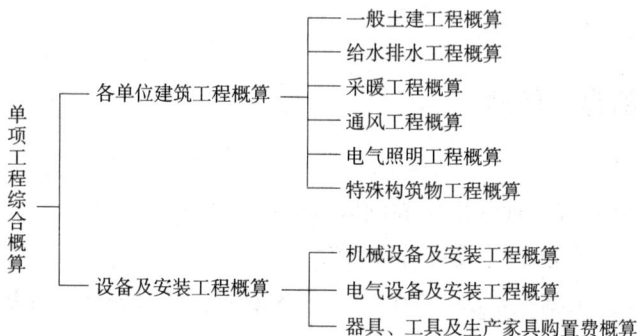

图 2-5-2　单项工程综合概算的组成

【想对考生说】

单项工程综合概算的组成可能会有以下三种命题形式：

（1）下列费用中，属于或不属于单项工程综合概算内容的是（　　）。

（2）下列单位工程概算中，属于单位建筑工程概算的是（　　）。

（3）下列工程概算中，属于设备及安装工程概算的是（　　）。

注意第（2）（3）种题型中，单位建筑工程概算内容与设备及安装工程概算内容会相互作为干扰选项。

【历年这样考】

1.【2020 年真题】建设项目设计概算文件采用三级概算或二级概算的区别，在于是否单独编制（　　）文件。

A. 分部工程概算

B. 单位工程概算

C. 单项工程综合概算

D. 建设项目总概算

【答案】C。

2.【2017 年真题】下列费用中，不属于单项工程综合概算内容的是（　　）。

A. 单位建筑工程概算

B. 安装工程概算

C. 铺底流动资金概算

D. 设备购置费用概算

【答案】C。

【还会这样考】

下列工程概算中，属于建筑单位工程概算的是（　　）。

A．机械设备及安装工程概算　　　　B．电气设备及安装工程概算

C．工器具及生产家具购置费用概算　D．通风空调工程概算

【答案】D。

二、设计概算编制方法

【考生必掌握】

设计概算编制方法如图 2-5-3 所示。

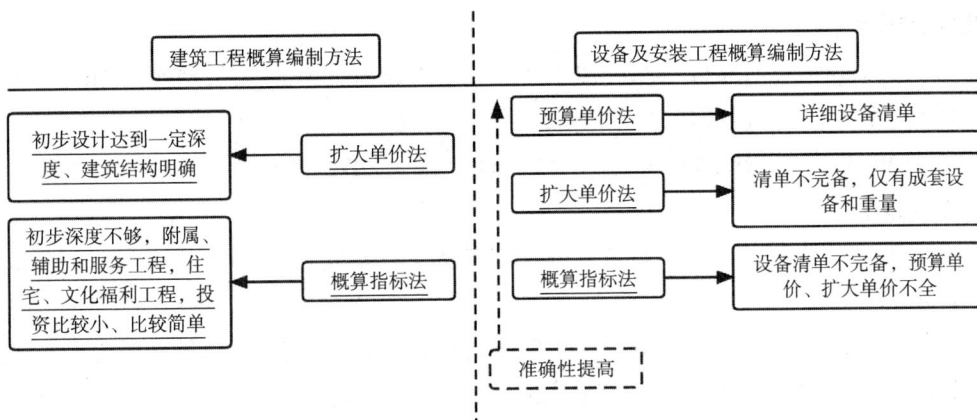

图 2-5-3　设计概算编制方法

【想对考生说】

该采分点在考试时会考查三种题型：

一是建筑单位工程概算/设备及安装工程概算的编制方法有哪些。

二是对适用范围的考查，命题分两种情况：

（1）宜采用 ×× 法编制建筑工程概算/设备及安装工程概算的工程有哪些。

（2）题干中给出具体工程项目，判断采用哪种编制方法。

【历年这样考】

1.【2019 年真题】建筑工程概算编制的基本方法有（　　）。

A．实物量法　　　　　　　　　B．扩大单价法

C．概算指标法　　　　　　　　D．估算指标法

E．预算单价法

【答案】BC。

2.【2017年真题】下列方法中，可用来编制设备安装工程概算的方法有（　　）。

A. 估算指标法　　　　　　　　　B. 概算指标法

C. 扩大单价法　　　　　　　　　D. 预算单价法

E. 百分比分析法

【答案】BCD。

3.【2013年真题】宜采用扩大单价法编制建筑工程概算的是（　　）的单位工程。

A. 初步设计达到一定深度，建筑结构比较明确

B. 初步设计深度不够，不能准确地计算扩大分部分项工程量

C. 有详细的施工图设计资料，能准确地计算分部分项工程量

D. 没有初步设计资料，无法计算出工程量

【答案】A。

【还会这样考】

1. 某工程项目所需设备原价400万元，运杂费率为5%，安装费率为10%，则该项目的设备及安装工程概算为（　　）万元。

A. 400　　　　　B. 440　　　　　C. 460　　　　　D. 462

【答案】C。

【解析】设备及安装工程概算＝设备购置费＋设备安装费＝400×（1+5%）+400×10%=460万元。

2. 编制设备安装工程概算，当初步设计的设备清单不完备，可供采用的安装预算单价及扩大综合单价不全时，适宜采用的概算编制方法是（　　）。

A. 概算定额法　　　　　　　　　B. 扩大单价法

C. 类似工程预算法　　　　　　　D. 概算指标法

【答案】D。

3. 宜采用概算指标法编制建筑工程概算的工程有（　　）。

A. 初步设计深度不够，比较简单的工程

B. 初步设计达到一定深度，建筑结构比较明确的工程

C. 辅助和服务工程

D. 文化福利工程

E. 拟建工程初步设计与在建工程的设计相类似的工程

【答案】ACD。

三、设计概算的审查

【考生必掌握】

设计概算的审查主要掌握以下采分点：

（1）概算文件的质量要求。应按编制时项目所在地的<u>价格水平</u>编制，总投资应完

整地反映编制时建设项目的实际投资。应考虑建设项目施工条件等因素对投资的影响；还应按项目合理工期预测建设期价格水平，以及资产租赁和贷款的时间价值等动态因素对投资的影响。

（2）设计概算编制依据的审查。包括合法性审查、时效性审查、适用范围审查。

（3）建筑工程概算工程量审查。根据初步设计图纸、概算定额、工程量计算规则的要求进行。

（4）设计概算批准后，一般不得调整；如需修改或调整时，须经原批准部门同意，并重新审批。

（5）允许调整概算的原因有：①超出原设计范围的重大变更；②超出基本预备费规定范围不可抗拒的重大自然灾害引起的工程变动和费用增加；③超出工程造价调整预备费的国家重大政策性的调整。

【历年这样考】

1.【2022年真题】关于政府投资项目设计概算批准后是否允许调整的说法，正确的是（　　）。

A．一律不得调整，确需调整的，须另行单独立项

B．一律不得调整，需要增加投资的，由项目单位自筹

C．一般不得调整，需要调整时，须说明理由并向原批准部门备案

D．一般不得调整，需要调整时，须经原批准部门同意并重新审批

【答案】D。

2.【2021年真题】关于设计概算编制的说法，正确的是（　　）。

A．应按编制时项目所在地的价格水平编制，不考虑后续价格变动

B．应按编制时项目所在地的价格水平编制，不考虑施工条件影响

C．应按编制时项目所在地的价格水平编制，还应按项目合理工期预测建设期价格水平

D．应按编制时项目所在地的价格水平编制，不考虑建设项目的实际投资

【答案】C。

3.【2021年真题】政府投资项目概算批准后，允许调整概算的情形有（　　）。

A．原设计范围内提高建设标准引起的费用增加

B．超出原设计范围的重大变更

C．建设单位提出设计变更引起的费用增加

D．设计文件重大差错引起的工程费用增加

E．超出涨价预备费的国家重大政策性调整

【答案】BE。

4.【2020年真题】单位建筑工程概算工程量审查的主要依据有（　　）。

A．初步设计图纸　　　　　　　　　　B．施工图设计文件

C．概算定额   D．概算指标

E．工程量计算规则

【答案】ACE。

【还会这样考】

审查建筑工程设计概算时，应审查的内容是（   ）。

A．各项费用是否符合现行市场价格

B．是否存在擅自提高费用标准的情况

C．是否符合国家对于环境治理的要求

D．是否存在重复计算或遗漏的取费项目

【答案】D。

第四节 施工图预算编制和审查

一、施工图预算的作用

【考生必掌握】

施工图预算的作用见表 2-5-8。

施工图预算的作用   表 2-5-8

对象	作用
对建设单位	（1）确定建设项目造价的依据。 （2）编制最高投标限价的基础。 （3）安排建设资金计划和使用建设资金的依据。 （4）进行计量、拨付进度款及办理结算的依据
对施工单位	（1）确定投标报价的依据。 （2）进行施工准备的依据，组织材料、机具、设备及劳动力供应的重要参考，编制进度计划、统计完成工作量、进行经济核算的参考依据。 （3）施工图预算是控制施工成本的依据
对其他相关方	（1）体现工程咨询企业为委托方提供服务的业务水平、素质和信誉。 （2）工程造价管理部门监督检查企业执行定额标准情况、确定合理的工程造价、测算造价指数及审定招标工程标底的依据。 （3）仲裁、管理、司法机关在处理合同经济纠纷时的重要依据

【想对考生说】

主要记忆对建设单位和对施工单位的作用，可能会考查单独对建设单位或施工单位的作用，也可能会综合考查说法正确与否的题目。

【历年这样考】

【2012 年真题】施工图预算是建设单位（   ）的依据。

A．确定项目造价　　　　　　　　　B．进行施工准备

C．控制施工成本　　　　　　　　　D．监督检查执行定额标准

E．施工期间安排建设资金

【答案】AE。

【还会这样考】

1．施工图预算对建设单位、施工单位都具有十分重要的作用。下列仅属于对施工单位作用的有（　　）。

A．确定合同价款的依据　　　　　　B．控制资金合理使用的依据

C．控制工程施工成本的依据　　　　D．确定投标报价的依据

E．办理工程结算的依据

【答案】CD。

2．关于施工图预算作用的说法，正确的有（　　）。

A．施工图预算是施工单位确定投标报价的依据

B．施工图预算是报审项目投资额的依据

C．施工图预算是施工单位进行施工准备的依据

D．施工图预算是监督检查执行定额标准的依据

E．施工图预算是建设单位办理结算的依据

【答案】ACDE。

二、单位工程施工图预算的编制

采分点1　定额单价法

【考生必掌握】

定额单价法编制施工图预算的步骤如图 2-5-4 所示。

【想对考生说】

（1）定额单价法的编制步骤会有两种考查题型：

一是对其中某些顺序进行排序的题目。

二是判断某项工作的紧前工作或紧后工作。

（2）图纸是编制施工图预算的基本依据，对图纸的审核就是至关重要的，2018 年以多项选择题进行了考查。

（3）套单价应注意的事项可能会对某一项进行单独命题，也可能以判断正确与错误说法的综合题目考查。

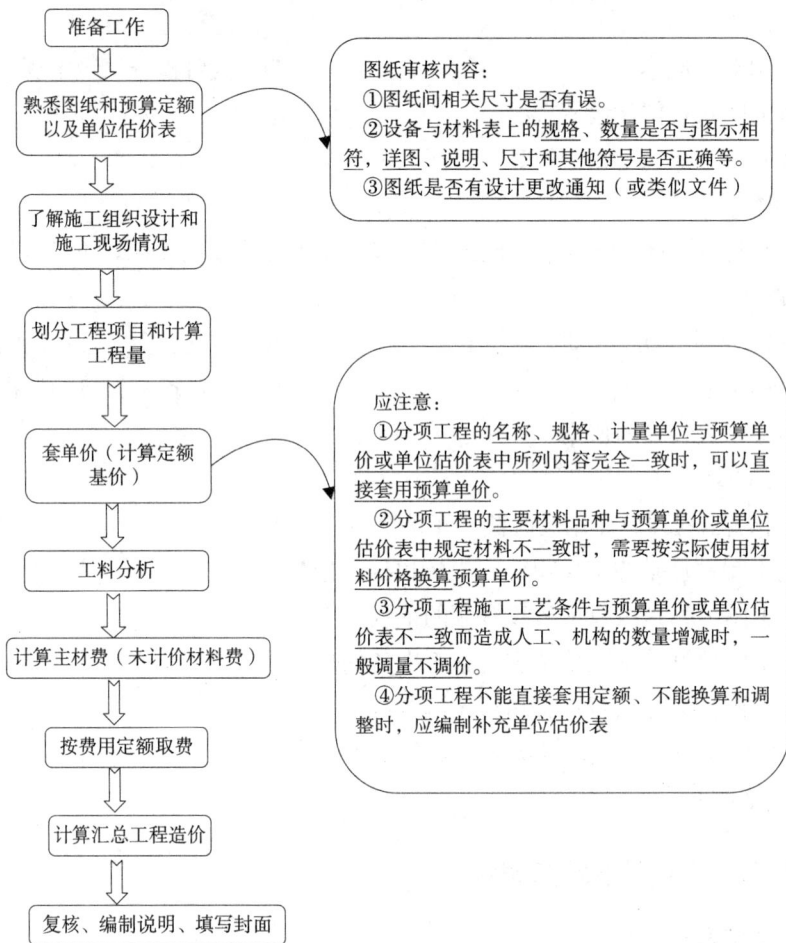

图 2-5-4　定额单价法编制施工图预算的步骤

【历年这样考】

1.【2021年真题】采用定额单价法编制施工图预算时，若某分项工程的主要材料品种与预算单价或单位估价表中规定材料不一致，则正确的做法是（　　）。

A. 按实际使用材料价格换算预算单价，再套用换算后的单价

B. 直接套用预算单价，再根据材料价差调整工程费用

C. 改用实物量法编制施工图预算

D. 改用工程量清单单价法编制施工图预算

【答案】A。

2.【2020年真题】分项工程单位估价表是预算定额法编制施工图预算的重要依据，分项工程单位估价表中的单价包含完成相应分项工程所需的人工费、材料费和（　　）。

A. 企业管理费　　　　　　　　　　B. 施工机具使用费

C. 规费　　　　　　　　　　　　　D. 税金

【答案】B。

3.【2018 年真题】编制施工图预算的过程中，图纸的主要审核内容有（　　）。

A. 审核图纸间相关尺寸是否有误

B. 审核图纸是否有设计更改通知书

C. 审核材料表上的规格是否与图纸相符

D. 审核图纸是否已经施工单位确认

E. 审核图纸与现行计量规范是否相符

【答案】ABC。

【还会这样考】

1. 定额单价法编制施工图预算的工作主要有：①计算并整理工程量；②套用定额单价；③计算未计价主材费；④编制工料分析表；⑤准备资料，熟悉施工图纸。正确的步骤是（　　）。

A. ④—⑤—①—②—③　　　　　　B. ⑤—①—④—②—③

C. ⑤—②—①—④—③　　　　　　D. ⑤—①—②—④—③

【答案】D。

2. 采用定额单价法编制单位工程预算时，在进行工料分析后紧接着的下一步骤是（　　）。

A. 计算人、材、机费用　　　　　B. 计算未计价材料费

C. 复核工程量的准确性　　　　　D. 套用定额预算单价

【答案】B。

采分点 2　工程量清单单价法

【想对考生说】

该采分点的一个重点就是综合单价包括的费用内容。

【还会这样考】

工程量清单单价法是采用综合单价的形式计算工程造价的方法。综合单价是指完成一个规定计量单位的分部分项工程量清单项目或措施清单项目所需的人工费、材料费、施工机具使用费和（　　）。

A. 企业管理费　　　　　　　　　B. 利润

C. 规费　　　　　　　　　　　　D. 税金

E. 一定范围内的风险费用

【答案】ABE。

采分点 3　实物量法

【考生必掌握】

实物量法编制施工图预算的步骤如图 2-5-5 所示。

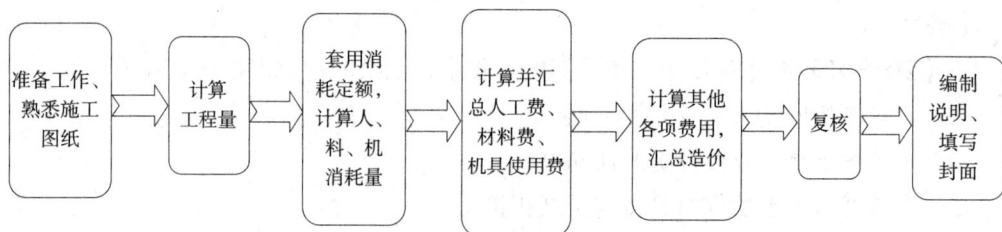

图 2-5-5　实物量法编制施工图预算的步骤

【想对考生说】

实物量法与定额单价法在计算人工费、材料费和施工机具使用费及汇总三种费用之和方面有一定的区别。另外实物量法采用的单价是当时当地的实际价格。

实物量法的编制步骤会考查两种题型：

一是对其中某些顺序进行排序的题目。

二是判断某项工作的紧前工作或紧后工作。

【还会这样考】

1. 实物量法编制施工图预算时，计算工程量后紧接着进行的工作是（　　）。

A. 套定额单价，计算人料机费用　　　　B. 套消耗定额，计算人料机消耗量

C. 汇总人料机费用　　　　　　　　　　D. 计算管理费等其他各项费用

【答案】B。

2. 实物量法和定额单价法在编制施工图预算的主要区别在于（　　）不同。

A. 人料机费计算过程　　　　　　　　　B. 依据的定额

C. 工程量的计算规则　　　　　　　　　D. 确定利润的方法

【答案】A。

三、施工图预算的审查内容

【考生必掌握】

（1）审查施工图预算的编制是否符合现行国家、行业、地方政府有关法律、法规和规定要求。

（2）审查工程量计算的准确性、工程量计算规则与计价规范规则或定额规则的一致性。

（3）审查在施工图预算的编制过程中，各种计价依据使用是否恰当，各项费率计取是否正确；审查依据主要有施工图设计资料、有关定额、施工组织设计、有关造价文件规定和技术规范、规程等。

（4）审查各种要素市场价格选用、应计取的费用是否合理。

（5）审查施工图预算是否超过概算以及进行偏差分析。

【历年这样考】

1.【2022年真题】在审查施工图预算时，除审查工程量计算的准确性外，对预算工程量审查的重点是（　　）。

A. 编制施工图预算所依据设计文件的完整性

B. 工程量计算人员是否具备造价工程师资格

C. 预算工程量是否超过概算工程量

D. 工程量计算规则与计价规范规则或定额规则的一致性

【答案】D。

2.【2016年真题】施工图预算审查的内容包括（　　）。

A. 施工图是否符合设计规范

B. 施工图是否满足项目功能要求

C. 施工图预算的编制是否符合相关法律、法规

D. 工程量计算是否准确

E. 施工图预算是否超过概算

【答案】CDE。

四、施工图预算的审查方法

【考生必掌握】

为了有更好的记忆，我们从施工图预算审查方法的特点、适用范围方面进行总结，见表2-5-9。

施工图预算的审查方法　　　　　　　　　　　　　　　　　表2-5-9

审查方法	特点	适用范围
逐项审查法（全面审查法）	优点：全面、细致，审查质量高、效果好。 缺点：工作量大，时间较长	工程量较小、工艺比较简单的工程
标准预算审查法	优点：时间短、效果好、易定案。 缺点：适用范围小	仅适用于采用标准图纸的工程
分组计算审查法	审查速度快、工作量小	—
对比审查法	—	当工程条件相同时，用已完工程的预算或未完但已经过审查修正的工程预算对比审查拟建工程的同类工程预算
"筛选"审查法	优点：简单易懂，便于掌握，审查速度快，便于发现问题。 缺点：问题出现的原因尚需继续审查	审查住宅工程或不具备全面审查条件的工程
重点审查法	突出重点，审查时间短、效果好	审查工程量大或者造价较高的各种工程、补充定额、计取的各种费用（计费基础、取费标准）等

【想对考生说】

特点和适用范围要对比记忆，考试可能会给出审查特点或适用工程，判断属于哪种方法。

【历年这样考】

1.【2019年真题】能较快发现问题，审查速度快，但问题出现的原因还需继续审查的施工图预算审查方法是（   ）。

A. 对比审查法
B. 逐项审查法
C. 标准预算审查法
D. 筛选审查法

【答案】D。

2.【2018年真题】审查施工图预算的方法有（   ）。

A. 标准预算审查法
B. 预算指标审查法
C. 预算单价审查法
D. 对比审查法
E. 分组计算审查法

【答案】ADE。

3.【2017年真题】拟建工程与已完工程采用同一施工图，但基础部分和现场施工条件不同，则与已完工程相同的部分可采用（   ）审查施工图预算。

A. 标准预算审查法
B. 对比审查法
C. "筛选"审查法
D. 重点审查法

【答案】B。

【还会这样考】

1. 审查精度高、效果好，但工作量大、时间较长的施工图预算审查方法是（   ）。

A. 逐项审查法
B. 重点审查法
C. 对比审查法
D. 筛选审查法

【答案】A。

2. 施工图预算审查时，将分部分项工程的单位建筑面积指标总结归纳为工程量、价格、用工三个单方基本指标，然后利用这些基本指标对拟建项目分部分项工程预算进行审查的方法称为（   ）。

A. 筛选审查法
B. 对比审查法
C. 分组计算审查法
D. 逐项审查法

【答案】A。

3. 用重点审查法审查施工图预算时，审查的重点有（   ）。

A. 工程量大
B. 造价较高的各种工程
C. 补充定额
D. 设计标准的合理性
E. 各种费用的计费基础

【答案】ABCE。

第六章
建设工程招标阶段投资控制

第一节　最高投标限价编制

一、工程量清单概述

【考生必掌握】

这部分重点介绍工程量清单的类型、编制主体、作用及适用范围，见表 2-6-1。

工程量清单的类型、编制主体、作用及适用范围　　　　表 2-6-1

项目	内容
类型	工程量清单包括招标工程量清单和已标价工程量清单
编制主体	招标人或受其委托的工程造价咨询人编制。招标工程量清单的准确性和完整性由招标人负责
作用	（1）为投标人的投标竞争提供了一个平等和共同的基础。 （2）是建设工程计价的依据。 （3）是编制最高投标限价的依据。 （4）是工程付款和结算的依据。 （5）是调整工程量、进行工程索赔的依据
适用范围	（1）适用于建设工程发承包及实施阶段的计价活动，包括工程量清单的编制、最高投标限价的编制、投标报价的编制、工程合同价款的约定、工程施工过程中计量与合同价款的支付、索赔与现场签证、竣工结算的办理和合同价款争议的解决以及工程造价鉴定等活动。 （2）使用国有资金投资的工程建设工程发承包项目必须采用。 （3）对于非国有资金投资的工程建设项目，是否采用工程量清单方式计价由项目业主自主确定

【想对考生说】

工程量清单适用的计价活动，正是它能起到的作用。

【历年这样考】

1.【2021年真题】招标工程量清单的准确性和完整性应由（　　）负责。

A. 招标人和施工图审查机构共同　　　　　B. 招标代理机构

　　C. 招标人　　　　　　　　　　　　　D. 招标人和投标人共同

　　【答案】C。

　　2.【2017 年真题】根据现行计价规范，工程量清单适用的计价活动有（　　）。

　　A. 设计概算的编制　　　　　　　　　B. 最高投标限价的编制

　　C. 投资限额的确定　　　　　　　　　D. 合同价款的约定

　　E. 竣工结算的办理

　　【答案】BDE。

【还会这样考】

　　在工程招标投标阶段，工程量清单的主要作用有（　　）。

　　A. 为招标人编制投资估算文件提供依据

　　B. 为投标人投标竞争提供一个平等基础

　　C. 是建设工程计价的依据

　　D. 投标人可据此调整清单工程量

　　E. 是调整工程价款、处理工程索赔的依据

　　【答案】BCE。

二、工程量清单编制

采分点 1　分部分项工程项目清单编制

【考生必掌握】

　　分部分项工程项目清单编制见表 2-6-2。

分部分项工程项目清单编制　　　　　　　　　　　表 2-6-2

项目	编制规定
项目编码	同一招标工程的项目编码不得有重码。 在十二位数字中，一至九位为应按现行计量规范的规定设置。一至二位为专业工程码；三至四位为附录分类顺序码；五至六位为分部工程顺序码；七、八、九位为分项工程项目名称顺序码；十至十二位为清单项目名称顺序码（助记：一二三四，专工分类；五六七八九，分部向（项）前走）
项目名称	（1）按现行计量规范的项目名称结合拟建工程的实际确定。 （2）一般以工程实体命名，如有缺项，编制人应作补充，并报省级或行业工程造价管理机构备案。补充项目的编码由现行计量规范的专业工程代码 X（即 01～09）与 B 和三位阿拉伯数字组成，并应从 XB001 起顺序编制。分部分项工程项目清单中应附补充项目名称、项目特征、计量单位、工程量计算规则、工作内容
项目特征	在编制的分部分项工程项目清单时，必须对其项目特征进行准确和全面的描述。对文字难以准确和全面地描述的，应按以下原则进行： （1）项目特征描述的内容应按现行计量规范，结合拟建工程的实际，满足确定综合单价的需要。 （2）对采用标准图集或施工图纸能够全部或部分满足项目特征描述要求的，项目特征描述可直接采用详见 ×× 图集或 ×× 图号的方式。但对不能满足项目特征描述要求的部分，仍应用文字描述
计量单位	在现行计量规范中有两个或两个以上计量单位的，应结合拟建工程实际情况，确定其中一个为计量单位
工程量计算	现行计量规范明确了清单项目的工程量计算规则，其工程量是以形成工程实体为准，并以完成后的净值来计算的

【想对考生说】

该采分点可考点非常多，不仅会就某句话单独成题，还会以判断正确与错误说法的综合题目考查。

【历年这样考】

1. **【2017 年真题】**根据现行计量规范明确的工程量计算规则，清单项目工程量是以（　　）为准，并以完成的净值来计算的。

　A. 实际施工工程量　　　　　　　　B. 形成工程实体

　C. 返工工程量及其损耗　　　　　　D. 工程施工方案

【答案】B。2016 年考查了相同采分点。

2. **【2016 年真题】**现行计量规范的项目编码由十二位数字构成，其中第五至第六位数字为（　　）。

　A. 专业工程码　　　　　　　　　　B. 附录分类顺序码

　C. 分部工程顺序码　　　　　　　　D. 清单项目名称顺序码

【答案】C。

【想对考生说】

2012 年考查了相同题型。对项目编码构成的考查，除了这种题型，还可能是给出某项工程的项目编码，判断其中几位数字的编码含义。

【还会这样考】

1. 根据《建设工程工程量清单计价规范》编制的工程量清单中，某分部分项工程的项目编码为 010302004005，则该分部分项中分部工程的顺序码为（　　）。

　A. 02　　　　　　　　　　　　　　B. 03

　C. 004　　　　　　　　　　　　　　D. 005

【答案】A。

2. 关于该补充项目及其编码的说法，正确的是（　　）。

　A. 该项目编码应由对应计量规范的代码和三位阿拉伯数字组成

　B. 清单编制人应将补充项目报省级或行业工程造价管理机构备案

　C. 清单编制人在最后一个清单项目后面自行补充该项目，不需编码

　D. 该项目按计量规范中相近的清单项目编码

【答案】B。

3. 关于分部分项工程项目清单编制的说法，正确的有（　　）。

　A. 同一标段的工程量清单中含有多个项目特征相同的单位工程时，可采用相同的项目编码

B．分项工程项目清单的项目名称一般以工程实体命名

C．项目特征应按工程量计算规范附录中规定的项目特征予以描述

D．工程量应按实际完成的工程量计算

E．计量单位应按工程量计算规范附录中给定的，选用最适宜表现项目特征并方便计量的单位

【答案】BE。

采分点 2　措施项目清单编制

【考生必掌握】

措施项目清单为<u>可调整</u>清单。

对能计量的措施项目（即单价措施项目），同分部分项工程量一样，编制措施项目清单时应列出项目编码、项目名称、项目特征、计量单位，并按现行计量规范规定，采用对应的工程量计算规则计算其工程量。

对不能计量的措施项目（即总价措施项目），措施项目清单中仅列出了项目编码、项目名称，但未列出项目特征、计量单位的项目，编制措施项目清单时，应按现行计量规范附录（措施项目）的规定执行。

【历年这样考】

【想对考生说】

关于工程量清单编制，还会有综合性题目考查，比如 2019 年这道题目。

【2019 年真题】关于工程量清单的说法，正确的是（　　）。

A．招标文件中工程量清单的准确性和完整性由工程量清单编制单位负责

B．招标文件中分项工程项目清单的项目名称一般以工程实体名称命名

C．招标文件中分部分项工程量清单的项目编码前 10 位按现行计量规范的规定设置

D．投标人不得对招标文件中的措施项目清单进行调整

【答案】B。

【还会这样考】

根据《建设工程工程量清单计价规范》，投标人对招标文件中所列项目，可根据企业自身特点做适当变更增减的清单是（　　）。

A．分部分项工程量清单　　　　　　　B．措施项目清单

C．其他项目清单　　　　　　　　　　D．规费项目清单

【答案】B。

【想对考生说】

分部分项工程量清单为<u>不可调整</u>的闭口清单。

采分点 3　其他项目清单编制

【考生必掌握】

其他项目清单编制见表 2-6-3。

其他项目清单编制 　　　　　　　　　　　　　　　　　　　　　表 2-6-3

清单项目		内容
暂列金额		招标人暂定并包括在合同中的一笔款项。 扣除实际发生金额后的暂列金额余额仍属于招标人所有
暂估价	材料暂估价	根据工程造价信息或参照市场价格估算，列出明细表
	工程设备暂估价	
	专业工程暂估价	应分不同专业，按有关计价规定估算，列出明细表
计日工		计日工是为了解决现场发生的零星工作的计价而设立的。 计日工对完成零星工作所消耗的人工工时、材料数量、施工机械台班进行计量，并按照计日工表中填报的适用项目的单价进行计价支付
总承包服务费		招标人应当预计该项费用并按投标人的投标报价向投标人支付该项费用

【历年这样考】

1.【2023 年真题】某招标工程，发包人拟将其中的专业工程甲依法单独发包，但施工过程中由承包人统一提供协调和配合服务，则承包人投标报价时应将该服务费用列入（　　）。

A. 总承包服务费　　　　　　　　　B. 计日工费

C. 专业工程暂估价　　　　　　　　D. 措施项目费

【答案】A。

2.【2022 年真题】采用工程量清单计价招标的工程，招标工程量清单中可以提出暂估价的有（　　）。

A. 地基与基础工程　　　　　　　　B. 专业工程

C. 规费　　　　　　　　　　　　　D. 工程材料

E. 工程设备

【答案】BDE。

3.【2019 年真题】某工程施工过程中发生了一项未在合同中约定的零星工作，增加费用 2 万元，此费用应列入工程的（　　）中。

A. 暂列金额　　　　　　　　　　　B. 暂估价

C. 计日工　　　　　　　　　　　　D. 总承包服务费

【答案】C。

【还会这样考】

根据《建设工程工程量清单计价规范》，其他项目清单一般包括（　　）。

A. 暂列金额、分包费、材料费、机械使用费

B. 暂列金额、暂估价、总承包服务费、计日工

C. 总承包管理费、材料购置费、预留金、风险费

D. 总承包费、分包费、材料购置费

【答案】B。

三、最高投标限价及确定方法

【考生必掌握】

最高投标限价应由具有编制能力的招标人或受其委托工程造价咨询人编制和复核。招标人应在招标文件中如实公布最高投标限价各组成部分的详细内容，不得只公布最高投标限价总价，不得对所编制的最高投标限价进行上浮或下调。对各项费用的确定方法见表 2-6-4。

各项费用的确定方法　　　　　　　　表 2-6-4

各项费用		确定方法
分部分项工程费		综合单价应根据拟定的招标文件和招标工程量清单项目中的特征描述及有关要求确定，还应包括招标文件中划分的应由投标人承担的风险范围及其费用
措施项目费		采用分部分项工程综合单价形式进行计价的工程量，应按措施项目清单中的工程量确定综合单价；以"项"为单位的方式计价的，价格包括除规费、税金以外的全部费用。 其中的安全文明施工费应当按照国家或省级、行业建设主管部门的规定标准计价
其他项目费	暂列金额	应按招标工程量清单中列出的金额填写
	暂估价	材料、工程设备单价等应按招标工程量清单列出的单价计入综合单价。 暂估价中专业工程金额应按招标工程量清单中列出的金额填写
	计日工	人工单价和施工机械台班单价应按省级、行业建设主管部门或其授权的工程造价管理机构公布的单价计算。 材料应按工程造价管理机构发布的工程造价信息中的材料单价计算，工程造价信息未发布材料单价的，其价格应按市场调查确定的单价计算
	总承包服务费	按照省级或行业建设主管部门的规定计算，或参考相关规范计算： （1）当招标人仅要求总包人对其发包的专业工程进行现场协调和统一管理、对竣工资料进行统一汇总整理等服务时，总包服务费按发包的专业工程估算造价的 1.5% 左右计算。 （2）当招标人要求总包人对其发包的专业工程既进行总承包管理和协调，又要求提供相应配合服务时，总承包服务费根据招标文件列出的配合服务内容，按发包的专业工程估算造价的 3%~5% 计算。 （3）招标人自行供应材料、设备的，按招标人供应材料、设备价值的 1% 计算
规费和税金		规费和税金应按国家或省级、行业建设主管部门规定的标准计算

【历年这样考】

1.【2023年真题】关于最高投标限价的说法，正确的有（　　）。

A. 所有招标工程均应编制最高投标限价

B. 招标人应委托造价咨询机构编制最高投标限制

C. 最高投标限价应在招标文件中如实公布

D．招标人应公布最高投标限价的总价及其详细组成

E．招标人可在评标前根据情况调整最高投标限价

【答案】CD。

2．【2020年真题】根据《建设工程工程量清单计价规范》，编制最高投标限价时，总承包服务费应按照（　　）计算。

A．省级或行业建设主管部门规定或参考相关规范

B．国家统一规定或参考相关规范

C．工程所在地同类项目总承包服务费平均水平

D．最高投标限价编制单位咨询潜在投标人的报价人

【答案】A。

【还会这样考】

1．根据《建设工程工程量清单计价规范》，一般情况下编制最高投标限价采用的材料价格，应优先选用（　　）。

A．工程造价管理机构通过工程造价信息发布的材料单价

B．当时国际市场的材料单价

C．近三个月当地已完工程材料结算单价的平均值

D．招标人的材料供应商提供的材料单价

【答案】A。

2．招标人要求对分包专业工程进行总承包管理和协调，且要求提供配合服务时，按分包专业工程估算造价的（　　）计算。

A．3%～5%   B．3%～8%

C．1.5%   D．1%

【答案】A。

第二节　投标报价审核

一、投标价格编制原则

【考生必掌握】

投标价格的编制原则包括5项，这里就不罗列这5项内容了，我们通过一道题目学习。

【历年这样考】

【2016年真题】关于投标报价编制的说法，正确的有（　　）。

A．投标人可委托具有相应资质的工程造价咨询人编制投标价

B. 投标人可依据市场需求对所有费用自主报价

C. 投标人的投标报价不得低于其工程成本

D. 投标人的某一子项目报价高于招标人相应基准价的应予废标

E. 执行工程量清单招标的，投标人必须按照招标工程量清单填报价格

【答案】ACE。

【想对考生说】

投标价是由投标人或受其委托具有工程造价咨询人编制，属于自主报价，但是要按照招标工程量清单填报。它不能低于成本，高于最高投标限价时，其投标将被否决。

二、投标报价审核方法

【考生必掌握】

投标报价审核方法见表2-6-5。

投标报价审核方法　　　　　　　　　　　　　　　　表 2-6-5

报价	审核
分部分项工程和措施项目中的综合单价	（1）综合单价的确定依据。在招标投标过程中，当出现招标工程量清单特征描述与设计图纸不符时，投标人应以招标工程量清单的项目特征描述为准，确定投标报价的综合单价。若在施工中施工图纸或设计变更导致项目特征与招标工程量清单项目特征描述不一致时，发承包双方应按实际施工的项目特征依据合同约定重新确定综合单价。 （2）提供了暂估单价的材料、工程设备，按暂估的单价进入综合单价。 （3）要求投标人承担的风险内容和范围，应将其考虑到综合单价中
措施项目中的总价项目	投标人投标时应根据自身编制的投标施工组织设计（或施工方案）确定措施项目及报价。 措施项目中的安全文明施工费应按照国家或省级、行业建设主管部门的规定计算，不作为竞争性费用
其他项目费	（1）暂列金额应按照招标工程量清单中列出的金额填写，不得变动。 （2）暂估价不得变动和更改。暂估价中的材料、工程设备必须按照暂估单价计入综合单价；专业工程暂估价必须按照招标工程量清单中列出的金额填写。 （3）计日工应按照招标工程量清单列出的项目和估算的数量，自主确定综合单价并计算计日工金额。 （4）总承包服务费应根据招标工程量列出的专业工程暂估价内容和供应材料、设备情况，按照招标人提出协调、配合与服务要求和施工现场管理需要自主确定
规费和税金	规费和税金必须按国家或省级、行业建设主管部门的规定计算，不得作为竞争性费用
投标总价	不能进行投标总价优惠（或降价、让利），投标人对投标报价的任何优惠（如降价、让利）均应反映在相应清单项目的综合单价中

【想对考生说】

这部分内容是本章一个非常重要的知识点，可以说处处是考点，不仅会就某一句话考查单项选择题，还会以判断正确与错误说法的题目综合考查。具体都会怎么命题，来看下面这些题目。

【历年这样考】

1.【2022年真题】施工过程中，由于设计变更导致某分项工程实际施工的特征与招标工程量清单中的项目特征描述不一致时，该分项工程应按（　　）结算价款。

A. 招标工程量清单中的工程量和投标文件中的综合单价

B. 实际施工的工程量和投标文件中的综合单价

C. 招标工程量清单中的工程量和发承包双方重新确定的综合单价

D. 实际施工的工程量和发承包双方重新确定的综合单价

【答案】D。

2.【2021年真题】采用工程量清单计价的招标工程，投标人必须按招标文件中提供的数据或政府主管部门规定的标准计算报价的有（　　）。

A. 总承包服务费 　　　　　　　　B. 以"项"为单位计价的措施项目

C. 安全文明施工费 　　　　　　　D. 提供了暂估价的工程设备

E. 暂列金额

【答案】CDE。

【想对考生说】

这道题目考查的是不能自主确定的报价，2017年考查了相同的采分点。还可能会考查投标人自主确定的报价。

3.【2019年真题】关于投标报价的说法，正确的有（　　）。

A. 投标报价中的某些分项工程报价可高于对应项目的最高投标限价

B. 招标文件中工程量清单项目特征描述与设计图纸不符时，投标人应以图纸的项目特征描述为准，确定投标报价的综合单价

C. 措施项目中的安全文明施工费不得作为投标报价中的竞争性费用

D. 投标人不得更改投标文件中工程量清单所列的暂列金额

E. 计日工的报价应按工程造价管理机构公布的单价计算

【答案】ACD。

【想对考生说】

选项B也会作为单项选择题考查，采分点是"招标工程量清单的项目特征描述"。2020年、2021年考核了这个采分点。注意C项，不作为竞争性费用的还有规费和税金，在2014年单独考查单项选择题，在2013年、2023年考查多项选择题。

4.【2017年真题】施工过程中，出现施工图纸变更导致项目特征与招标工程量清单项目特征描述不一致时，综合单价的确定应以（　　）的项目特征为准。

A. 原设计图纸所示 　　　　　　　B. 清单描述

C. 变更图纸所示 　　　　　　　　D. 标准图集描述

【答案】C。

> 【想对考生说】
> 变更图纸所示也就是以实际施工的项目特征为依据。

5.【2016年真题】审核投标报价时,对分部分项工程综合单价的审核内容有（　　）。

A. 综合单价的确定依据是否正确

B. 清单中提供了暂估单价的材料是否按暂估的单价进入综合单价

C. 暂列金额是否按规定纳入综合单价

D. 单价中是否考虑了承包人应承担的风险费用

E. 总承包服务费的计算是否正确

【答案】ABD。

【还会这样考】

对于其他项目中的计日工,投标人正确的报价方式是（　　）。

A. 按政策规定标准估算报价　　　　　　B. 按招标文件提供的金额报价

C. 自主报价　　　　　　　　　　　　　D. 待签证时报价

【答案】C。

第三节　合同价款约定

一、合同价格分类

采分点1　总价合同

【考生必掌握】

总价合同的形式见表2-6-6。

扫码学习

总价合同的形式　　　　　　　　　　　　　　　　表2-6-6

项目		内容
固定总价合同	一般规定	承包方按投标时发包方接受的合同价格实施工程,并一笔包死,无特定情况不作变化。注意:只有在设计和工程范围发生变更的情况下才能随之作相应的变更
	风险承担	承包方要承担合同履行过程中的主要风险。要承担实物工程量、工程单价等变化而可能造成损失的风险
	价格	会加大不可预见费用,致使这种合同的投标价格偏高
	适用范围	（1）工程范围清楚明确,工程图纸完整、详细、清楚,报价的工程量准确。 （2）工程量小、工期短,环境因素（特别是物价）变化小,工程条件稳定。 （3）工程结构、技术简单,风险小,报价估算方便。 （4）投标期相对宽裕。 （5）合同条件完备,双方的权利和义务关系十分清楚

续表

项目		内容
可调总价合同	风险承担	发包方承担了通货膨胀的风险。 承包方承担合同实施中实物工程量、成本和工期因素等的其他风险
	适用范围	可调总价合同适用于工程内容和技术经济指标规定很明确的项目，由于合同中列有调值条款，所以工期在 1 年以上的工程项目较适于采用这种合同计价方式

【想对考生说】

　　该采分点在 2011 ～ 2019 年每年都考查了一道题目，可能是单项选择题，也可能是多项选择题，考生应结合历年考试真题把握命题趋势。

【历年这样考】

　　1.**【2019 年真题】**某工程的工作内容和技术经济指标非常明确，工期 10 个月，预计施工期间通货膨胀率低，则该工程较适合采用的合同计价方式是（　　）。

　　A. 固定总价合同　　　　　　　　　B. 可调总价合同

　　C. 固定单价合同　　　　　　　　　D. 可调单价合同

　　【答案】 A。2013 年以多项选择题考查了固定总价合同的适用范围。

　　2.**【2018 年真题】**关于固定总价合同特征的说法，正确的有（　　）。

　　A. 合同总价一笔包死，无特殊情况不作调整

　　B. 合同执行过程中，工程量与招标时不一致的，总价可作调整

　　C. 合同执行过程中，材料价格上涨，总价可作调整

　　D. 合同执行过程中，人工工资变动，总价不作调整

　　E. 固定总价合同的投标价格一般偏高

　　【答案】 ADE。2012 年以单项选择题形式考查了固定总价合同可调整的情形。

　　3.**【2017 年真题】**采用固定总价合同时，发包方承担的风险是（　　）。

　　A. 实物工程量变化　　　　　　　　B. 工程单价变化

　　C. 工期延误　　　　　　　　　　　D. 工程范围变更

　　【答案】 D。2014 年考查了可调总价合同发包方承担的风险。

　　4.**【2015 年真题】**某工程采用固定总价合同，除设计变更和工程范围变动外，不调整合同价。承包人工程合同总价为 300 万元，按进度节点分三阶段付款，付款比例为 30%、40%、25%，第一阶段施工期间，主要材料计划用量 300t，预算单价 2000 元 /t，实际消耗 310t，实际单价 2100 元 /t，第一阶段结算时，正确的有（　　）。

　　A. 材料消耗增加不调整合同价款

　　B. 材料价格上涨不调整合同价款

　　C. 应结算和支付工程款 90 万元

　　D. 应结算和支付主要材料消耗增加价款 2 万元

E. 应结算和支付主要材料价差 3.1 万元

【答案】ABC。

【解析】在合同执行过程中，发承包双方均不能以工程量、设备和材料价格、工资等变动为理由，提出对合同总价调值的要求。第一阶段应结算和支付工程款 =300×30%=90 万元。

【还会这样考】

当项目实际工程量与估计工程量没有实质性差别时，由承包人承担工程量变动风险的合同形式有（   ）。

A. 固定总价合同   B. 纯单价合同

C. 成本加奖励合同   D. 可调总价合同

E. 成本加固定百分比酬金合同

【答案】AD。

采分点 2   单价合同

【考生必掌握】

单价合同的工程量清单内所列出的分部分项工程的工程量为<u>估计工程量</u>，而非准确工程量，工程量在合同实施过程中允许有上下的浮动变化，但分部分项工程的合同单价却不变，结算支付时以实际完成工程量为依据。采用单价合同时，<u>实际工程价格可能大于原合同价格，也可能小于原合同价格</u>。单价合同的形式包括固定单价合同与可调单价合同，下面主要学习固定单价合同，见表 2-6-7。

表 2-6-7

固定单价合同

项目		内容
估算工程量单价合同	工程结算价	按合同中的分部分项工程单价和实际工程量，计算得出工程结算和支付的工程总价格。这种合同要求实际完成的工程量与原估计的工程量不能有实质性的变更
	适用范围	（1）大多用于<u>工期长、技术复杂</u>、实施过程中可能会发生各种不可预见因素较多的建设工程。 （2）发包方为了缩短项目建设周期，如在初步设计完成后就拟进行施工招标的工程。 （3）在施工图不完整或当准备招标的工程项目内容、技术经济指标一时尚不能明确和具体予以规定时采用
纯单价合同	特点	在招标文件中仅给出工程内各个分部分项工程一览表、工程范围和必要的说明，而<u>不必提供实物工程量</u>
	适用范围	主要适用于没有施工图，<u>工程量不明</u>，却急需开工的紧迫工程

【历年这样考】

1.【2023 年真题】项目采用估算工程量固定单价合同时，关于工程量和工程价款结算的说法，正确的有（　　）。

A．估算工程量应由投标人根据设计文件和现场情况测定

B．初始合同价格由估算工程量和固定单价汇总计算得到

C．分部分项工程实际工程量与估算工程量不能有实质性变更

D．工程价款结算和支付按实际工程量而非估算工程量计算

E．合同完成后，实际工程价款应大于初始合同价款

【答案】CD。

2．【2021年真题】固定单价合同发包人承担的风险有（　　）。

A．通货膨胀导致施工工料成本变动

B．工程范围变更引起的工程量变化

C．实际完成的工程量与估计工程量的差异

D．设计变更导致的已完成工程拆除工程量

E．承包人赶工引发质量问题的处理费用

【答案】BCD。

【还会这样考】

对工程范围明确，但工程量不能准确计算，且急需开工的紧迫工程，应采用（　　）合同形式。

A．估计工程量单价　　　　　　　　B．纯单价

C．可调总价　　　　　　　　　　　D．可调单价

【答案】B。

采分点3　成本加酬金合同

【考生必掌握】

1．成本加酬金合同计价方式的适用情况

（1）招标投标阶段工程范围无法界定，缺少工程的详细说明，无法准确估价。

（2）工程特别复杂、工程技术、结构方案不能预先确定。故这类合同经常被用于一些带研究、开发性质的工程项目中。

（3）时间特别紧急，要求尽快开工的工程。如抢救、抢险工程。

（4）发包方与承包方之间有着高度的信任，承包方在某些方面具有独特的技术、特长或经验。

2．成本加酬金合同计价方式的缺点

（1）发包方对工程总价不能实施有效的控制。

（2）承包方对降低成本不感兴趣。

3．成本加酬金合同形式

成本加酬金合同形式见表2-6-8。

成本加酬金合同形式　　　　　　　　　　　　　表 2-6-8

合同形式	特点	金额
成本加固定百分比酬金	不利于鼓励承包方降低成本，很少被采用	承包方的实际成本实报实销，同时按照实际成本的固定百分比付给承包方一笔酬金
成本加固定金额酬金	利于缩短工期	与成本加固定百分比酬金合同相似，不同之处仅在于在成本上所增加的费用是一笔固定金额的酬金
成本加奖罚	促使承包方关心和降低成本，缩短工期，而且预期成本可以随着设计的进展加以调整。发承包双方都不会承担太大的风险，应用较多	（1）实际成本＝预期成本：承包商得到实际发生的工程成本和酬金。 （2）实际成本＜预期成本：承包商得到实际发生的工程成本、酬金和预先约定的奖金。 （3）实际成本＞预期成本：承包方可得到实际成本和酬金，但视实际成本高出预期成本的情况，被处以一笔罚金
最高限额成本加固定最大酬金	有利于控制工程投资，并能鼓励承包方最大限度地降低工程成本	（1）实际成本＜预期成本：承包商得到实际发生的工程成本、酬金和预先约定的奖金。 （2）预期成本＜实际成本＜报价成本：承包商得到实际发生的工程成本和酬金。 （3）报价成本＜实际成本＜限额成本：承包商得到实际发生的工程成本。 （4）实际成本＞限额成本：超过部分由承包商承担，发包方不予支付

【想对考生说】

　　首先成本加酬金合同的四种形式会作为一个多项选择题采分点，干扰选项可能会设置为"最小成本加固定费用合同""最大成本加税金合同"。

　　成本加酬金合同的四种形式的特点及承包商得到的金额会是一个单项选择题采分点。

　　成本加奖罚合同与最高限额成本加固定最大酬金合同中，承包商得到金额的形式应能区分。

【历年这样考】

　　1.【2022年真题】对于采用成本加奖罚计价方式的合同，在合同订立阶段发承包双方不需要确定的是（　　）。

　　A. 预期成本　　　　　　　　　　B. 限额成本

　　C. 固定酬金　　　　　　　　　　D. 奖罚计算办法

　　【答案】B。

　　2.【2020年真题】采用成本加奖罚计价方式的合同实施后，若实际成本小于预期成本，承包商得到的金额由（　　）构成。

　　A. 报价成本和实际成本的差额

　　B. 实际发生的工程成本

C．合同约定的固定金额酬金

D．按成本节约额和合同约定计算的奖金

E．承包商因取得收入应交的税金

【答案】BCD。2019 年考查了当实际成本大于预期成本时，承包商得到的金额。

【还会这样考】

1．下列成本加酬金合同中，对于发承包双方来说，都不会承担太大的风险，应用较多的是（　　）。

A．成本加固定百分比酬金　　　　　　B．成本加固定金额酬金

C．成本加奖罚　　　　　　　　　　　D．最高限额成本加固定最大酬金

【答案】C。

2．采用最高限额成本加固定最大酬金合同，当实际成本大于预期成本而小于报价成本时，承包人可以得到（　　）。

A．实际发生的工程成本，获得酬金和预先约定的奖金

B．实际发生的工程成本，获得酬金

C．实际发生的工程成本，但不能获得酬金和预先约定的奖金

D．工程成本和酬金，但不能获得预先约定的奖金

【答案】B。

【想对考生说】

影响合同价格方式选择的因素主要有 4 点，一般会考查多项选择题。比如 2022 年的题目：

【2022 年真题】选择施工合同计价方式应考虑的因素有（　　）。

A．承包人的资质等级和管理水平　　　B．项目监理机构人数和人员资格

C．招标时设计文件已达到的深度　　　D．项目本身的复杂程度

E．工程施工的难易程度和进度要求

【答案】CDE。

二、合同价款约定

【考生必掌握】

（1）约定时间：实行招标的工程合同价款应在中标通知书发出之日起 30 天内。

（2）招标文件与中标人投标文件不一致地方的处理：以投标文件为准。

（3）不实行招标的工程合同价款规定：在发承包双方认可的工程价款基础上，由发承包双方在合同中约定。

（4）合同形式选用：实行工程量清单计价的工程，应采用单价合同；建设规模较小，技术难度较低，工期较短，且施工图设计已审查批准的建设工程可采用总价合同；紧急抢险、救灾以及施工技术特别复杂的建设工程可采用成本加酬金合同。

【想对考生说】

这部分内容中主要掌握合同价款约定的一般规定，约定内容了解即可。

【历年这样考】

1.【2017 年真题】根据现行计价规范,实行工程量清单计价的工程通常采用（　）合同。

　　A. 固定总价　　　　　　　　　　B. 可调总价

　　C. 单价　　　　　　　　　　　　D. 成本加酬金

【答案】C。

2.【2015 年真题】关于合同价款及计价方式的说法，正确的有（　　）。

　　A. 实行招标的工程合同价款应在中标通知书发出之日起 28 天内由发承包双方约定

　　B. 招标文件与投标文件合同价款约定不一致的，应以招标文件为准

　　C. 实行工程量清单计价的工程，应采用单价合同

　　D. 实行招标的工程合同价款应由发承包双方根据招标文件和中标人的投标文件在书面合同中约定

　　E. 不实行招标的工程合同价款，应在发承包双方认可的工程量价款基础上在合同中约定

【答案】CDE。

【想对考生说】

A、B、C 三项可能会单独命题，2020 年考核了 B 项，采分点是"招标文件"。

【还会这样考】

根据《建设工程工程量清单计价规范》，在招标工程的合同价款约定中，若中标人投标文件与招标文件存在不一致的内容，应以（　）为准。

　　A. 投标文件　　　　　　　　　　B. 中标通知书

　　C. 招标文件　　　　　　　　　　D. 审计报告

【答案】A。

第七章

建设工程施工阶段投资控制

第一节　施工阶段投资目标控制

一、投资目标的分解

【想对考生说】

　　项目投资目标的分解考查主要以单项选择题为主。投资目标的三种分解方式要牢记，考查题型有两种：

　　一是给具体目标，判断是属于哪类分解方式。

　　二是给出分解方式，判断可以分解的具体目标。

【历年这样考】

　　【2016 年真题】将项目总投资按单项工程及单位工程等分解编制而成的资金使用计划称为按（　　）分解的资金使用计划。

　　A．投资构成　　　　　　　　　　B．子项目

　　C．时间进度　　　　　　　　　　D．专业工程

　　【答案】B。

【还会这样考】

　　1．若按子项目编制资金使用计划，项目首先应分解到（　　）。

　　A．单项工程　　　　　　　　　　B．单位工程

　　C．分部工程　　　　　　　　　　D．分项工程

　　【答案】A。

　　2．按投资构成，工程项目的投资主要分为（　　）。

　　A．建筑安装工程投资　　　　　　B．设备及工器具购置投资

　　C．基本预备费　　　　　　　　　D．工程建设其他投资

　　E．涨价预备费

【答案】ABD。

二、资金使用计划的形式

【考生必掌握】

资金使用计划的形式见表 2-7-1。

资金使用计划的形式　　　　　　　　　表 2-7-1

形式	内容
按子项目分解得到的资金使用计划表	在编制投资支出计划时，要在项目总的方面考虑总的预备费，也要在主要的工程分项中安排适当的不可预见费
时间—投资累计曲线	（1）确定工程项目进度计划，编制进度计划的横道图。 （2）计算单位时间（月或旬）的投资，在时标网络图上按时间编制投资支出计划。 （3）计算规定时间 t 计划累计完成的投资额。投资额的计算公式为： $$Q_t = \sum_{n=1}^{t} q_n$$ 式中　Q_t——某时间 t 计划累计完成投资额； 　　　q_n——单位时间 n 的计划完成投资额； 　　　t——某规定计划时刻。 （4）按各规定时间的 Q_t 值，绘制 S 形曲线。 　一般而言，所有工作都按最迟开始时间开始，对节约发包人的建设资金贷款利息是有利的，但同时，也降低了项目按期竣工的保证率
综合分解资金使用计划表	（1）有助于检查各单项工程和单位工程的投资构成是否合理，有无缺陷或重复计算。 （2）可以检查各项具体的投资支出的对象是否明确和落实，并可校核分解的结果是否正确

【想对考生说】

这部分主要考查按子项目分解得到的资金使用计划表及时间—投资累计曲线。时间—投资累计曲线的步骤要掌握，可能会有考查顺序的题目，还有可能会考查投资额的计算。

【历年这样考】

【2012 年真题】业主在编制资金使用计划时，若将所有工作都按最早开始时间安排，则（　　）。

A．不利于节约建设资金，降低按期竣工保证率

B．不利于节约建设资金，但提高按期竣工保证率

C．有利于节约建设资金，但降低按期竣工保证率

D．有利于节约建设资金，提高按期竣工保证率

【答案】B。

【还会这样考】

1．绘制时间—成本累积曲线的环节有：①计算单位时间成本；②确定工程项目进

度计划；③计算计划累计支出的成本额；④绘制 S 形曲线。正确的绘制步骤是（　　）。

　　A. ①—②—③—④　　　　　　　　　　B. ②—①—③—④

　　C. ①—③—②—④　　　　　　　　　　D. ②—③—④—①

【答案】B。

2. 某项目按施工进度编制的投资计划如图 2-7-1 所示，则 4 月份计划投资是（　　）万元。

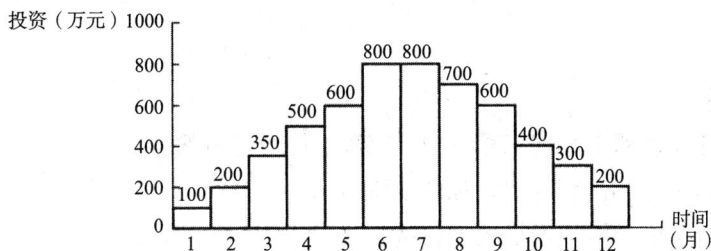

图 2-7-1　时标网络图上按月编制的资金使用计划

　　A. 300　　　　　　　　　　　　　　　B. 500

　　C. 650　　　　　　　　　　　　　　　D. 1150

【答案】B。

【解析】4 月份计划成本 =1150 − 650 =500 万元。

第二节　工程计量

一、工程计量的依据、周期及不予计量的规定

【考生必掌握】

工程计量的依据、项目及不予计量的规定见表 2-7-2。

工程计量的依据、项目及不予计量的规定　　　　　　　　表 2-7-2

项目	内容
计量依据	质量合格证书、工程量计算规范、设计图纸
工程计量项目	（1）工程量清单中的全部项目。 （2）合同文件中规定的项目。 （3）工程变更项目
不予计量的规定	对于不符合合同文件要求的工程，因承包人原因造成的超出合同工程范围施工或返工的工程量，发包人不予计量

【想对考生说】

计量依据在考查时,干扰选项可能会设置"招标工程量清单""支付凭证""造价管理机构发布的价格信息"。

工程计量项目不仅会考查多项选择题,还会结合不予计量的工程量考查判断正确与错误说法的综合题目。

不予计量的工程量要牢记,可能会单独成题,还可能会作为备选项考查判断正确与错误说法的综合题目。

【历年这样考】

1.【2023年真题】下列工程量中,监理人应予计量的有( )。

A. 非承包人原因工程变更增加的工程量

B. 因工程量清单漏项增加的工程量

C. 承包人超出图纸范围施工增加的工程量

D. 因发包人提供资料错误造成承包人返工的工程量

E. 承包人原因施工质量超出合同要求增加的工程量

【答案】ABD。

2.【2016年真题】在施工阶段,监理工程师应进行计量的项目有( )。

A. 工程量清单中的全部项目　　　　B. 各种原因造成返工的全部项目

C. 合同文件中规定的项目　　　　　D. 超出合同工程范围施工的项目

E. 工程变更项目

【答案】ACE。

【还会这样考】

1. 某灌注桩计量支付条款约定工程量以"米（m）"计算,若设计长度为20m的灌注桩,承包人做了21m,监理工程师未对施工质量表示异议,则发包人应该按( )m支付价款。

A. 19　　　　　　　　　　　　　　B. 20

C. 21　　　　　　　　　　　　　　D. 22

【答案】B。

2. 施工过程中,可以作为工程量计量依据的资料有( )。

A. 质量合格证书　　　　　　　　　B. 计量规范

C. 支付凭证　　　　　　　　　　　D. 招标工程量清单

E. 设计图纸

【答案】ABE。

二、单价合同与总价合同的计量

【考生必掌握】

单价合同计量时，工程量必须以承包人完成合同工程应予计量的工程量确定。

《建设工程施工合同（示范文本）》GF—2017—0201 中规定的单价合同与总价合同的计量程序是一样的，考生特别记忆以下几个关键点：

（1）已完工程量报告时间：每月 25 日报送。

（2）监理人在收到后 7 天内完成审核并报送发包人。

（3）监理人未在收到工程量报表后 7 天内完成审核，工程量报告中的工程量视为承包人实际完成的工程量。

> **【想对考生说】**
>
> 注意这里提到的数字"7"，可能会作为采分点考查单项选择题。
>
> 考试还可能将计量依据、应予计量项目、不予计量项目、计量程序结合在一起考查判断正确与错误的综合题目。

【历年这样考】

1.【2020 年真题】根据《建设工程施工合同（示范文本）》，除专用合同条款另有约定外，承包人向监理人报送上月 20 日至当月 19 日已完成工程量的时间为每月（　）日。

　A．20　　　　　B．21　　　　　C．25　　　　　D．28

【答案】C。

2.【2019 年真题】根据《建设工程施工合同（示范文本）》，监理人应在收到承包人提交的工程量报告后（　）天内完成对承包人提交的工程量报表的审核并报送发包人。

　A．7　　　　　B．14　　　　　C．21　　　　　D．28

【答案】A。2014 年考查了相同的题目，而且选项设置上都是一样的。

【还会这样考】

关于单价合同中工程计量的说法，正确的是（　）。

　A．单价合同应予计量的工程量是承包人实际施工的工程量

　B．承包人因自身原因造成返工的工程量应予计量

　C．工程计量应以设计图纸为依据

　D．承包人为保证工程质量超过图纸要求的工程量应予计量

【答案】C。

三、工程计量方法

【考生必掌握】

工程计量方法见表 2-7-3。

工程计量方法　　　　　　　　　　　　　　　　　　　　　　　表 2-7-3

计量方法	适用情况
均摊法	为保养测量设备，保养气象记录设备，维护工地清洁和整洁等采用此方法计量
凭据法	建筑工程险保险费、第三方责任险保险费、履约保证金等项目采用此方法计量
估价法	为监理工程师提供测量设备、天气记录设备、通信设备等项目采用此方法计量
断面法	主要用于取土坑或填筑路堤土方的计量
图纸法	混凝土构筑物的体积，钻孔桩的桩长等采用此方法计量
分解计量法	将一个项目根据工序或部位分解为若干子项，对完成的各子项进行计量支付

【考生这样记】

工程计量的方法：每月均摊，保险凭据；图纸尺寸，土方断面；设备估价包干分解。

【想对考生说】

工程计量方法的适用情况考查有两种题型：

一是题干中给出某项目费用，判断采用哪种计量方法。

二是选项中给出项目费用，判断计量方法。

【历年这样考】

1.【2023 年真题】钻孔桩桩长的计量一般采用的方法是（　　）。

A. 断面法
B. 图纸法
C. 估价法
D. 分解计量法

【答案】B。

2.【2022 年真题】混凝土构筑物体积的计量一般采用的方法是（　　）。

A. 均摊法
B. 估价法
C. 断面法
D. 图纸法

【答案】D。

【还会这样考】

1. 建筑工程险保险费、第三方责任险保险费等项目适合采用（　　）进行计量支付。

A. 凭据法
B. 估价法
C. 均摊法
D. 分解计量法

【答案】A。

2. 下列可按照均摊法进行计量的项目有（　　）。

A. 保养测量设备
B. 保养气象记录设备
C. 提供测量设备
D. 维护工地清洁和整洁

E. 测量钻孔桩的桩长

【答案】ABD。

第三节　合同价款调整

一、法律法规变化类

【考生必掌握】

法律法规变化引起的合同价格调整如图 2-7-2 所示。

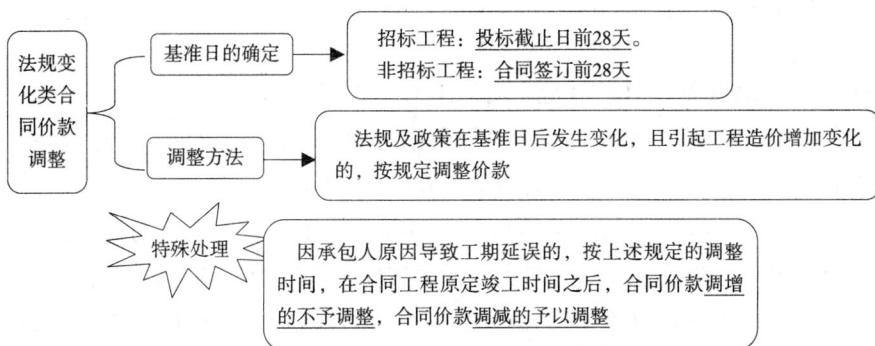

图 2-7-2　法律法规变化引起的合同价格调整

【想对考生说】

这部分内容会考查两个采分点：

一是基准日的确定，注意区分招标工程与非招标工程的时间。"28"作为采分点单独考查单项选择题，在此设置干扰选项有"7""14""42""56"等。"投标截止日前"会与"合同签订前"互为干扰选项，也可能还会设置"招标截止日前""中标通知书发出前"等干扰选项。

二是因为承包人原因导致工期延误的调整原则。

【历年这样考】

【2021 年真题】某工程原定 2019 年 6 月 30 日竣工，因承包人原因，工程延至 2019 年 10 月 30 日竣工，但在 2019 年 7 月因法律法规的变化导致工程造价增加 200 万元，则该工程合同价款的正确处理方法是（　　）。

A. 不予调增　　　　　　　　　　　　B. 调增 100 万元

C. 调增 150 万元　　　　　　　　　　D. 调增 200 万元

【答案】A。2014年考查了相同题型。

【还会这样考】

根据《建设工程工程量清单计价规范》，招标工程一般以投标截止日前第（　　）天作为基准日期。

A. 7

B. 14

C. 42

D. 28

【答案】D。

二、工程变化类

采分点1　工程量清单缺项

【考生必掌握】

导致工程量清单缺项的原因有三个，一是设计变更，二是施工条件改变，三是工程量清单编制错误。

《建设工程工程量清单计价规范》对这部分的规定如下：

（1）合同履行期间，由于招标工程量清单中缺项，新增分部分项工程量清单项目的，应按照规范中工程变更相关条款确定单价，并调整合同价款。

（2）新增分部分项工程量清单项目后，引起措施项目发生变化的，应按照规范中工程变更相关规定，在承包人提交的实施方案被发包人批准后调整合同价款。

（3）由于招标工程量清单中措施项目缺项，承包人应将新增措施项目实施方案提交发包人批准后，按照规范相关规定调整合同价款。

【想对考生说】

导致工程量清单缺项的三个原因作为多项选择题采分点，干扰选项可能设置"承包人投标漏项""施工技术进步"。

关于工程量清单缺项合同价款的调整一般会作为判断正确与错误说法的题目出现。

【还会这样考】

根据《建设工程工程量清单计价规范》，在合同履行期间，由于招标工程量清单缺项，新增了分部分项工程量清单项目，关于其合同价款确定的说法，正确的是（　　）。

A. 新增清单项目的综合单价应由监理工程师提出

B. 新增清单项目导致新增措施项目的，承包人应将新增措施项目实施方案提交发包人批准

C. 新增清单项目的综合单价应由承包人提出，但相关措施项目费不能再做调整

D. 新增清单项目应按额外工作处理，承包人可选择做或者不做

【答案】B。

采分点2 工程量偏差

【考生必掌握】

工程量偏差引起的合同价款调整规定见表2-7-4。

工程量偏差引起的合同价款调整规定   表2-7-4

项目	内容
价款调整规定	（1）对于任一招标工程量清单项目，如果因工程量偏差和工程变更等原因导致工程量偏差<u>超过15%</u>时，可进行调整。当工程量增加15%以上时，增加部分的工程量的综合单价应予<u>调低</u>；当工程量减少15%以上时，减少后剩余部分的工程量的综合单价应予<u>调高</u>。 （2）如果工程量出现超过15%的变化，且该变化引起相关措施项目相应发生变化时，按系数或单一总价方式计价的，<u>工程量增加的措施项目费调增，工程量减少的措施项目费调减</u>
工程量偏差超过15%时的调整方法	（1）当 $Q_1 > 1.15Q_0$ 时： $$S = 1.15Q_0 \times P_0 + (Q_1 - 1.15Q_0) \times P_1$$ （2）当 $Q_1 < 0.85Q_0$ 时： $$S = Q_1 \times P_1$$ 式中 S——调整后的某一分部分项工程费结算价； Q_1——最终完成的工程量； Q_0——招标工程量清单列出的工程量； P_1——按照最终完成工程量重新调整后的综合单价； P_0——承包人在工程量清单中填报的综合单价
工程量偏差项目综合单价的调整方法	（1）当 $P_0 < P_2 \times (1-L) \times (1-15\%)$ 时，该类项目的综合单价： $$P_1 \text{按照} P_2 \times (1-L) \times (1-15\%) \text{调整}$$ （2）当 $P_0 > P_2 \times (1+15\%)$ 时，该类项目的综合单价： $$P_1 \text{按照} P_2 \times (1+15\%) \text{调整}$$ （3）当 $P_0 > P_2 \times (1-L) \times (1-15\%)$ 或 $P_0 < P_2 \times (1+15\%)$ 时，可不予调整 式中 P_0——承包人在工程量清单中填报的综合单价； P_2——发包人在最高投标限价相应项目的综合单价； L——计价规范中定义的承包人报价浮动率

【想对考生说】

该采分点需要掌握以下三方面内容：

（1）注意该采分点中出现的"15%"这个数字，不仅会考查数字题目，还会作为判断依据考查调整方法。

（2）对调整后某一分部分项工程结算价的计算题目。

（3）综合单价的调整也会考查计算题目。

【历年这样考】

【2023年真题】某土方工程，合同工程量为4万 m^3，合同综合单价为92元/ m^3。

合同约定，当实际工程量增加 15% 以上时，超出 15% 以上部分的工程量综合单价应予调低，由于设计变更，该工程实际完成工程量为 5 万 m^3，监理人和承包人依据合同约定协商后确定的土方工程变更单价为 89.5 元 /m^3，则该工程实际结算价款为（　　）万元。

A. 447.5   B. 457.5

C. 459.0   D. 460.0

【答案】C。

【解析】该工程实际结算价款 =4×1.15×92+（5 − 4×1.15）×89.5=459.0 万元。

【还会这样考】

1. 根据《建设工程工程量清单计价规范》，对于任一招标工程量清单项目，如果因工程量偏差和工程变更等原因导致工程量偏差超过（　　）时，可进行调整。

A. 15%   B. 10%

C. 8%   D. 5%

【答案】A。

2. 根据《建设工程工程量清单计价规范》，关于施工条件变化导致的工程量偏差引起的合同价款调整的说法，正确的是（　　）。

A. 当工程量减少 15% 以上时，减少后剩余部分的工程量综合单价应予调整

B. 当工程量减少不超过 20% 时，减少后剩余部分的工程量综合单价不予调整

C. 因工程量变化引起的措施项目费一律不予调整

D. 对工程量增加 15% 以上的部分其综合单价应予调高

【答案】A。

3. 根据《建设工程工程量清单计价规范》，当实际增加的工程量超过清单工程量 15% 以上，且造成按总价方式计价的措施项目发生变化的，应将（　　）。

A. 综合单价调高，措施项目调增   B. 综合单价调高，措施项目调减

C. 综合单价调低，措施项目调增   D. 综合单价调低，措施项目调减

【答案】C。

4. 某分项工程招标工程量清单数量为 4000m^2，施工中由于设计变更调减为 3000m^2，该项目最高投标限价的综合单价为 600 元 /m^2，投标报价 450 元 /m^2。合同约定实际工程量与招标工程量偏差超过 ±15% 时，综合单价以最高投标限价为基础调整。若承包人报价浮动率为 10%，该分项工程费结算价为（　　）万元。

A. 137.70   B. 155.25

C. 186.30   D. 207.00

【答案】A。

【解析】由于（4000 − 3000）/4000=25% ＞ 15%，因此，根据合同要求，需调整单价。根据条件代入 P_2×（1 − L）×（1 − 15%）=600×（1 − 10%）×（1 − 15%）=459 元 ＞ 450 元。因此，P_1 按照 P_2×（1 − L）×（1 − 15%）进行调整，即

P_1=459×3000=1377000 元 =137.70 万元。

采分点3　计日工

【考生必掌握】

主要掌握以下几点：

（1）计日工是合同范围以外的零星工程或工作。

（2）发包人通知承包人以计日工方式实施的零星工作，承包人应予执行。

（3）计日工计价的任何一项变更工作，承包人应按合同约定提交相关报表和有关凭证送发包人复核。

（4）承包人应在该项工作实施结束后的24h内向发包人提交有计日工记录汇总的现场签证报告。

（5）发包人在收到承包人提交现场签证报告后的2天内予以确认并返还。

（6）每个支付期末，承包人向发包人提交本期间所有计日工记录的签证汇总表。

【想对考生说】

该采分点内容较少，掌握计日工费用的确认和支付即可。该采点如果考查的话会是判断正确与错误说法的综合题目。

在工程变化类合同价款调整中还包括项目特征不符的价款调整规定，鉴于考试对此考查的概率不大，就不再阐述了，考生可根据教材了解。

【还会这样考】

根据《建设工程工程量清单计价规范》，关于计日工的说法，正确的有（　　）。

A. 发包人通知承包人以计日工方式实施的零星工作，承包人应予执行

B. 采用计日工计价的任何一项变更工作，承包人都应将相关报表和凭证送发包人复核

C. 发包人在收到承包人提交现场签证报告后的2天内，应予以确认计日工记录汇总

D. 计日工是承包人完成合同范围内的零星项目按合同约定的单价计价的一种方式

E. 每个支付期末，承包人应向发包人提交本期间所有计日工记录的签证汇总表

【答案】ABCE。

三、物价变化类

采分点1　采用价格指数进行价格调整

【考生必掌握】

采用价格指数进行价格调整如图2-7-3所示。

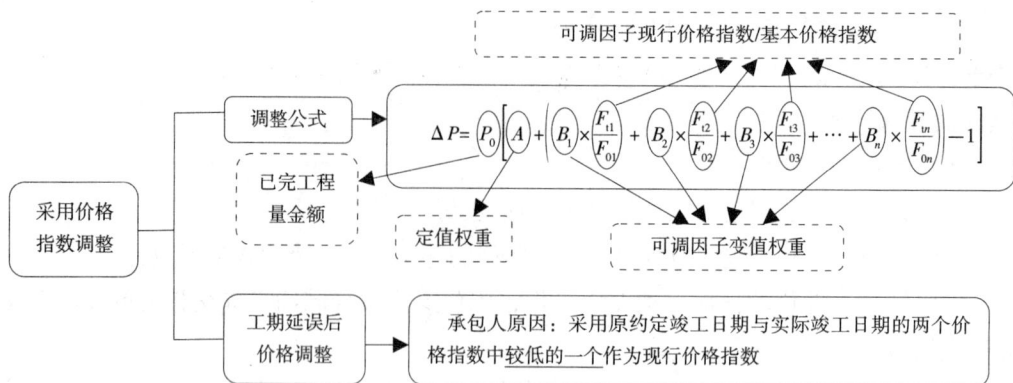

图 2-7-3　采用价格指数进行价格调整

【想对考生说】

价格调整公式中的各可调因子、定值和变值权重，以及基本价格指数及其来源在投标函附录价格指数和权重表中约定。如果在题目中明确了"约定采用价格指数及价格调整公式调整价格差额"，我们就可以直接套用该公式。

【历年这样考】

1.【2021年真题】2019年11月实际完成的某土方工程，按基准日期价格计算的已完成工程的金额为1000万元，该工程定值权重0.2。各可调因子的价格指数除人工费增长20%外，其他均增长了10%，人工费占可调值部分的50%。按价格调整公式计算，该土方工程需调整的价款为（　　）万元。

A. 80

B. 120

C. 130

D. 150

【答案】B。

【解析】土方工程需调整的价款 =1000×（0.2+0.8×0.5×1.2+0.8×0.5×1.1 — 1）=120万元。2022年考查了相同题型。

2.【2020年真题】某工程约定采用价格指数法调整合同价款，承包人根据约定提供的数据见表2-7-5。本期完成合同价款为45万元，其中已按现行价格计算的计日工价款为5万元。本期应调整的合同价款差额为（　　）万元。

承包人根据约定提供的数据　　　　　　　　　　　　　表 2-7-5

序号	名称	变值权重	基本价格指数	现行价格指数
1	人工费	0.30	110%	120%
2	钢材	0.25	112%	123%
3	混凝土	0.2	115%	125%

续表

序号	名称	变值权重	基本价格指数	现行价格指数
4	定值权重	0.25		
	合计	1		

A．-2.85

B．-2.54

C．2.77

D．3.12

【答案】C。

【解析】本期应调整的合同价款差额=

$$（45-5）\times \left[0.25+\left(0.3 \times \frac{120}{110} +0.25 \times \frac{123}{112} +0.2 \times \frac{125}{115} \right) -1 \right]=2.77万元。$$

【想对考生说】

采用价格指数进行价格调整的步骤：

第一步：确定可调因子。根据题意或合同约定，确定哪些费用（或价格）是可调费用。

第二步：计算权重。计算各项可调因子的权重及不可调部分的权重，所有可调因子的权重与不可调部分的权重相加之和应等于1。

第三步：计算价格比。计算各可调因子的现行价格指数与基准日期价格指数的比值。

第四步：以各可调因子的价格比与其所占权重的乘积之和，再加上不可调部分的权重，得到总的调整系数。

第五步：原总价（或价格）P_0乘以总的调整系数即得到调值后的总价（或价格）P。

需调值的价格差额（价款变化值）$\Delta P=P-P_0$。

【还会这样考】

根据《建设工程工程量清单计价规范》，由于承包人原因未在约定的工期内竣工的，则对原约定竣工日期后继续施工的工程，在使用价格调整公式进行价格调整时，应使用的现行价格指数是（　　）。

A．原约定竣工日期的价格指数

B．实际竣工日期的价格指数

C．原约定竣工日期与实际竣工日期的两个价格指数中较低的一个

D．原约定竣工日期与实际竣工日期的两个价格指数中较高的一个

【答案】C。

采分点2　采用造价信息进行价格调整

【考生必掌握】

合同履行期间，因人工、材料、工程设备和机械台班价格波动影响合同价格时的调整规定：

（1）人工单价发生变化时，发承包双方应按省级或行业建设主管部门或其授权的工程造价管理机构发布的人工成本文件调整合同价款。

（2）材料、工程设备价格变化的价款调整按照发包人提供的主要材料和工程设备一览表，发承包双方约定的风险范围按表2-7-6规定进行。承包人应在采购材料前将采购数量和新的材料单价报发包人核对，确认用于本合同工程时，发包人应确认采购材料的数量和单价。

材料、工程设备价格变化的价款调整　　　　　　　表2-7-6

条件	施工期材料单价	计算基础	调整
投标报价＜基准单价	跌幅	以投标报价为基础超过合同约定的风险幅度值时	超过部分按实调整
	涨幅	以基准单价为基础超过合同约定的风险幅度值时	
投标报价＞基准单价	跌幅	以基准单价为基础超过合同约定的风险幅度值时	
	涨幅	以投标报价为基础超过合同约定的风险幅度值时	
投标报价＝基准单价	跌幅或涨幅	以基准单价为基础超过合同约定的风险幅度值时	

【考生这样记】

涨幅选大值，跌幅选小值。

（3）施工机械台班单价或施工机械使用费发生变化超过省级或行业建设主管部门或其授权的工程造价管理机构规定的范围时，按其规定调整合同价款。

【想对考生说】

不同条件下，材料单价涨幅、跌幅的计算基础应能区分，会考查单项选择题。

【历年这样考】

1.【2022年真题】根据《建设工程工程量清单计价规范》，当承包人投标报价中材料单价高于基准单价时，施工期间材料单价涨幅以（　　）为基础超过合同约定的风险幅度值时，其超过部分按实调整。

A. 定额单价　　　　　　　　　　B. 投标报价

C. 基准单价　　　　　　　　　　D. 投标控制价

【答案】B。

2.【2020 年真题】根据《建设工程工程量清单计价规范》，关于合同履行期间物价变化调整合同价格的说法，正确的有（　　）。

A. 因非承包人原因导致工期延误的，计划进度日期后续工程的价格，应采用计划进度日期与实际进度日期两者的较高者

B. 因承包人原因导致工期延误的，则计划进度日期后续工程的价格，采用计划进度日期与实际进度日期两者的较低者

C. 当承包人投标报价中材料单价低于基准单价，施工期间材料单价涨幅或跌幅以基准单价为基础，超过合同约定的风险幅度值时，其超过部分按实调整

D. 当承包人投标报价中材料单价高于基准单价，施工期间材料单价涨幅以投标报价为基础，超过合同约定的风险幅度值时，其超过部分按实调整

E. 承包人应在采购材料前，将采购数量和新的材料单价报发包人核对，确定用于本合同工程时，发包人应确认采购材料的数量和单价

【答案】ABDE。

3.【2016 年真题】某工程采用的预拌混凝土由承包人提供，双方约定承包人承担的价格风险系数 ≤ 5%。承包人投标时对预拌混凝土的投标报价为 308 元 /m^3，招标人的基准价格为 310 元 /m^3，实际采购价为 327 元 /m^3。发包人在结算时确认的单价应为（　　）元 /m^3。

A. 308.00   B. 309.49

C. 310.00   D. 327.00

【答案】B。

【解析】327÷310 — 1=5.48% > 5%，承包人投标报价低于基准单价，按基准单价算，并且超过合同中约定的风险系数，应予以调整，则 308+310×（5.48% — 5%）=309.49 元 /m^3。

【还会这样考】

某室内装饰工程根据《建设工程工程量清单计价规范》签订了单价合同，约定采用造价信息调整价格差额方法调整价格；原定 6 月施工的项目因发包人修改设计推迟至当年 12 月；该项目主材为发包人确认的可调价材料，价格由 300 元 /m^2 变为 350 元 /m^2。关于该工程工期延误责任和主材结算价格的说法，正确的是（　　）。

A. 发包人承担延误责任，材料价格按 300 元 /m^2 计算

B. 承包人承担延误责任，材料价格按 350 元 /m^2 计算

C. 承包人承担延误责任，材料价格按 300 元 /m^2 计算

D. 发包人承担延误责任，材料价格按 350 元 /m^2 计算

【答案】D。

采分点 3　暂估价

【想对考生说】

区分给定暂估价的材料和工程设备、给定暂估价的专业工程属于依法必须招标、不属于依法必须招标时价款调整规定。要特别注意：暂估材料或工程设备的单价确定后，在综合单价中只应取代原暂估单价，不应再在综合单价中涉及企业管理费或利润等其他费用的变动。

【还会这样考】

发包人在招标工程量清单中给定某工程设备暂估价，下列关于该工程设备价款调整的说法正确的是（　　）。

A．依法可不招标的项目，应由发包人组织采购，以采购价格取代暂估价

B．依法可不招标的项目，应由承包人按合同约定采购，以发包人确认后的价格取代暂估价

C．依法必须招标的项目，应由发包人招标选择供应商，以中标价格取代暂估价

D．依法必须招标的项目，应由承包人招标选择供应商，以中标价格取代暂估价

【答案】B。

四、工程索赔类

采分点 1　不可抗力

【考生必掌握】

因不可抗力事件导致的人员伤亡、财产损失及其费用增加，发承包双方承担的损失如图 2-7-4 所示。

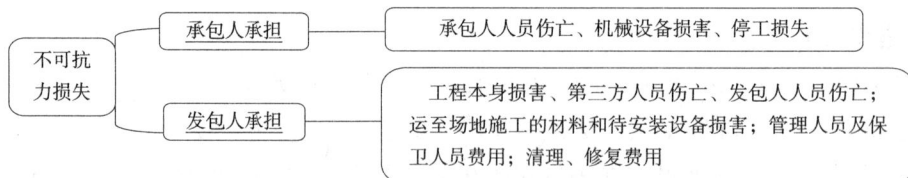

图 2-7-4　不可抗力事件发承包双方承担的损失

【想对考生说】

该采分点有三种考查题型：

一是计算题目，题干给出因不可抗力造成的损失费用，判断项目监理机构应批准的索赔金额。2018 年、2019 年都是考查这类型题目。

二是选项中给出因不抗力造成的损失，判断是由发包人承担还是承包人承担。注意：一般不会在题干中给出因不抗力造成的损失，判断是由发包人承担还是承包人承担。

三是以判断正确与错误说法的表述题目考查，比如2015年考试题目。

【历年这样考】

1.【2019年真题】某工程在施工过程中，因不可抗力造成如下损失：（1）在建工程损失10万元；（2）承包人受伤人员医药费和补偿金2万元；（3）施工机具损坏损失1万元；（4）工程清理和修复费用0.5万元。承包人及时向项目监理机构提出了索赔申请，共索赔13.5万元。根据《建设工程施工合同（示范文本）》，项目监理机构应批准的索赔金额为（　　）万元。

A. 10.0　　　　　　　　　　　B. 10.5

C. 12.5　　　　　　　　　　　D. 13.5

【答案】B。由发包人承担的损失，监理机构才会批准。索赔金额=10+0.5=10.5万元。

2.【2016年真题】在施工阶段，下列因不可抗力造成的损失中，属于发包人承担的有（　　）。

A. 在建工程的损失　　　　　　B. 承包人施工人员受伤产生的医疗费

C. 施工机具的损坏损失　　　　D. 施工机具的停工损失

E. 工程清理修复费用

【答案】AE。

3.【2015年真题】施工合同履行期间，关于因不可抗力事件导致合同价款和工期调整的说法，正确的有（　　）。

A. 工程修复费用由承包人承担

B. 承包人的施工机械设备损坏由发包人承担

C. 工程本身的损坏由发包人承担

D. 发包人要求赶工的，赶工费用由发包人承担

E. 工程所需清理费用由发包人承担

【答案】CDE。

【还会这样考】

因不可抗力造成的下列损失，应由承包人承担的是（　　）。

A. 工程所需清理、修复费用

B. 运至施工场地待安装设备的损失

C. 承包人的施工机械设备损坏及停工损失

D. 停工期间，发包人要求承包人留在工地的保卫人员费用

【答案】C。

采分点 2　提前竣工（赶工补偿）

【考生必掌握】

提前竣工（赶工补偿）的规定如图 2-7-5 所示。

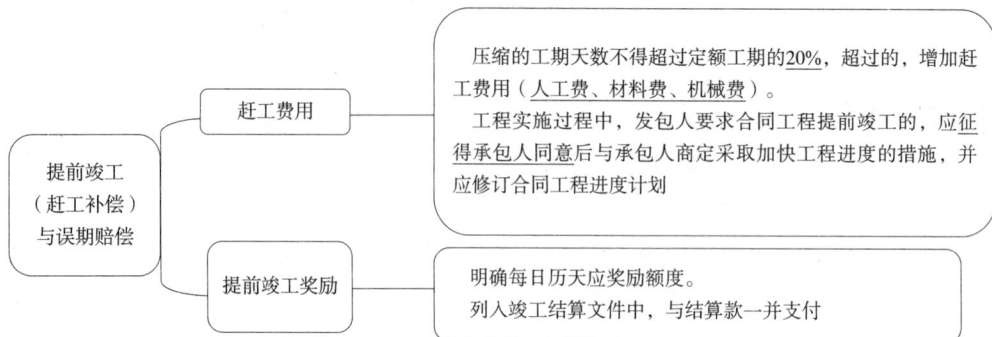

图 2-7-5　提前竣工（赶工补偿）

【想对考生说】

（1）"20%" 会作为采分点考查单项选择题，可能设置的干扰选项有："5%""10%""15%"。

（2）赶工费用会作为多项选择题采分点进行考查。

【还会这样考】

根据《建设工程工程量清单计价规范》，关于合同工期的说法正确的是（　　）。

A. 发包人要求合同工程提前竣工的，应承担承包人由此增加的提前竣工费用

B. 招标人压缩的工期天数不得超过定额工期的 30%

C. 招标人压缩的工期天数超过定额工期的 20% 但不超过 30% 时，不额外支付赶工费用

D. 工程实施过程中，发包人要求合同工程提前竣工的，承包人必须采取加快工程进度的措施

【答案】 A。

五、暂列金额

【考生必掌握】

暂列金额是指招标人在工程量清单中暂定并包括在合同价款中的一笔款项。用于工程合同签订时尚未确定或者不可预见的所需材料、工程设备、服务的采购，施工中可能发生的工程变更、合同约定调整因素出现时的合同价款调整以及发生的索赔、现场签证确认等的费用。

已签约合同价中的暂列金额由<u>发包人</u>掌握使用。<u>余额归发包人所有</u>。

【想对考生说】

　　暂列金额的用途是一个采分点，单项选择题、多项选择题都可能考查。暂列金额的使用是一个单项选择题采分点。

【历年这样考】

【2019 年真题】已签约合同价中的暂列金额由（　　）负责掌握使用。

A．承包人　　　　　　　　　　B．监理人

C．贷款人　　　　　　　　　　D．发包人

【答案】D。

【还会这样考】

根据《建设工程工程量清单计价规范》，暂列金额可用于支付（　　）。

A．业主提供了暂估价的材料采购费用

B．因承包人原因导致隐蔽工程质量不合格的返工费用

C．因施工缺陷造成的工程维修费用

D．施工中发生设计变更增加的费用

【答案】D。

第四节　工程变更价款确定

【考生必掌握】

　　工程变更价款的确定方法如图 2-7-6 所示。

【考生这样记】

　　工程价款变更原则：已有适用按已有，只有类似可参照，如果两类都没有，甲方批准乙方报。

【想对考生说】

　　重点掌握措施项目费的调整，是考查多项选择题一个很不错的采分点，注意划线部分的内容。

　　承包人报价浮动率的计算公式要记忆，可能会考查计算题目。

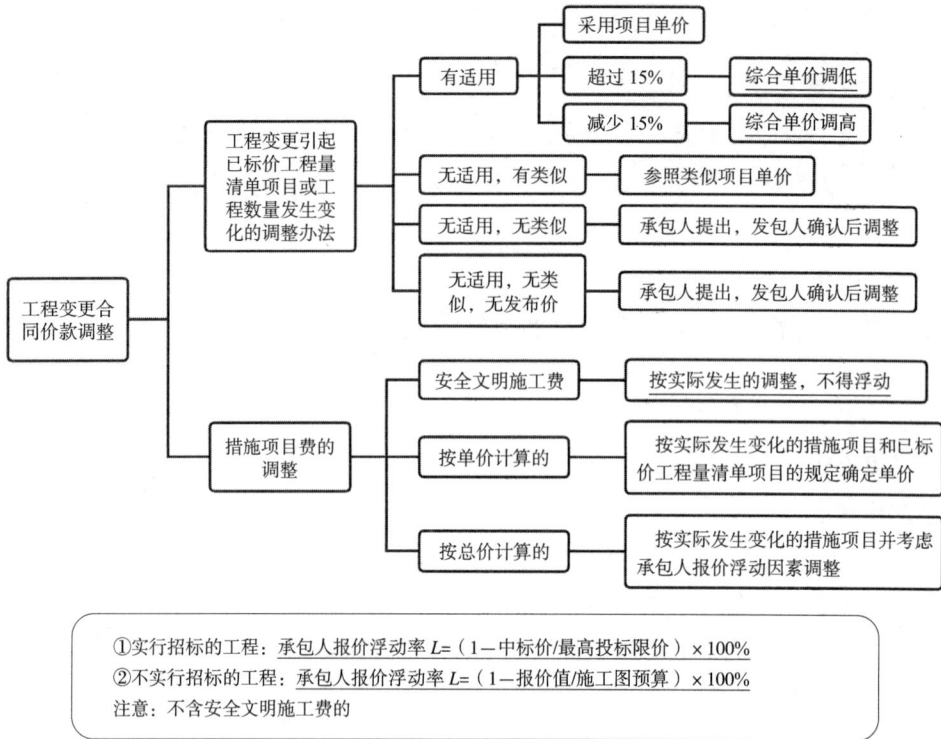

图 2-7-6　工程变更价款的确定方法

【还会这样考】

1. 根据《建设工程工程量清单计价规范》，已标价工程量清单中没有适用也没有类似于变更工程项目的，变更工程项目单价应由（　　）提出。

　　A. 承包人　　　　　　　　　　　　B. 监理人

　　C. 发包人　　　　　　　　　　　　D. 设计人

【答案】 A。

2. 对某招标工程进行报价分析，在不考虑安全文明施工费的前提下，承包人中标价为 1500 万元，最高投标限价为 1600 万元，设计院编制的施工图预算为 1550 万元，承包人认为的合理报价值为 1540 万元，则承包人的报价浮动率是（　　）。

　　A. 0.65%　　　　　　　　　　　　B. 6.25%

　　C. 93.75%　　　　　　　　　　　D. 96.25%

【答案】 B。

【解析】 实行招标的工程：承包人报价浮动率 =（1 － 1500/1600）× 100%=6.25%。

3. 根据《建设工程工程量清单计价规范》，工程变更引起施工方案改变并使措施项目发生变化时，关于措施项目费调整的说法，正确的有（　　）。

　　A. 安全文明施工费按实际发生的措施项目，考虑承包人报价浮动因素进行调整

　　B. 安全文明施工费按实际发生变化的措施项目调整，不得浮动

C．对单价计算的措施项目费，按实际发生变化的措施项目和已标价工程量清单项目确定单价

D．对总价计算的措施项目费一般不能进行调整

E．对总价计算的措施项目费，按实际发生变化的措施项目并考虑承包人报价浮动因素进行调整

【答案】BCE。

第五节 施工索赔与现场签证

一、索赔的主要类型

【考生必掌握】

索赔的主要类型见表 2-7-7。

索赔的主要类型 表 2-7-7

索赔类型	内 容
承包人向发包人的索赔	（1）不利的自然条件与人为障碍引起的索赔：这是一个有经验的承包人无法预测的不利的自然条件与人为障碍，包括地质条件变化引起的索赔和工程中人为障碍引起的索赔。 （2）工程变更引起的索赔。 （3）工期延期的费用索赔。 （4）加速施工费用的索赔。 （5）发包人不正当地终止工程而引起的索赔。 （6）法律、货币及汇率变化引起的索赔。 （7）拖延支付工程款的索赔。 （8）特别事件
发包人向承包人的索赔	（1）工期延误索赔。 （2）质量不满足合同要求索赔。 （3）承包人不履行的保险费用索赔。 （4）对超额利润的索赔。 （5）发包人合理终止合同或承包人不正当地放弃工程的索赔

【历年这样考】

1.【2022年真题】在施工过程中，遇到有经验的承包人无法合理预见的地质条件变化，导致费用增加和工期延误时，监理人处理承包人索赔的正确做法是（　　）。

A．可批复增加的费用和延误的工期，不批复利润补偿

B．可批复增加的费用，不批复延误的工期和利润补偿

C．可批复增加的工期，不批复增加的费用和利润补偿

D．可批复增加的费用、延误的工期和利润补偿

【答案】A。

2.【2017年真题】下列工程索赔事项中，属于发包人向承包人索赔的有（　　）。

A. 地质条件变化引起的索赔
B. 施工中人为障碍引起的索赔
C. 加速施工费用的索赔
D. 工期延误的索赔
E. 对超额利润的索赔

【答案】DE。

【想对考生说】

这里就不再准备习题了，考生按照上表内容来记忆就可以。

二、2017版FIDIC《施工合同条件》中承包人可引用的索赔条款

【考生必掌握】

【想对考生说】

这部分具体索赔条款按教材内容学习。该采分点在考查时，只可索赔工期，只可索赔费用，只可索赔工期和费用，只可索赔费用和利润，可索赔工期，可索赔成本，可索赔利润的索赔事件互相作为干扰选项。

扫码学习

【历年这样考】

【2021年真题】根据2017版FIDIC《施工合同条件》，业主应给予承包商工期、费用和利润补偿的情形有（　　）。

A. 例外事件
B. 当地政府造成的延误
C. 业主原因暂停工程
D. 非承包商责任的修补工作
E. 因法律变化

【答案】CD。

【解析】选项A错误，例外事件的后果只能索赔工期和费用；选项B错误，当局造成的延误只能索赔工期；选项E错误，因法律变化只索赔工期和费用。

【还会这样考】

根据FIDIC《施工合同条件》，下列索赔事件引起的费用索赔中，可以获得利润补偿的有（　　）。

A. 图纸或指示的延误
B. 法律改变的调整

C. 竣工时间的延长

D. 发现化石、硬币或有价值的文物

E. 部分工程的接收

【答案】AE。

三、索赔费用的计算

采分点 1　索赔费用的组成与计算方法

【考生必掌握】

1. 索赔费用的组成如图 2-7-7 所示。

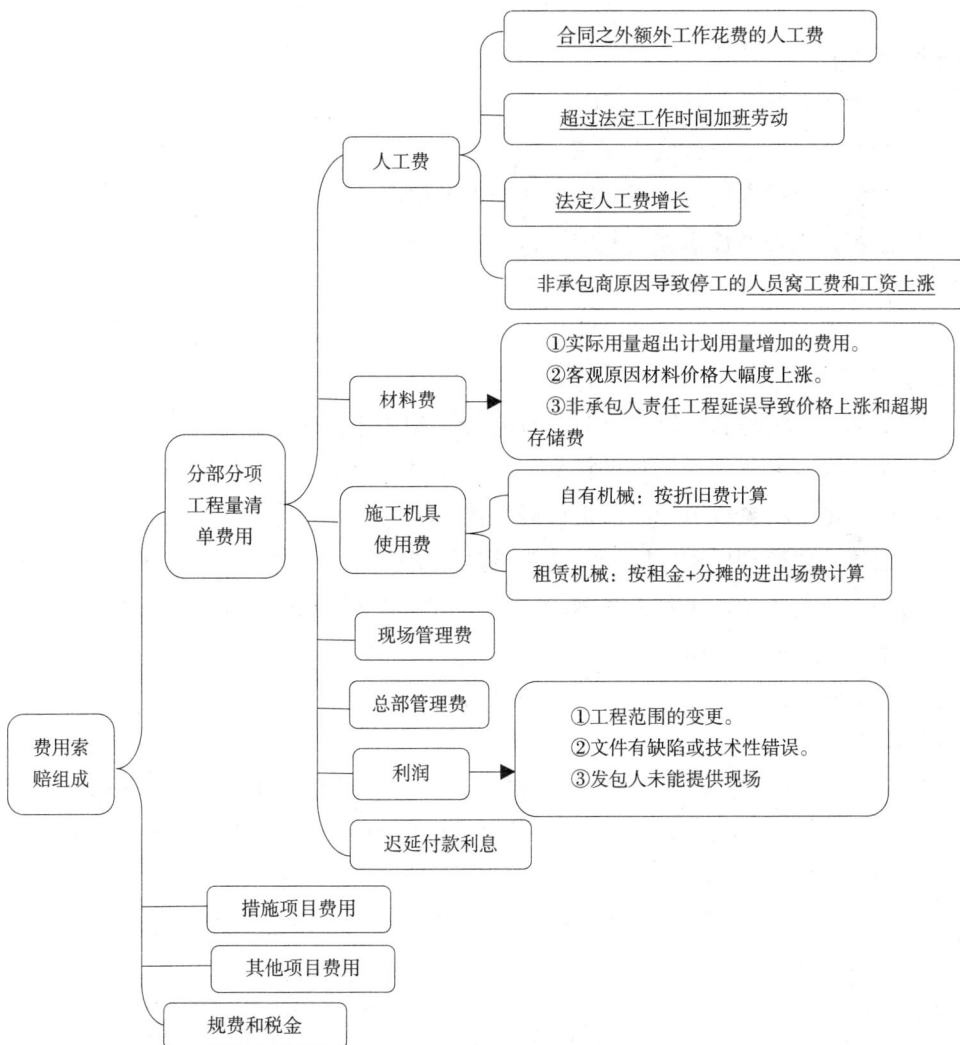

图 2-7-7　索赔费用的组成

2. 索赔费用的计算方法

索赔费用的计算方法包括<u>实际费用法（最常用）</u>、<u>总费用法</u>、<u>修正的总费用法</u>。

【想对考生说】

在考查索赔费用组成时会有两种题型：

一是考查分部分项工程量清单费用中人工费、材料费、施工机具使用费等索赔费用的组成。

二是考查计算题目，根据题干中的背景条件，计算可索赔的费用。

索赔费用的计算方法在 2020 年考一道单项选择题，命题是："常用的索赔计算方法是（ ）。"在 2023 年考查了修正的总费用法，命题是："采用修正总费用法计算索赔费用时，正确的做法有（ ）。"

【历年这样考】

1.【2019 年真题】下列费用中，承包人可以获得补偿的有（ ）。

A. 异常恶劣气候导致的人员窝工费

B. 发包人责任导致工效降低所增加的人工费用

C. 法定人工费增长增加的费用

D. 发包人责任导致的施工机械窝工费

E. 发包人责任引起工程延误导致的材料价格上涨费

【答案】BCDE。

2.【2015 年真题】下列费用中，承包人可索赔施工机具使用费的有（ ）。

A. 由于完成额外工作增加的机械、仪器仪表使用费

B. 由于施工机械故障导致的机械停工费

C. 由于项目监理机构原因导致的机械窝工费

D. 由于发包人要求承包人提前竣工，使工效降低增加的施工机械使用费

E. 施工机具保养费用

【答案】ACD。

【还会这样考】

某建设工程施工过程中，由发包人供应的材料没有及时到货，导致承包人的工人窝工 5 个工日，每个工日单价 300 元；承包人租赁的一台挖土机窝工 5 个台班，台班租赁费为 800 元；承包人自有的一台自卸汽车窝工 2 个台班，该自卸汽车折旧费每台班 500 元，工作时燃油动力费每台班 100 元。则承包人可以索赔的费用是（ ）元。

A. 5000   B. 5500

C. 6500   D. 6600

【答案】C。

【解析】工时燃料的费用不能索赔，则承包人可以索赔的费用 =5×300+5×800+2×500=6500 元。

采分点2 《标准施工招标文件》中承包人索赔可引用的条款

【考生必掌握】

《标准施工招标文件》中承包人索赔可引用的条款见表2-7-8。

《标准施工招标文件》中承包人索赔可引用的条款　　　　表2-7-8

主要内容	可补偿内容		
	工期	费用	利润
提供图纸延误	√	√	√
施工过程中发现文物、古迹以及其他遗迹、化石、钱币或物品	√	√	
延迟提供施工场地	√	√	√
承包人遇到不利物质条件	√	√	
发包人要求向承包人提前交付材料和工程设备		√	
发包人提供的材料和工程设备不符合合同要求	√	√	√
发包人提供资料错误导致承包人的返工或造成工程损失	√	√	√
采取合同未约定的安全作业环境及安全施工措施		√	
因发包人原因造成承包人人员工伤事故		√	
发包人的原因造成工期延误	√	√	√
异常恶劣的气候条件	√		
发包人要求承包人提前竣工		√	√
发包人原因引起的暂停施工	√	√	√
发包人原因引起造成暂停施工后无法按时复工	√	√	√
发包人原因造成工程质量达不到合同约定验收标准的	√	√	√
监理人对隐蔽工程重新检查，经检验证明工程质量符合合同要求的	√	√	√
因发包人提供的材料、工程设备造成工程不合格	√	√	√
承包人应监理人要求对材料、工程设备和工程重新检验且检验结果合格	√	√	√
基准日后法律变化引起的价格调整			
发包人在全部工程竣工前，使用已接受的单位工程导致承包人费用增加的	√	√	√
发包人的原因导致试运行失败的		√	√
发包人原因导致的工程缺陷和损失		√	利润
工程移交后因发包人出现的缺陷修复后的试验和试运行		√	
不可抗力	√	部分费用	
因发包人违约导致承包人暂停施工	√	√	√

【想对考生说】

该采分点主要考查两种题型：

一是根据《标准施工招标文件》，判断导致承包人费用增加的情形中，可以补偿承包人工期、费用和利润的情形。

二是计算题目，这类型题目主要就是根据《标准施工招标文件》中的合同条款分析题干中的条件是否索赔费用。

【历年这样考】

1.【2023年真题】因发包人提供图纸有误导致项目费用增加和工期延误时，监理人处理承包人索赔的正确做法是（　　）。

A．批复增加的费用，不批复延误的工期和利润补偿

B．批复延误的工期，不批复增加的费用和利润补偿

C．批复增加的费用和延误的工期，不批复利润补偿

D．批复增加的费用、延误的工期和利润补偿

【答案】C。

2.【2022年真题】根据《标准施工招标文件》中的通用合同条款，承包人可向发包人索赔工期和费用，但不可要求利润补偿的情形有（　　）。

A．发包人原因造成工期延误　　　　　B．法律变化引起的价格调整

C．施工过程中承包人遇到不利物质条件　　D．发包人要求承包人提前竣工

E．施工过程中遇到不可抗力影响

【答案】CE。

3.【2020年真题】根据《标准施工招标文件》，发包人应给予承包人补偿工期、费用和利润的情形有（　　）。

A．发包人的原因造成工期延误　　　　B．承包人遇到不利物质条件

C．不可抗力　　　　　　　　　　　　D．发包人原因引起的暂停施工

E．发包人提供资料错误导致承包人返工

【答案】ADE。

【还会这样考】

1．根据《标准施工招标文件》通用合同条款，下列引起承包人索赔的事件中，只能获得费用补偿的是（　　）。

A．发包人提前向承包人提供材料、工程设备

B．因发包人提供的材料、工程设备造成工程不合格

C．发包人在工程竣工前提前占用工程

D. 异常恶劣的气候条件，导致工期延误

【答案】A。

2. 某工程施工过程中发生如下事件：①因异常恶劣气候条件导致工程停工2天，人员窝工20个工日；②遇到不利地质条件导致工程停工1天，人员窝工10个工日，处理不利地质条件用工15个工日。若人工工资为200元/工日，窝工补贴为100元/工日，不考虑其他因素。根据《标准施工招标文件》通用合同条款，施工企业可向业主索赔的工期和费用分别是（　　）。

A. 3天，6000元 　　　　　　　　　　　 B. 1天，3000元

C. 3天，4000元 　　　　　　　　　　　 D. 1天，4000元

【答案】C。

【解析】根据《标准施工招标文件》中承包人的索赔事件及可补偿内容，因异常恶劣气候条件导致工程停工，只能索赔工期2天；遇到不利地质条件导致工程停工可索赔工期1天，费用：$10 \times 100 + 15 \times 200 = 4000$元。因此施工企业可向业主索赔工期3天，索赔费用4000元。

四、现场签证

【想对考生说】
　　掌握现场签证的范围及签证程序中的两个时间："7天""48小时"。

【历年这样考】

【2016年真题】下列事件中，需要进行现场签证的是（　　）。

A. 合同范围以内零星工程的确认

B. 修改施工方案引起工程量增减的确认

C. 承包人原因导致设备窝工损失的确认

D. 合同范围以外新增工程的确认

【答案】B。

【还会这样考】

承包人应在收到发包人指令后的7天内，向发包人提交现场签证报告，发包人应在收到现场签证报告后的（　　）内对报告内容进行核实，予以确认或提出修改意见。

A. 24h 　　　　　　　　　　　　　　　 B. 48h

C. 1天 　　　　　　　　　　　　　　　 D. 7天

【答案】B。

第六节 合同价款期中支付

一、预付款

【考生必掌握】

关于工程预付款，需要掌握其支付与扣回，见表2-7-9。

工程预付款的支付与扣回   表2-7-9

项目		内容
支付	额度	包工包料工程：签约合同价（扣除暂列金额）的10%≤预付款≤签约合同价（扣除暂列金额）的30%。
		重大工程项目：按年度工程计划逐年预付
	时间	发包人应在收到支付申请的7天内进行核实后向承包人发出预付款支付证书，并在签发支付证书后的7天内向承包人支付预付款
扣回		（1）在承包人完成金额累计达到合同总价一定比例（双方合同约定）后，采用等比率或等额扣款的方式分期抵扣。 （2）从未完施工工程尚需的主要材料及构件的价值相当于工程预付款数额时起扣。起扣点的计算公式：$$T=P-\frac{M}{N}$$式中 T——起扣点，即工程预付款开始扣回的累计已完工程价值； P——承包工程合同总额； M——工程预付款数额； N——主要材料及构件所占比重

【想对考生说】

这部分内容主要考查两个采分点：

一是预付款的额度，注意是要扣除暂列金额的。

二是起扣点的计算，题目很简单。

【还会这样考】

1. 对于包工包料的工程，原则上预付款比例上限为（　　）。

A. 合同金额（扣除暂列金额）的20%

B. 合同金额（扣除暂列金额）的30%

C. 合同金额（不扣除暂列金额）的20%

D. 合同金额（不扣除暂列金额）的30%

【答案】B。

2. 已知某建筑工程施工合同总额为6000万元，工程预付款按合同金额的20%计取，主要材料及构件造价占合同额的50%。预付款起扣点为（　　）万元。

A．1200   B．4800

C．3600   D．6400

【答案】C。

【解析】起扣点 =6000 — 6000×20%/50%=3600 万元。

二、安全文明施工费

【考生必掌握】

关于安全文明施工费的支付需要掌握以下几个采分点：

（1）发包人预付。

（2）工程开工后的 28 天内。

（3）大于等于当年施工进度计划的安全文明施工费总额的 60%。

（4）专款专用，在财务账目中单独列项备查，不得挪作他用。

【还会这样考】

发包人应在工程开工后的 28 天内预付不低于当年施工进度计划的安全文明施工费总额的（　　）。

A．50%   B．60%

C．90%   D．100%

【答案】B。

三、进度款

【考生必掌握】

进度款的支付规定如图 2-7-8 所示。

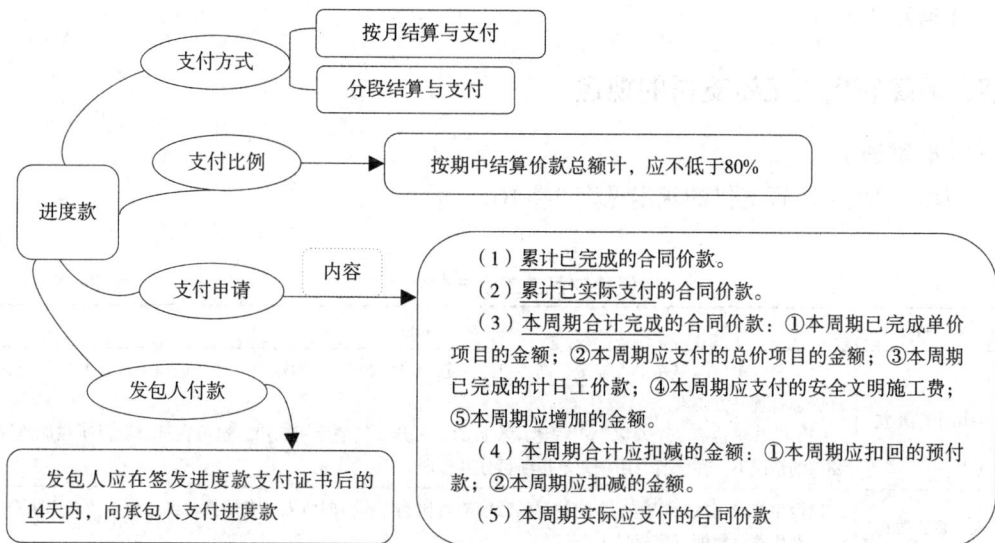

图 2-7-8　进度款的支付规定

【想对考生说】

进度款支付比例可能会考查单项选择题，也可能会作为备选项，以判断正确与错误说法的综合题目考查。进度款支付申请的内容是一个多项选择题采分点。

【历年这样考】

1.【2023年真题】根据《关于完善建设工程价款结算有关办法的通知》（财建[2022]183号），政府机关、事业单位、国有企业建设工程进度款支付应不低于已完成工程价款的（   ）。

A．70%   B．80%   C．85%   D．90%

【答案】B。

2.【2022年真题】承包人在每个计量周期向发包人提交的已完工程进度款支付申请应包括的内容有（   ）。

A．签约合同价   B．累计已完成的合同价款

C．本周期合计完成的合同价款   D．本周期合计应扣减的金额

E．本周期实际应支付的合同价款

【答案】BCDE。

【还会这样考】

发包人应在签发进度款支付证书后的（   ）天内，按照支付证书列明的金额向承包人支付进度款。

A．7   B．14

C．28   D．42

【答案】B。

四、保障农民工工资支付的规定

【考生必掌握】

保障农民工工资支付的规定见表2-7-10。

保障农民工工资支付的规定   表2-7-10

项目	规定
专用账户开立	（1）总包单位应当在工程施工合同签订之日起30日内开立专用账户，并与建设单位、开户银行签订资金管理三方协议。 （2）总包单位有2个及以上工程建设项目的，可开立新的专用账户，也可在符合项目所在地监管要求的情况下，在已有专用账户下按项目分别管理
人工费的拨付	建设单位应当按工程施工合同约定的数额或者比例等，按时将人工费用拨付到总包单位专用账户。人工费用拨付周期不得超过1个月

续表

项目	规定
农民工工资的支付	（1）工程建设领域总包单位对农民工工资支付负总责，推行分包单位农民工工资委托总包单位代发制度。 （2）农民工工资卡实行一人一卡、本人持卡，用人单位或者其他人员不得以任何理由扣押或者变相扣押。 （3）总包单位应当将专用账户有关资料、用工管理台账等妥善保存，至少保存至工程完工且工资全部结清后 3 年

【历年这样考】

【2023 年真题】 在工程建设领域对建筑工人工资支付负总责的单位是（　　）。

A．建设单位　　　　　　　　　　B．总包单位

C．分包单位　　　　　　　　　　D．监理单位

【答案】 B。

【还会这样考】

总包单位应当将专用账户有关资料、用工管理台账等妥善保存，至少保存至工程完工且工资全部结清后（　　）年。

A．1　　　　　　B．2　　　　　　C．3　　　　　　D．5

【答案】 C。

第七节　竣工结算与支付

一、竣工结算款支付

【考生必掌握】

竣工结算款支付如图 2-7-9 所示。

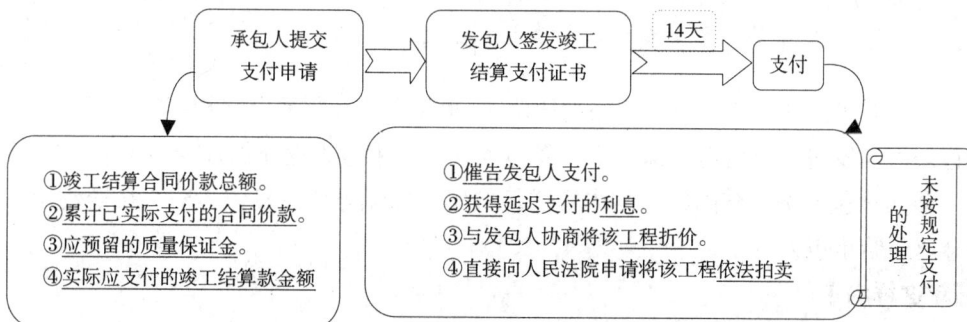

图 2-7-9　竣工结算款支付

【想对考生说】

这部分内容有三个采分点：

（1）竣工结算款的支付时间，可能考查数字题目。

（2）承包人提交支付申请的内容作为多项选择题采分点。

（3）发包人未按规定支付工程竣工款的处理，单、多项选择题都可能会考查。

【还会这样考】

1. 发包人未按照规定的程序支付竣工结算款的，承包人正确的做法是（　　）。

A. 将该工程自主拍卖　　　　　　B. 将该工程折价出售

C. 将该工程抵押贷款　　　　　　D. 催告发包人支付，并索要延迟付款利息

【答案】D。

2. 承包人根据办理的竣工结算文件，向发包人提交竣工结算款支付申请，其内容包括（　　）。

A. 竣工结算合同价款总额　　　　B. 累计已实际支付的合同价款

C. 应预留的质量保证金　　　　　D. 实际应支付的竣工结算款金额

E. 预付款支付额

【答案】ABCD。

二、质量保证金

【考生必掌握】

（1）承包人提供质量保证金的三种方式。原则上采用质量保证金保函方式。

（2）质量保证金的扣留方式及金额。原则上采用在支付工程进度款时逐次扣留。质量保证金预留总额不得高于工程价款结算总额的3%。

【想对考生说】

原则上采用的提供方式和扣留方式会考核单项选择题。

质量保证金的扣留金额会考核单项选择题。

（3）质量保证金的返还。缺陷责任期内，承包人认真履行合同约定的责任，到期后，承包人可向发包人申请返还保证金。发包人在接到承包人返还保证金申请后，应于14天内会同承包人按照合同约定的内容进行核实。如无异议，发包人应当按照约定将保证金返还给承包人。

【历年这样考】

1.【2022年真题】根据《建设工程质量保证金管理办法》，质量保证金预留总额不得高于工程价款结算总额的（　　）。

A. 5%　　　　　　B. 4%　　　　　　C. 3%　　　　　　D. 2%

【答案】C。

2.【2021年真题】下列关于质量保证金的说法，正确的有（　　）。

A. 质量保证金预留的总额不得高于工程价款结算总额的6%

B. 工程竣工前承包人已提供履约担保的，发包人不得同时预留工程质量保证金

C. 质量保证金原则上采用保函方式

D. 质量保证金可以在工程竣工结算时一次性扣留

E. 质量保证金可以在支付工程进度款时逐次扣留

【答案】BCDE。

【还会这样考】

根据《建设工程施工合同（示范文本）》，质量保证金扣留的方式原则上采用（　　）。

A. 在支付工程进度款时逐次扣留　　　　B. 工程竣工结算时一次性扣留

C. 按照里程碑扣留　　　　　　　　　　D. 签订合同后一次性扣留

【答案】A。

第八节　投资偏差分析

一、赢得值法

【考生必掌握】

【想对考生说】

赢得值法需要计算3个基本参数和4个评价指标，而且计算公式都很相似，靠记忆容易混淆，下面给考生总结了记忆方法，考生可以按照此方法来学习。

1. 3个基本参数

3个基本参数可按表2-7-11记忆。

3个基本参数　　　　　　　　　　　表2-7-11

参数	简称	计算	说明
已完工作预算投资（BCWP）	BP	Σ（已完成工作量 × 预算单价）	实际希望支付的钱（执行预算）
计划工作预算投资（BCWS）	BS	Σ（计划工作量 × 预算单价）	希望支付的钱（计划预算）
已完工作实际投资（ACWP）	AP	Σ（已完成工作量 × 实际单价）	实际支付的钱（执行成本）

2.4个评价指标

4个评价指标可按表2-7-12记忆。

表2-7-12

4个评价指标

指标	计算	记忆	评价	记忆
投资偏差（CV）	$BCWP - ACWP$ $CV = B - A$（或CBA）	两"已完"相减，预算减实际	< 0，超支；> 0，节支	得负不利，得正有利
进度偏差（SV）	$BCWP - BCWS$ $SV = P - S$（或SPS）	两"预算"相减，已完减计划	< 0，延误；> 0，提前	得负不利，得正有利
投资绩效指数（CPI）	$BCWP/ACWP$ $CPI = B/A$（或CBA）	—	< 1，超支；> 1，节支	大于1有利；小于1不利
进度绩效指数（SPI）	$BCWP/BCWS$ $SPI = P/S$（或SPS）	—	< 1，延误；> 1，提前	大于1有利；小于1不利

3.3个基本参数与4个指标的适用情况

（1）投资（进度）偏差反映的是绝对偏差，仅适合于对同一项目作偏差分析。

（2）投资（进度）绩效指数反映的是相对偏差，它不受项目层次的限制，也不受项目实施时间的限制，因而在同一项目和不同项目比较中均可采用。

【想对考生说】

在项目的投资、进度综合控制中引入赢得值法，可以克服过去进度、投资分开控制的缺点。引入赢得值法可定量地判断进度、投资的执行效果。

【历年这样考】

1.【2023年真题】某土方开挖工程，计划完成工程量4万 m^3，预算单价为85元/m^3。经确认，实际完成工程量为4.5万 m^3，实际单价为90元/m^3，下列说法正确的是（ ）。

A. 投资偏差 −22.5万元
B. 进度偏差42.5万元
C. 投资绩效指数0.94
D. 进度绩效指数0.89
E. 综合绩效指数1.13

【答案】ABC。

【解析】

已完工作预算投资（$BCWP$）=Σ（已完成工作量 × 预算单价）=4.5×85=382.5万元

计划工作预算投资（$BCWS$）=Σ（计划工作量 × 预算单价）=4×85=340万元

已完工作实际投资（$ACWP$）=Σ（已完成工作量 × 实际单价）=4.5×90=405万元

投资偏差（CV）=$BCWP - ACWP$=382.5 − 405=− 22.5万元，故选项A正确。

进度偏差（SV）=$BCWP - BCWS$=382.5 − 340=42.5万元，故选项B正确。

投资绩效指数（CPI）=$BCWP/ACWP$=382.5/405=0.94，故选项 C 正确。

进度绩效指数（SPI）=$BCWP/BCWS$=382.5/340=1.125。

2.【2022 年真题】某地下工程，计划到 11 月份累计开挖土方 2 万 m^3。预算单价 95 元 /m^3，经确认，到 11 月份实际累计开挖土方 2.5 万 m^3，实际单价 90 元 /m^3，该工程此时的进度绩效指数为（　　）。

A．0.80　　　　　B．0.95　　　　　C．1.06　　　　　D．1.25

【答案】D。

【解析】进度绩效指数（SPI）= 已完工作预算投资（$BCWP$）/ 计划工作预算投资（$BCWS$）=（2.5×95）/（2×95）=1.25。

3.【2021 年真题】某地下工程，计划到 5 月份累计开挖土方 1.2 万 m^3，预算单价为 90 元 /m^3。经确认，到 5 月份实际累计开挖土方 1 万 m^3，实际单价为 95 元 /m^3，该工程此时的投资偏差为（　　）万元。

A．−18　　　　　B．−5　　　　　C．5　　　　　D．18

【答案】B。

4.【2020 年真题】某工程施工至 2020 年 6 月底，经统计分析：已完工作预算投资 2500 万元，已完工作实际投资 2800 万元，计划工作预算投资 2600 万元。该工程此时的投资绩效指数为（　　）。

A．0.89　　　　　B．0.96　　　　　C．1.04　　　　　D．1.12

【答案】A。

【解析】投资绩效指数（CPI）=2500/2800=0.89。2018 年以相同题型考查了投资绩效指数。

5.【2019 年真题】某土方工程，月计划工程量 2800m^3，预算单价 25 元 /m^3；到月末时已完成工程量 3000m^3，实际单价 26 元 /m^3。对该项工作采用赢得值法进行偏差分析的说法，正确的是（　　）。

A．已完成工作实际费用为 75000 元

B．投资绩效指标 >1，表明项目运行超出预算投资

C．进度绩效指标 <1，表明实际进度比计划进度拖后

D．投资偏差为 −3000 元，表明项目运行超出预算投资

【答案】D。

【解析】已完成工作实际投资 =3000×26 =78000 元，已完工作预算投资 =3000×25=75000 元，计划工作预算投资 =2800×25=70000 元；投资偏差 =75000 − 78000=−3000 元，表示项目运行超出预算投资。投资绩效指数 =75000 / 78000=0.96<1，表示超支，即实际投资高于预算投资；进度绩效指数 =75000 / 70000=1.07>1，表示进度提前，即实际进度比计划进度快。

6.【2018 年真题】某工程施工至 2018 年 3 月底，经统计分析：已完工作预算投资 580 万元，已完工作实际投资 570 万元，计划工作预算投资 600 万元，该工程此时

的进度偏差为（　　）万元。

A. −30

B. −20

C. −10

D. 10

【答案】B。

【解析】进度偏差（SV）＝ 580 − 600＝ −20 万元。2014 年考查的也是进度偏差的计算，不同的是需要判断进度是超前还是延误，根据计算结果正负很容易判断的。

【还会这样考】

某工程主要工作是混凝土浇筑，中标的综合单价是 400 元 /m³，计划工程量是 8000m³。施工过程中因原材料价格提高使实际单价为 500 元 /m³，实际完成并经监理工程师确认的工程量是 9000m³。若采用赢得值法进行综合分析，正确的结论有（　　）。

A. 已完工作预算投资为 360 万元

B. 费用偏差为 90 万元，费用节省

C. 进度偏差为 40 万元，进度拖延

D. 已完工作实际投资为 450 万元

E. 计划工作预算投资为 320 万元

【答案】ADE。

【解析】已完工作预算投资 =9000×400=3600000 元 =360 万元；计划工作预算投资 =8000×400=3200000 元 =320 万元；已完工作实际投资 =9000×500=4500000 元 = 450 万元；由此可知选项 A、D、E 正确。投资偏差 =360 − 450=−90 万元，项目运行超出预算投资。进度偏差 =360 − 420=40 万元，进度提前。由此可知选项 B、C 错误。

二、偏差原因分析

【考生必掌握】

【考生这样记】

偏差原因分析可以按照以下方法记忆。

物价上涨：人材设价涨，利率汇率变。

设计原因：设计错漏设标变，图纸延误有其他。

业主原因：增资组织手续少，场地延时协调差。

施工原因：方案质量有问题，才（材）赶工期拖延。

客观原因：社会法律变，自然基础有其他。

【想对考生说】

这部分内容有两种考查题型：

一是题干中给出具体偏差原因，要求判断属于哪类原因。

二是选项中给出具体偏差原因，要求判断属于哪类原因。

注意：各偏差原因会相互作为干扰选项出现。

【历年这样考】

【2022 年真题】 下列产生投资偏差的原因中，属于业主原因的有（　　）。

A．材料代用 　　　　　　　　　　B．基础处理

C．未及时提供场地 　　　　　　　D．施工方案不当

E．增加工程内容

【答案】CE。

【还会这样考】

某工程因材料代用导致投资增加，产生此费用偏差的原因是（　　）。

A．业主原因 　　　　　　　　　　B．设计原因

C．施工原因 　　　　　　　　　　D．客观原因

【答案】C。

03

第三部分

建设工程进度控制

第一章

建设工程进度控制概述

第一节 建设工程进度控制的概念

一、影响进度的因素

【想对考生说】

　　工程建设中影响工程进度的因素大致可以归为八类，人为因素是最大的干扰因素。考试考查最多的是业主因素和组织管理因素。施工技术因素、社会环境因素、资金因素常作为干扰选项出现。本考点在 2012 年、2013 年、2016 年、2019 年、2020 年都考查了业主因素，2014 年、2018 年、2021 年考查了组织管理因素。而且这几年的考试题型都是相似的。

【考生这样记】

　　考生可以按下列方法进行记忆：

　　（1）业主因素：设计变更、场地提供、付款。

　　（2）勘察设计因素：勘察资料、设计内容、施工图纸。

　　（3）施工技术因素：工艺、方案、措施、技术。

　　（4）自然环境因素：地质、水文、文物、不可抗力。

　　（5）社会环境因素：临近施工干扰、交通限制、临时停水电、断路、法律变化。

　　（6）组织管理因素：审批手续、合同条款、组织协调、指挥失当、交接矛盾。

　　（7）材料设备因素：材料不合理、不符合、设备不配套。

　　（8）资金因素：有关方拖欠资金、通货膨胀。

扫码学习

【历年这样考】

1.【2023 年真题】影响工程进度的因素中，出现复杂的工程地质条件属于（   ）影响因素。

A. 业主方   B. 施工技术

C. 勘察设计   D. 自然环境

【答案】D。

2.【2021 年真题】下列影响工程进度的因素中，属于组织管理因素的是（   ）。

A. 资金不到位   B. 计划安排不周密

C. 外单位临近工程施工干扰   D. 业主使用要求改变

【答案】B。

3.【2019 年真题】下列建设工程进度影响因素中，属于业主因素的有（   ）。

A. 提供的场地不能满足工程正常需要

B. 施工计划安排不周密导致相关作业脱节

C. 临时停水、停电、断路

D. 不能及时向施工承包单位付款

E. 外单位临近工程施工干扰

【答案】AD。2020 年以单项选择题考查了业主因素。

【还会这样考】

在建设工程实施过程中，影响工程进度的社会环境因素是（   ）。

A. 地下埋藏文物的保护、处理   B. 设计内容不完善，规范应用不恰当

C. 施工安全措施不当   D. 外单位临近工程施工干扰

【答案】D。

二、进度控制的措施和主要任务

采分点1　进度控制的措施

【考生必掌握】

进度控制的 4 个措施如图 3-1-1 所示。

扫码学习

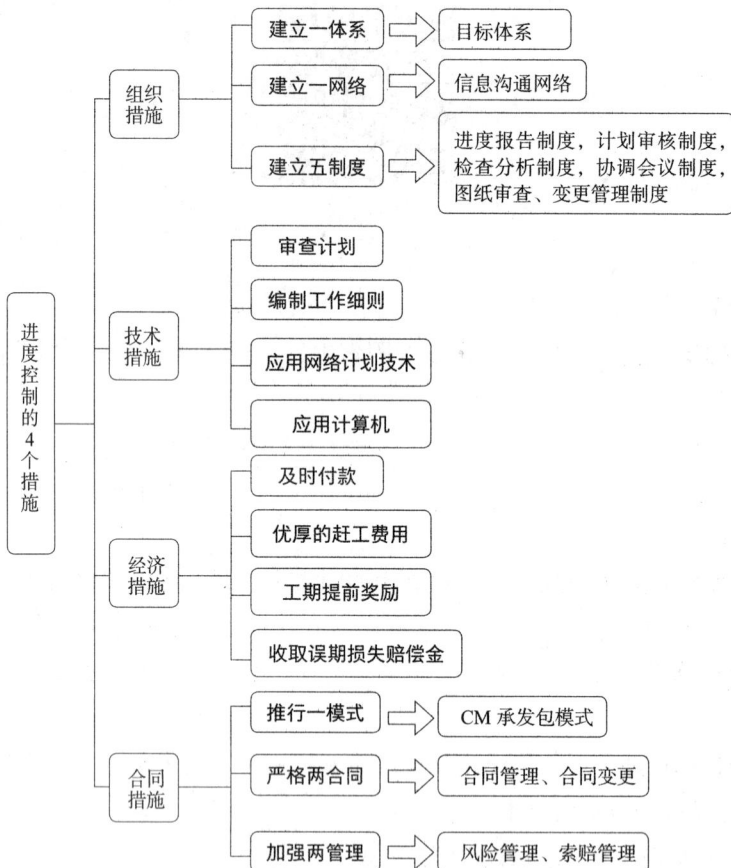

图 3-1-1　进度控制的 4 个措施

【想对考生说】

这部分内容是每年的必考考点，考试时四个措施会相互作为干扰选项出现。考试题型有两种：

一是题干中给出采取的具体进度控制措施，判断属于哪类措施。2019 年、2022 年考查的是这类型题目。

二是题干中给出措施类型，判断备选项中符合这类型的措施。这种题型考查较多，在 2011 ～ 2014 年、2016 年、2018 年、2020 年、2021 年、2023 年考查的都是这类型题目。

【历年这样考】

1.【2023 年真题】下列工程进度控制措施中，属于合同措施的有（　　）。

A. 推行 CM 承发包模式

B. 及时办理工程进度款支付手续

C. 严格控制合同变更

D. 加强索赔管理

E. 对工程延误收取误期损失赔偿金

【答案】ACD。

2.【2022年真题】建立工程进度报告制度及进度信息沟通网络，属于工程进度控制的（　　）措施。

A. 组织 　　　　　　　　　　　B. 经济

C. 技术 　　　　　　　　　　　D. 合同

【答案】A。

3.【2020年真题】下列建设工程进度控制措施中，属于技术措施的是（　　）。

A. 审查承包商提交的进度计划

B. 及时办理工程预付款及进度款支付手续

C. 协调合同工期与进度计划之间的关系

D. 建立工程进度报告制度及信息沟通网络

【答案】A。2021年考核的也是技术措施。

4.【2019年真题】在工程项目实施阶段，项目监理机构及时为承包商办理工程预付款，属于项目监理机构在进度目标控制过程中采取的（　　）。

A. 组织措施 　　　　　　　　　B. 技术措施

C. 经济措施 　　　　　　　　　D. 合同措施

【答案】C。

【还会这样考】

下列建设工程进度控制措施中，属于组织措施的有（　　）。

A. 采用CM承发包模式 　　　　B. 审查承包商提交的进度计划

C. 办理工程进度款支付手续 　　D. 建立工程变更管理制度

E. 建立进度控制目标体系，明确进度控制人员的职责分工

【答案】DE。

采分点2　建设工程实施阶段进度控制的主要任务

【考生必掌握】

建设工程实施阶段进度控制的主要任务见表3-1-1。

建设工程实施阶段进度控制的主要任务　　　　　　　　　　　表3-1-1

实施阶段	进度控制的主要任务
设计准备阶段	（1）收集有关工期的信息，进行工期目标和进度控制决策。 （2）编制工程项目总进度计划。 （3）编制设计准备阶段详细工作计划，并控制其执行。 （4）进行环境及施工现场条件的调查和分析
设计阶段	（1）编制设计阶段工作计划，并控制其执行。 （2）编制详细的出图计划，并控制其执行
施工阶段	（1）编制施工总进度计划，并控制其执行。 （2）编制单位工程施工进度计划，并控制其执行。 （3）编制工程年、季、月实施计划，并控制其执行

【想对考生说】

本考点在历年考试中考查施工阶段进度控制的任务较多，其他阶段的任务会作为干扰选项出现。考查题型有两种：

一是选项中给出具体任务，判断属于哪个阶段的任务。在 2012 年、2013 年、2018 年、2019 年、2021 年考查的都是这类型题目。

二是题干中给出具体任务，判断属于哪个阶段的任务。

另外还需要注意一点：监理工程师不仅要审查设计单位和施工单位提交的进度计划，更要编制监理进度计划。2017 年、2022 年考查了该采分点。

【历年这样考】

1.【2022 年真题】监理工程师在工程设计准备阶段进度控制的任务是（ ）。

A. 编制详细的出图计划　　　　　　　　B. 编制施工总进度计划

C. 调查分析施工现场条件　　　　　　　D. 审查设计工作进度计划

【答案】C。

2.【2021 年真题】工程施工阶段进度控制的任务是（ ）。

A. 调查分析环境及施工现场条件　　　　B. 编制详细的设计出图计划

C. 进行工期目标和进度控制决策　　　　D. 编制施工总进度计划

【答案】D。

【还会这样考】

在设计阶段，为了确保进度控制目标的实现，监理工程师应（ ）。

A. 确定工程总目标　　　　　　　　　　B. 编制项目总进度计划

C. 审查设计单位进度计划　　　　　　　D. 调查和分析环境及施工现场条件

【答案】C。

三、建设项目总进度目标的论证

采分点 1　总进度目标论证的工作内容

【考生必掌握】

（1）建设项目总进度目标指的是整个项目的进度目标。

（2）建设项目总进度目标是在项目决策阶段项目定义时确定的。

（3）项目管理的主要任务是在项目的实施阶段对项目的目标进行控制。

（4）建设项目总进度目标的控制是业主方项目管理的任务。

（5）在进行建设项目总进度目标控制前，首先应分析和论证目标实现的可能性。

【想对考生说】

总进度目标是在决策阶段确定的，具有可实现性的，是业主所关注的，在实施阶段进行控制的目标。

（6）在项目实施阶段，项目总进度包括：①设计前准备阶段的工作进度；②设计工作进度；③招标工作进度；④施工前准备工作进度；⑤工程施工和设备安装进度；⑥项目动用前的准备工作进度等。

【想对考生说】

如果对项目实施阶段的工作任务命题，主要是多项选择题，考生没必要死记，想一想工程实施阶段包括哪些具体阶段就可以解答了。

（7）大型建设项目总进度目标论证的核心工作是通过编制总进度纲要论证总进度目标实现的可能性。

（8）总进度纲要的主要内容包括：①项目实施的总体部署；②总进度规划；③各子系统进度规划；④确定里程碑事件的计划进度目标；⑤总进度目标实现的条件和应采取的措施等。

【想对考生说】

总进度目标论证并不是单纯的总进度规划的编制工作，它涉及许多项目实施的条件分析和项目实施策划方面的问题。

总进度纲要的内容在 2014 年、2015 年、2020 年、2022 年都考查过多项选择题，可以这样记：三总一子确定里程碑。

【历年这样考】

1.【2022 年真题】建设工程项目总进度纲要的内容包括（　　）。

A．总进度规划　　　　　　　　　　　B．总进度目标实现的条件

C．项目实施的总体部署　　　　　　　D．项目总体结构分析

E．总进度目标体系编码

【答案】ABC。

2.【2016 年真题】大型建设项目总进度目标论证的核心工作是通过编制（　　），论证总进度目标实现的可能性。

A．总进度纲要　　　　　　　　　　　B．施工组织总设计

C．总进度规划　　　　　　　　　　　D．各子系统进度规划

【答案】A。

【还会这样考】

1.关于建设工程项目总进度目标论证的说法，正确的是（　　）。

A．建设工程项目总进度目标指的是整个工程项目的施工进度目标

B．建设工程项目总进度目标的论证应分析项目实施阶段各项工作的进度和关系

C．大型建设工程项目总进度目标论证的核心工作是编制项目进度计划

D．建设工程项目总进度纲要应包含各子系统中的单项工程进度规划

【答案】B。

2．在建设工程项目的实施阶段，项目总进度应包括（　　）等。

A．设计工作进度　　　　　　　　　　B．施工前准备工作进度

C．招标工作进度　　　　　　　　　　D．项目动用前准备工作进度

E．项目后评价工作进度

【答案】ABCD。

采分点2　总进度目标论证的工作步骤

【考生必掌握】

总进度目标论证的工作步骤如图 3-1-2 所示。

扫码学习

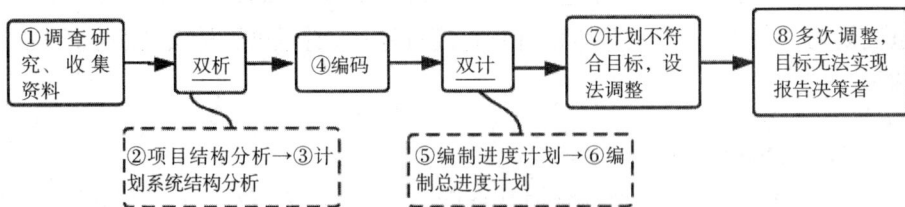

图 3-1-2　总进度目标论证的工作步骤

【考生这样记】

总进度目标论证的工作步骤可以这样记忆：

第（1）步：一调研。

第（2）步和第（3）步：两分析，先项目后系统。

第（4）步：一编码。

第（5）步和第（6）步：两编制，只有在各项、各层或各级工作的进度计划确定后，才能确定总进度计划。所以先"编制各层（各级）进度计划"，再"协调各层进度计划的关系和编制总进度计划"。

三先三后原则：先项目后进度、先分析后编码、先各层后总体。

【想对考生说】

建设工程项目总进度目标论证的工作步骤考试时一般会有两种题型可考：

第一种题型就是给出其中一项工作，判断其紧前或者紧后的工作，比如 2018 年真题。

第二种题型是给出某几项工作，判断正确的顺序。这类型题目一般在题干中给出8个步骤中的4～6个步骤，选择正确的工作顺序。最后两个步骤一般不会考查。

【历年这样考】

1.【2023年真题】开展建设项目总进度目标论证时，需要进行的工作有（　　）。

A．项目结构分析　　　　　　　　　B．项目工作编码

C．监理项目协调工作制度　　　　　D．进行总进度规划

E．编制各层进度计划

【答案】ABE。

2.【2018年真题】按照建设项目总进度目标论证的工作步骤，项目结构分析后紧接着需要进行的工作是（　　）。

A．调查研究和收集资料　　　　　　B．项目的工作编码

C．编制各层进度计划　　　　　　　D．进度计划系统的结构分析

【答案】D。

【还会这样考】

1. 建设工程项目总进度目标论证的主要工作包括：①进行进度计划系统的结构分析；②调查研究和收集资料；③进行项目结构分析；④确定项目的工作编码；⑤协调各层进度计划的关系；⑥编制各层进度计划。其正确的工作步骤是（　　）。

A．②—③—①—④—⑥—⑤　　　B．①—②—③—⑥—④—⑤

C．③—②—④—①—⑤—⑥　　　D．①—③—②—⑥—④—⑤

【答案】A。

2. 下列建设工程项目总进度目标论证的工作中，属于项目结构分析的是（　　）。

A．将项目进行逐层分解　　　　　　B．了解和调查项目的总体部署

C．对每一个工作项进行编码　　　　D．调查项目实施的主客观条件

【答案】A。

第二节　建设工程进度控制计划体系

一、建设单位的计划系统

【考生必掌握】

建设单位编制的进度计划包括工程项目前期工作计划、工程项目建设总进度计划和工程项目年度计划。工程项目建设总进度计划是编报工程建设年度计划的依据。

扫码学习

工程项目建设总进度计划与工程项目年度计划表格部分的具体内容见表 3-1-2。

工程项目建设总进度计划与工程项目年度计划表格部分的具体内容   表 3-1-2

进度计划		内容
工程项目建设总进度计划	工程项目一览表	按照单位工程归类并编号，明确其建设内容和投资额，以便各部门按统一的口径确定工程项目投资额，并以此为依据对其进行管理
	工程项目总进度计划	具体安排单位工程的开工日期和竣工日期
	投资计划年度分配表	为筹集建设资金或与银行签订借款合同及制定分年用款计划提供依据
	工程项目进度平衡表	用来明确各种设计文件交付日期、主要设备交货日期、施工单位进场日期、水电及道路接通日期
工程项目年度计划	年度计划项目表	将确定年度施工项目的投资额和年末形象进度，并阐明建设条件（图纸、设备、材料、施工力量）的落实情况
	年度竣工投产交付使用计划表	将阐明各单位工程的建筑面积、投资额、新增固定资产、新增生产能力等建筑总规模及本年计划完成情况，并阐明其竣工日期
	年度建设资金平衡表	—
	年度设备平衡表	—

【想对考生说】

本考点在考试时会考查以下两种题型：

一是给出表格的具体内容，判断属于哪个表格。

二是考查表格所阐述的内容有哪些。

【考生这样记】

工程项目建设总进度计划表格：总览投资和进度。

工程项目年度计划表格：项目竣工设备资金两平衡。

工程项目年度计划的各项表格全部带有"年度"一词，但投资计划年度分配表是特例，它属于工程项目建设总进度计划。

【历年这样考】

1.【2022 年真题】工程进度计划体系中，根据初步设计中确定的建设工期和工艺流程，具体安排单位工程开工日期和竣工日期的计划是（   ）。

A．工程项目进度平衡计划　　　　　B．年度竣工投产交付使用计划

C．年度建设资金平衡计划　　　　　D．工程项目总进度计划

【答案】D。

2.【2021年真题】建设单位计划系统中，用来明确各种设计文件交付日期、主要设备交货日期、施工单位进场日期、水电及道路接通日期等的计划表是（　　）。

A．施工总进度计划表　　　　　　　B．投资计划年度平衡表

C．工程项目进度平衡表　　　　　　D．工程建设总进度计划表

【答案】C。2019年考查了相同采分点，而且题型设置基本一致。

3.【2020年真题】下列进度计划中，属于建设单位计划系统的是（　　）。

A．工程项目年度计划　　　　　　　B．设计总进度计划

C．施工准备工作计划　　　　　　　D．物资采购、加工计划

【答案】A。2016年也考查了建设单位计划系统的组成，题干的设置都是一样的。

4.【2017年真题】下列进度计划表中，属于建设单位计划系统中工程项目建设总进度计划的有（　　）。

A．工程项目一览表　　　　　　　　B．投资计划年度分配表

C．年度设备平衡表　　　　　　　　D．工程项目进度平衡表

E．年度建设资金平衡表

【答案】ABD。

5.【2015年真题】工程项目年度计划的内容包括（　　）。

A．投资计划年度分配表　　　　　　B．年度计划项目表

C．年度设备平衡表　　　　　　　　D．年度设计出图计划表

E．年度竣工投产交付使用计划表

【答案】BCE。

【还会这样考】

1．依据工程项目建设总进度计划和批准的设计文件编制的工程项目年度计划的内容包括（　　）。

A．投资计划年度分配表　　　　　　B．工程项目一览表

C．工程项目进度平衡表　　　　　　D．年度建设资金平衡表

【答案】D。

2．为保证工程建设中各个环节相互衔接，工程项目进度平衡表中需明确的内容包括（　　）。

A．各种设计文件交付日期　　　　　B．主要设备交货日期

C．施工单位进场日期　　　　　　　D．工程材料进场日期

E．水、电及道路接通日期

【答案】ABCE。

二、监理单位的计划系统

【考生必掌握】

监理单位的计划系统见表 3-1-3。

监理单位的计划系统

表 3-1-3

进度计划		内容
监理总进度计划		在对建设工程实施全过程监理的情况下，监理总进度计划是依据工程项目可行性研究报告、工程项目前期工作计划和工程项目建设总进度计划编制的
监理总进度分解计划	按工程进展阶段分解	（1）设计准备阶段进度计划。 （2）设计阶段进度计划。 （3）施工阶段进度计划。 （4）动用前准备阶段进度计划
	按时间分解	（1）年度进度计划。 （2）季度进度计划。 （3）月度进度计划

【历年这样考】

【2019 年真题】在对建设工程实施全过程监理的情况下，监理单位总进度计划的编制依据有（   ）。

A．施工单位的施工总进度计划

B．工程项目建设总进度计划

C．设计单位的设计总进度计划

D．工程项目可行性研究报告

E．工程项目前期工作计划

【答案】BDE。

【还会这样考】

按工程进展阶段分解，监理总进度分解计划包括（   ）。

A．动用前准备阶段进度计划

B．设计准备阶段进度计划

C．年度进度计划

D．施工阶段进度计划

E．季度进度计划

【答案】ABD。

三、设计单位的计划系统

【考生必掌握】

设计单位的计划系统如图 3-1-3 所示。

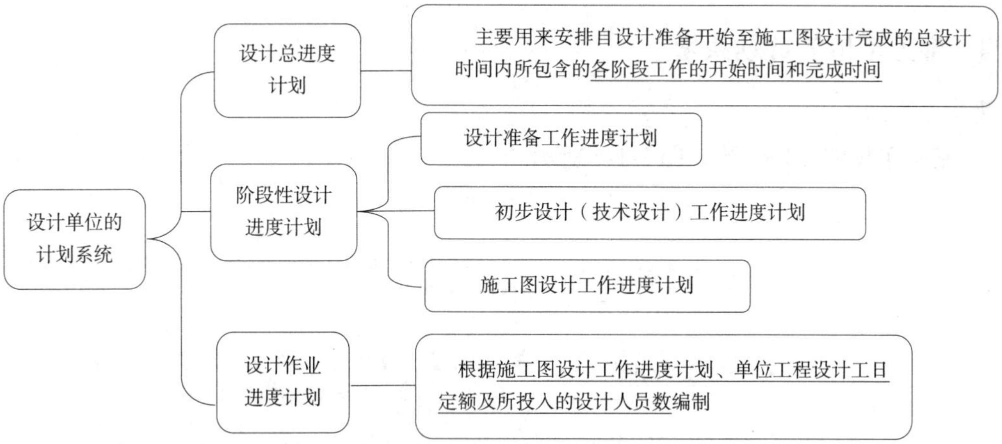

图 3-1-3　设计单位的计划系统

【想对考生说】

本考点主要掌握上图内容即可。在考查设计单位计划系统内容的时候，会将建设单位的计划系统、施工单位的计划系统内容作为干扰选项。

【历年这样考】

1.【2014 年真题】在建设工程进度控制计划体系中，属于设计单位计划系统的是（　　）。

A. 分部分项工程进度计划　　　　　　B. 阶段性设计进度计划

C. 工程项目年度计划　　　　　　　　D. 年度建设资金计划

【答案】B。

2.【2013 年真题】编制建设工程设计作业进度计划的依据有（　　）。

A. 规划设计条件和设计基础资料　　　B. 施工图设计工作进度计划

C. 单位工程设计工日定额　　　　　　D. 初步设计审批文件

E. 所投入的设计人员数

【答案】BCE。

【还会这样考】

在设计单位的进度计划系统中，主要用来安排自设计准备开始至施工图设计完成的总设计时间内所包含的各阶段工作的开始时间和完成时间的是（　　）。

A. 设计总进度计划　　　　　　　　　B. 技术设计工作进度计划

C. 施工图设计工作进度计划　　　　　D. 设计作业进度计划

【答案】A。

四、施工单位的计划系统

【考生必掌握】

施工单位的计划系统如图 3-1-4 所示。

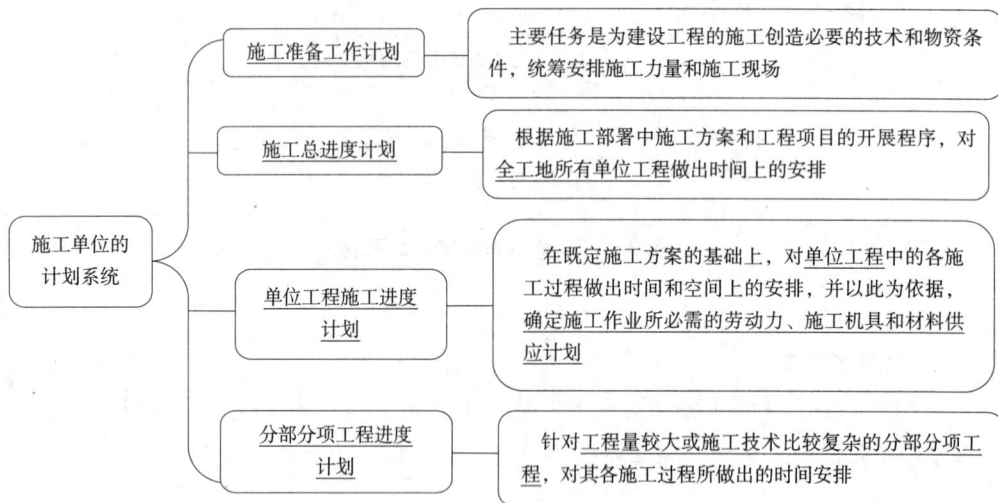

图 3-1-4　施工单位的计划系统

【历年这样考】

【2023 年真题】建设工程进度控制计划体系中，施工准备工作计划是（　）计划系统的组成内容。

A. 建设单位
B. 监理单位
C. 设计单位
D. 施工单位

【答案】D。

【还会这样考】

在建设工程进度控制计划体系中，确定施工作业所必需的劳动力、施工机具和材料供应计划的是（　）。

A. 施工准备工作计划
B. 施工总进度计划
C. 单位工程施工进度计划
D. 分部分项工程进度计划

【答案】C。

第三节　建设工程进度计划的表示方法和编制程序

一、建设工程进度计划的表示方法

【想对考生说】

建设工程进度计划的表示方法有横道图和网络图两种，需要掌握两种方法的特点。关于横道图的特点，需要记住哪些是不能反映的事项；关于网络图的特点，需要记住哪些是可以反映的事项。

对于这部分就不给考生罗列这些特点了，在历年的考试中对此考查的非常全面，考生只要将下面这些考试题目掌握就可以了。

【历年这样考】

1.【2021年真题】与横道计划相比，工程网络计划的优点有（　　）。

A. 能够直观表示各项工作的进度安排

B. 能够明确表达各项工作之间的逻辑关系

C. 可以明确各项工作的机动时间

D. 可以找出关键线路和关键工作

E. 可以直观表达各项工作之间的搭接关系

【答案】BCD。

2.【2019年真题】关于建设工程网络计划技术特征的说法，正确的有（　　）。

A. 计划评审技术（PERD）、图示评审技术（GERT）、风险评审技术（VERT）、关键线路法（CPM）均属于非确定型网络计划

B. 网络计划能够明确表达各项工作之间的逻辑关系

C. 通过网络计划时间参数的计算，可以找出关键线路和关键工作

D. 通过网络计划时间参数的计算，可以明确各项工作的机动时间

E. 网络计划可以利用电子计算机进行计算、优化和调整

【答案】BCDE。

3.【2016年真题】采用横道图表示建设工程进度计划的优点是（　　）。

A. 能够明确反映工作之间的逻辑关系

B. 易于编制和理解进度计划

C. 便于优化调整进度计划

D. 能够直接反映影响工期的关键工作

【答案】B。

4.【2013年真题】采用横道图表示工程进度计划的缺点有（　　）。

A. 不能反映工程费用与工期之间的关系

B. 不能计算各项工作的持续时间

C. 不能反映影响工期的关键工作和关键线路

D. 不能明确反映各项工作之间的逻辑关系

E. 不能进行进度计划的优化和调整

【答案】ACD。

【想对考生说】

看过这几个题目，是不是觉得考查采分点都是差不多的，而且会有类似的题目出现。2012 年跟 2013 年考查横道图的题目是相似的，只有一个选项设置上的不同。2011 年是以单项选择题考查横道图的缺点。

二、建设工程进度计划的编制程序

【考生必掌握】

建设工程进度计划的编制程序一般包括 4 个阶段 10 个步骤，见表 3-1-4。

建设工程进度计划的编制程序　　表 3-1-4

编制阶段	特点
Ⅰ. 计划准备阶段	（1）调查研究。 （2）确定进度计划目标（包括时间目标、时间—资源目标、时间—成本目标）
Ⅱ. 绘制网络图阶段	（3）进行项目分解（编制网络计划的前提）。 （4）分析逻辑关系。 （5）绘制网络图
Ⅲ. 计算时间参数及确定关键线路阶段	（6）计算工作持续时间。 （7）计算网络计划时间参数。 （8）确定关键线路和关键工作
Ⅳ. 网络计划优化阶段	（9）优化网络计划。 （10）编制优化后网络计划

【想对考生说】

本考点会有两种考查题型，第一种是题干中给出编制阶段，判断这个阶段的工作内容；第二种是对具体编制步骤的考查。

【历年这样考】

1.【2023 年真题】应用网络计划技术编制建设工程进度计划时，依据时间定额，并考虑工作建设合理的劳动组织可计算的时间参数是（　　）。

A. 工作持续时间　　　　　　　　B. 工作最早完成时间

C. 节点最早时间　　　　　　　　D. 要求工期

【答案】A。

2．【2020 年真题】下列建设工程进度计划编制工作中，属于绘制网络图阶段工作内容的是（ ）。

A．确定进度计划目标　　　　　　B．安排劳动力、原材料和施工机具

C．确定关键路线和关键工作　　　D．分析各项工作之间的逻辑关系

【答案】D。

3．【2019 年真题】应用网络计划技术编制建设工程进度计划的主要工作如下：①分析逻辑关系；②优化网络计划；③确定进度计划目标；④确定关键线路和关键工作；⑤计算工作持续时间；⑥进行项目分解；⑦绘制网络图。其编制程序正确的是（ ）。

A．③—⑥—⑤—①—②—④—⑦　　B．⑥—①—③—⑤—④—②—⑦

C．③—①—⑥—④—⑤—⑦—②　　D．③—⑥—①—⑦—⑤—④—②

【答案】D。

【还会这样考】

建设工程进度计划的编制程序中，绘制网络图前应完成的工作是（ ）。

A．分析工作之间的逻辑关系　　　B．计算工作持续时间

C．进行项目分解　　　　　　　　D．确定进度计划目标

【答案】D。

第二章
流水施工原理

第一节　基本概念

一、施工方式的特点

【考生必掌握】

施工方式包括依次施工、平行施工、流水施工三种方式。三种施工组织方式的特点要重点记忆，这是考试的重点。考生可通过表 3-2-1 来记忆。

施工方式的特点

表 3-2-1

施工方式	工作面利用	工期长短	能否连续施工	能否实现专业化	单位时间投入的资源量	现场组织管理
依次	没有充分	长	否	否	较少	比较简单
平行	充分	短	各个施工段同时施工，而非由专业队在各施工段间连续施工	否	成倍增加	比较复杂
流水	尽可能	较短	能	能	较均衡	有利于连续管理、文明施工

【想对考生说】

在三种施工组织方式中，工期最短的是平行施工，最长的是依次施工；能够实现专业化施工的是流水施工；资源较为均衡的是流水施工。

【历年这样考】

1.【2023 年真题】工程项目组织依次施工的特点是（　　）。

A. 能充分利用工作面进行施工，工期较短

B. 能由一个工作队完成全部工作任务，有利于专业化作业

C. 单位时间内利用的施工机具少，有利于调配施工机具

D．专业工作队连续施工，有利于最大限度地搭接施工

【答案】C。

2.【2022年真题】与依次施工、平行施工方式相比，流水施工方式的特点有（　　）。

A．施工现场组织管理简单

B．有利于实现专业化施工

C．相邻专业工作队的开工时间能最大限度地搭接

D．单位时间内投入的资源量较为均衡

E．施工工期最短

【答案】BCD。

3.【2021年真题】建设工程采用平行施工方式的特点是（　　）。

A．充分利用工作面进行施工　　　　　B．施工现场组织管理简单

C．专业工作队能够连续施工　　　　　D．有利于实现专业化施工

【答案】A。

4.【2019年真题】在有足够工作面和资源的前提下，施工工期最短的施工组织方式是（　　）。

A．依次施工　　　　　　　　　　　B．搭接施工

C．平行施工　　　　　　　　　　　D．流水施工

【答案】C。

【想对考生说】

在以后的考试中，还会考到这部分内容，考生把表中的内容好好掌握一下，这里就不再准备习题来练习了。

二、流水施工参数

【考生必掌握】

流水施工参数包括工艺参数、空间参数和时间参数，其具体内容见表3-2-2。

扫码学习

流水施工参数　　　　　　表3-2-2

流水施工参数			内容
工艺参数	施工过程	概念	根据施工组织及计划安排需要而将计划任务划分成的子项称为施工过程
		分类	施工过程一般分为建造类施工过程、运输类施工过程和制备类施工过程。建造类施工过程必须列入施工进度计划。运输类与制备类施工过程只有占有施工对象的工作面，影响工期时，才列入施工进度计划之中

续表

流水施工参数			内容
工艺参数	流水强度	概念	流水强度是指流水施工的某施工过程（专业工作队）在单位时间内所完成的工程量，也称为流水能力或生产能力
		影响因素	（1）投入该施工过程中的资源量（施工机械台数或工人数）。 （2）投入该施工过程中资源的产量定额。 （3）投入该施工过程中的资源种类数
空间参数	工作面		工作面是指供某专业工种的工人或某种施工机械进行施工的活动空间
	施工段	概念	将施工对象在平面或空间上划分成若干个劳动量大致相等的施工段落，称为施工段或流水段
		划分目的	为了组织流水施工
时间参数	流水节拍	概念	流水节拍指在组织流水施工时，某个专业工作队在一个施工段上的施工时间
		确定因素	（1）采用的施工方法、施工机械。 （2）在工作面允许的前提下投入施工的工人数、机械台数。 （3）采用的工作班次
	流水步距	概念	流水步距是指组织流水施工时，相邻两个施工过程（或专业工作队）相继开始施工的最小间隔时间
		数目	取决于参加流水的施工过程数
		大小	取决于相邻两个施工过程（或专业工作队）在各个施工段上的流水节拍及流水施工的组织方式
	流水施工工期		流水施工工期是指从第一个专业工作队投入流水施工开始，到最后一个专业工作队完成流水施工为止的整个持续时间

【想对考生说】

流水施工参数考核比较简单，考生应能区分工艺参数、空间参数、时间参数分别包括哪些，以及各个参数的概念。这部分内容采分点很多，下面来看历年真题和还可能会出现的题目。

【历年这样考】

1.【2023年真题】流水施工参数中，流水步距的含义是（　　）。

A. 相邻两个施工过程相继开始施工的最小间隔时间

B. 相邻两个施工段相继开始施工的最小间隔时间

C. 相邻两个施工过程之间因组织安排需要增加的间隔等待时间

D. 相邻两个施工段之间因工艺安排需要增加的间隔等待时间

【答案】A。

2.【2023年真题】下列流水施工参数中，属于空间参数的有（　　）。

A. 施工工期　　　　　　　　　　　　B. 施工段

C. 工作面　　　　　　　　　　　　　D. 施工强度

E．施工过程

【答案】BC。

3．【2022 年真题】建设工程组织流水施工时，某施工过程在单位时间内完成的工程量称为（　　）。

A．流水节拍 　　　　　　　　　　　B．流水强度

C．流水步距 　　　　　　　　　　　D．流水定额

【答案】B。

4．【2022 年真题】下列流水施工参数中，用来表达流水施工在时间安排上所处状态的参数是（　　）。

A．流水强度和流水段数 　　　　　　B．流水段数和流水步距

C．流水步距和流水节拍 　　　　　　D．流水节拍和流水强度

【答案】C。

5．【2021 年真题】建设工程组织流水施工时，划分施工段的原则有（　　）。

A．每个施工段需要有足够工作面

B．施工段数要满足合理组织流水施工要求

C．施工段界限要尽可能与结构界限相吻合

D．同一专业工作队在不同施工段的劳动量必须相等

E．施工段必须在同一平面内划分

【答案】ABC。

6．【2019 年真题】下列各类参数中，属于流水施工参数的有（　　）。

A．工艺参数 　　　　　　　　　　　B．定额参数

C．空间参数 　　　　　　　　　　　D．时间参数

E．机械参数

【答案】ACD。

7．【2016 年真题】建设工程组织流水施工时，影响施工过程流水强度的因素有（　　）。

A．投入的施工机械台数和人工数

B．专业工种工人或施工机械活动空间人数

C．相邻两个施工过程相继开工的间隔时间

D．施工过程中投入资源的产量定额

E．施工段数目

【答案】AD。

8．【2015 年真题】流水节拍是流水施工的主要参数之一，同一施工过程中流水节拍的决定因素有（　　）。

A．所采用的施工方法 　　　　　　　B．所采用的施工机械类型

C．投入施工的工人数和工作班次 　　D．施工过程的复杂程度

E．工作的熟练程度

【答案】ABC。

【还会这样考】

1. 下列关于流水施工参数的说法中，正确的有（　　）。

A. 流水步距的数目取决于参加流水的施工过程数

B. 流水强度表示工作队在一个施工段上的施工时间

C. 划分施工段的目的是为组织流水施工提供足够的空间

D. 流水节拍可以表明流水施工的速度和节奏性

E. 流水步距的大小取决于流水节拍

【答案】ACDE。

2. 建设工程组织流水施工时，流水步距的大小取决于（　　）。

A. 参加流水的施工过程数 　　　　　　　　B. 施工段的划分数量

C. 施工段上的流水节拍 　　　　　　　　　D. 参加流水施工的作业队数

E. 流水施工的组织方式

【答案】CE。

第二节　有节奏流水施工

一、有节奏流水施工的分类及特点

【考生必掌握】

有节奏流水施工的分类及特点如图 3-2-1 所示。

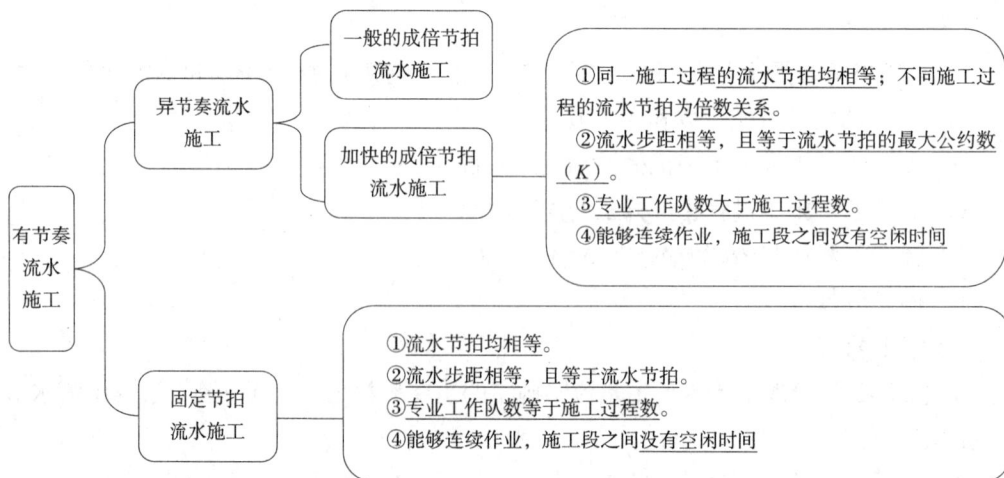

图 3-2-1　有节奏流水施工的分类及特点

扫码学习

【想对考生说】

　　固定节拍流水施工与加快的成倍节拍流水施工的特点是典型的多项选择题考点，在 2011 年、2012 年、2013 年、2016 年、2017 年、2020 年、2021 年考试中都考查的是多项选择题；2022 年考查的单项选择题。

【历年这样考】

　　1.【2022 年真题】建设工程组织加快的成倍节拍流水施工时，所具有的特点是（　　）。

　　A. 专业工作队数等于施工过程数

　　B. 相邻施工过程的流水节拍相等

　　C. 相邻施工段之间可能有空闲时间

　　D. 各专业工作队能够在施工段上连续作业

　　【答案】D。

　　2.【2021 年真题】建设工程组织固定节拍流水施工的特点有（　　）。

　　A. 专业工作队数等于施工过程数

　　B. 施工过程数等于施工段数

　　C. 各施工段上的流水节拍相等

　　D. 有的施工段之间可能有空闲时间

　　E. 相邻施工过程之间的流水步距相等

　　【答案】ACE。

【还会这样考】

　　固定节拍流水施工与加快的成倍节拍流水施工相比较，共同的特点是（　　）。

　　A. 相邻专业工作队的流水步距相等

　　B. 专业工作队数等于施工过程数

　　C. 不同施工过程的流水节拍均相等

　　D. 专业工作队数等于施工段数

　　【答案】A。

二、流水施工工期的计算

采分点1　固定节拍流水施工工期

【考生必掌握】

固定节拍流水施工工期分为有间歇时间和有提前插入时间的固定节拍流水施工，施工工期计算公式见表3-2-3。

固定节拍流水施工工期计算　　　　　　　　　　　　表3-2-3

类　型	计算公式
有间歇时间的	$T=(n-1)t+\sum G+\sum Z+mt$ $=\underline{(m+n-1)t+\sum G+\sum Z}$ 式中　n——施工过程数目； 　　　m——施工段数目； 　　　t——流水节拍； 　　　$\sum G$——工艺间歇时间； 　　　$\sum Z$——组织间歇时间
有提前插入时间的	$T=(n-1)t+\sum G+\sum Z-\sum C+mt=\underline{(m+n-1)t+\sum G+\sum Z-\sum C}$ 式中　$\sum C$——提前插入时间； 其余符号同前

【想对考生说】

固定节拍流水施工工期的计算比较简单，只需要根据题干条件带入公式中即可。

【历年这样考】

1.【2023年真题】某工程有3个施工过程，分4个施工段组织固定节拍流水施工，流水节拍为4天，该工程存在提前插入的时间为1天，2天的工艺间歇时间，则流水施工工期为（　　）天。

A. 25　　　　　B. 26　　　　　C. 27　　　　　D. 28

【答案】A。

【解析】流水施工工期=（3+4-1）×4+2-1=25天。

2.【2022年真题】某工程有4个施工过程，分5个施工段组织固定节拍流水施工，流水节拍为3天。其中，第2个施工过程与第3个施工过程之间有2天的工艺间歇，则该工程流水施工工期为（　　）天。

A. 24　　　　　B. 26　　　　　C. 27　　　　　D. 29

【答案】B。

【解析】该工程流水施工工期=（5+4-1）×3+2=26天。2021年考查题型与此题相同。

3.【2014 年真题】某分部工程的 4 个施工过程（Ⅰ、Ⅱ、Ⅲ、Ⅳ）组成，分为 6 个施工段，流水节拍均为 3 天，无组织间歇时间和工艺间歇时间，但施工过程Ⅳ需提前 1 天插入施工，该分部工程的工期为（　　）天。

A. 21　　　　　　　　　　　　　　B. 24

C. 26　　　　　　　　　　　　　　D. 27

【答案】C。

【解析】分部工程的工期 =（6+4 — 1）×3+0+0 — 1=26 天。

【还会这样考】

某工程由 5 个施工过程组成，分为 3 个施工段组织固定节拍流水施工。在不考虑提前插入时间的情况下，要求流水施工工期不超过 42 天，则流水节拍的最大值为（　　）天。

A. 4　　　　　　　　　　　　　　B. 5

C. 6　　　　　　　　　　　　　　D. 8

【答案】C。

【解析】流水节拍的最大值 =42÷（5+3 — 1）=6 天。

采分点 2　组织加快成倍节拍流水施工工期

【考生必掌握】

加快的成倍节拍流水施工工期 T 的计算公式为：

$$T=（n' — 1）K+\sum G+\sum Z — \sum C+mK=（m+n' — 1）K+\sum G+\sum Z — \sum C$$

式中　n'——专业工作队数目。

其余符号同前。

每个施工过程的专业工作队数目计算公式为：

$$b_j=t_j/K$$

式中　b_j——第 j 个施工过程的专业工作队数目；

　　　t_j——第 j 个施工过程的流水节拍；

　　　K——流水步距。

流水步距等于流水节拍的最大公约数。

【想对考生说】

该考点考试题目难度不大，只要掌握上面的公式，得分是没有问题的。

【历年这样考】

1.【2023 年真题】某工程有 3 个施工过程，划分为 4 个施工段组织加快的成倍节拍流水施工，各施工过程流水节拍分别是 6 天、6 天和 9 天，则该工程的流水步距和专业工作队总数分别是（　　）。

A. 3 和 7　　　　　　　　　　　　B. 3 和 6

C. 2 和 7   D. 2 和 6

【答案】A。

【解析】流水步距 $K=（6，6，9）=3$。专业工作队数 =6/3+6/3+9/3=7。

2.【2019 年真题】某分部工程有 3 个施工过程，分为 4 个施工段组织加快的成倍节拍流水施工，各施工过程流水节拍分别是 6 天、6 天、9 天，则该分部工程的流水施工工期是（　　）天。

A. 24   B. 30

C. 36   D. 54

【答案】B。

【解析】计算专业工作队数目首先应计算流水步距，流水步距等于流水节拍的最大公约数，即：$K=\min[6，6，9]=3$；专业工作队数目 = 流水节拍 / 流水步距 =6/3+6/3+9/3=7。则流水施工工期 =（4+7−1）×3 = 30 天。

【还会这样考】

1. 某分部工程有 3 个施工过程，各分为 4 个流水节拍相等的施工段，各施工过程的流水节拍分别为 6、4、4 天。如果组织加快的成倍节拍流水施工，则应组织（　　）个专业工作队数。

A. 3   B. 4   C. 5   D. 7

【答案】D。

【解析】流水步距 $K=\min[6，4，4]=2$ 天；各施工过程的专业工作队数 =6/2+ 4/2+4/2 = 7 个。

2. 某工程有 3 个施工过程，分 4 个施工段，组织加快的成倍节拍流水施工，3 个施工过程的流水节拍分别为 6 天、4 天、8 天，则流水步距为（　　）天。

A. 2   B. 4   C. 6   D. 8

【答案】A。

【解析】流水步距 $K=\min[6，4，8]=2$ 天。

第三节　非节奏流水施工

一、非节奏流水施工的特点

【考生必掌握】

非节奏流水施工具有以下几个特点：

（1）流水节拍不全相等。

（2）流水步距不尽相等。

（3）专业工作队数等于施工过程数。

（4）连续作业，但有的施工段之间可能有空闲时间。

【想对考生说】

　　本考点在 2014 年、2018 年、2022 年、2023 年都考查过，可考题型就一种，判断非节奏流水施工的特点有哪些。

【历年这样考】

　　【2023 年真题】关于组织非节奏流水施工，说法正确的是（　　）。

　　A. 在各个施工段上的流水节拍均相等

　　B. 专业工作队数大于施工过程数

　　C. 相邻施工过程的流水步距不尽相等

　　D. 各专业工作队在施工段上不能连续作业

【答案】C。

【想对考生说】

　　为了方便考生更好地学习流水施工的特点，通过表 3-2-4 将流水施工的特点进行总结。

流水施工基本组织方式的特点　　　　　　　　　　　表 3-2-4

	固定节拍	异节奏		非节奏
		加快的成倍节拍	一般的成倍节拍	
流水节拍	所有的均相等	同一施工过程：相等 不同施工过程：不尽相等，倍数关系	同一施工过程：相等 不同施工过程：不尽相等	不全相等
流水步距	相等，且等于流水节拍	相等，且等于流水节拍的最大公约数	不尽相等	不尽相等
施工过程数与专业工作队数	相等	专业工作队数＞施工过程数	相等	相等
能否连续作业	能			
施工段之间是否有空闲	没有	没有	可能有	可能有

二、非节奏流水施工工期的确定

【考生必掌握】

　　非节奏流水施工工期的计算公式为：

$$T=\sum K+\sum t_n+\sum Z+\sum G-\sum C$$

式中　　T——流水施工工期；

　　　　$\sum K$——各施工过程（或专业工作队）之间流水步距之和；

　　　　$\sum t_n$——最后一个施工过程（或专业工作队）在各施工段流水节拍之和；

　　　　$\sum Z$——组织间歇时间之和；

　　　　$\sum G$——工艺间歇时间之和；

　　　　$\sum C$——提前插入时间之和。

【历年这样考】

1.【2023年真题】某工程组织流水施工，各施工段流水节拍见表3-2-5（单位：天），该工程的流水步距、间歇时间和流水施工工期计算正确的有（　　）。

各施工段流水节拍　　　　　　　　　　　　　表3-2-5

施工过程	施工段		
	I	II	III
A	3	4	3
B	4	3	3
C	2	2	3
D	3	2	4

A．A、B间流水步距为3　　　　　　　　B．B、C间流水步距为5

C．C、D间流水步距为2　　　　　　　　D．A、D间流水步距为9

E．流水施工工期为20

【答案】ACE。

【解析】

（1）求各施工过程流水节拍的累加数列：

施工过程A：3，7，10

施工过程B：4，7，10

施工过程C：2，4，7

施工过程D：3，5，9

（2）错位相减求得差数列：

```
A 与 B:  3, 7, 10
      — )  4, 7,    10
         3, 3, 3, — 10
B 与 C:  4, 7, 10
      — )  2, 4,     7
         4, 5, 6, — 7
C 与 D:  2, 4, 7
      — )  3, 5,     9
         2, 1, 2, — 9
```

（3）在差数列中取最大值求得流水步距：A、B 间流水步距为 3 天；B、C 间流水步距为 6 天；C、D 间流水步距为 2 天。

流水施工工期 =3+6+2+9=20 天。

2.【2020 年真题】某分部工程有 2 个施工过程，分为 5 个施工段组织非节奏流水施工。各施工过程的流水节拍分别为 5 天、4 天、3 天、8 天、6 天和 4 天、6 天、7 天、2 天、5 天。第二个施工过程第三施工段的完成时间是第（　　）天。

A．17　　　　　　B．19　　　　　　C．24　　　　　　D．26

【答案】C。

【解析】本题的解题过程：

（1）各施工过程流水节拍的累加数列：

施工过程 1：5，9，12，20，26

施工过程 2：4，10，17，19，24

（2）错位相减求得差数列：

$$
\begin{array}{r}
5,\ 9,\ 12,\ 20,\ 26 \\
-)\quad\quad 4,\ 10,\ 17,\ 19,\quad 24 \\
\hline
5,\ 5,\ 2,\ 3,\ 7,\ -24
\end{array}
$$

（3）取最大值求得流水步距：

施工过程 1 与施工过程 2 之间的流水步距：$K_{1,2}$=max[5，5，2，3，7，−24]=7 天。

第二个施工过程第三施工段的完成时间 =7+4+6+7=24 天。

【想对考生说】

1 个公式 +1 个方法计算各类流水施工的流水步距与施工工期。

【1 个公式】流水施工工期 = Σ 流水步距 + Σ 最后一个施工过程的流水节拍 + Σ 间歇时间 − Σ 插入时间

——主要在于计算流水步距，在"加快的成倍节拍流水施工"中，流水步距=min [所有施工过程的流水节拍]，工作队数 =Σ（所有施工过程的流水节拍的比例）。

其他类型的流水施工的流水步距，采用"累加数列错位相减取大差法"计算。

【1 个方法】累加数列错位相减取大差法（分 3 步）：第 1 步：累加数列；第 2 步：错位相减；第 3 步：取大差。

【还会这样考】

某基础工程包括开挖、支模、浇筑混凝土及回填四个施工过程，分 3 个施工段组织流水施工，流水节拍见表 3-2-6（单位：天），则该基础工程的流水施工工期为（　　）天。

某基础工程流水节拍   表3-2-6

流水节拍 施工段 施工过程	I	II	III
开挖	4	5	3
支模	3	3	4
浇筑混凝土	2	4	3
回填	4	4	3

A. 17   B. 20

C. 23   D. 24

【答案】C。

【解析】该基础工程的流水施工工期的计算如下：

开挖与支模：

$$
\begin{array}{r}
4, \quad 9, \quad 12 \\
-)\quad\quad 3, \quad 6, \quad\quad 10 \\
\hline
4, \quad 6, \quad 6, \quad -10
\end{array}
$$

支模与浇筑混凝土：

$$
\begin{array}{r}
3, \quad 6, \quad 10 \\
-)\quad\quad 2, \quad 6, \quad\quad 9 \\
\hline
3, \quad 4, \quad 4, \quad -9
\end{array}
$$

浇筑混凝土与回填：

$$
\begin{array}{r}
2, \quad 6, \quad 9 \\
-)\quad\quad 4, \quad 8, \quad\quad 11 \\
\hline
2, \quad 2, \quad 1, \quad -11
\end{array}
$$

开挖与支模 max=［4，6，6，-10］=6天；

支模与浇筑混凝土 max=［3，4，4，-9］=4天；

浇筑混凝土与回填 max=［2，2，1，-11］=2天；

则该基础工程的流水施工工期 =6+4+2+4+4+3 =23 天。

第三章

网络计划技术

第一节 基本概念

【想对考生说】

网络计划的基本概念，主要是箭线、逻辑关系、工作等，就考试而言，不是很重要，但为了学习后面的知识，是需要理解的，不需要死记硬背。

【历年这样考】

1.【2022年真题】工程网络计划中，工作之间因资源调配需要而确定的先后顺序关系属于（ ）关系。

A. 组织　　　　　　　　　　　　B. 搭接

C. 工艺　　　　　　　　　　　　D. 平行

【答案】A。

2.【2020年真题】某工程有A、B两项工作，分为3个施工段（$A_1A_2A_3$，$B_1B_2B_3$）进行流水施工，对应的双代号网络计划如图3-3-1所示，相邻两项工作属于工艺关系的是（ ）。

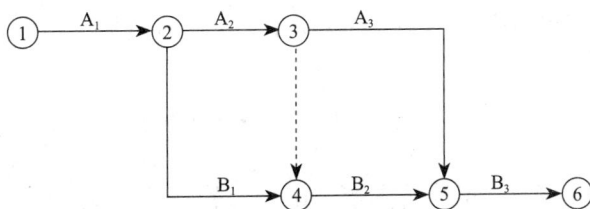

图3-3-1 双代号网络计划图

A. A_1A_2　　　　B. A_2B_2　　　　C. B_1B_2　　　　D. B_1A_3

【答案】B。

【想对考生说】

2017年也考查了工艺关系，是这样命题的："某工程有3个施工过程，依次为：钢筋→模板→混凝土，划分为Ⅰ和Ⅱ施工段编制工程网络进度计划。下列工作逻辑关系中，属于正确工艺关系的是（　　）。"

3.【2019年真题】双代号网络计划中虚工作的含义是指（　　）。

A. 相邻工作间的逻辑关系，只消耗时间

B. 相邻工作间的逻辑关系，只消耗资源

C. 相邻工作间的逻辑关系，消耗资源和时间

D. 相邻工作间的逻辑关系，不消耗资源和时间

【答案】D。

【还会这样考】

1. 双代号网络图中，工作是用（　　）表示的。

A. 箭线及其两端节点编号

B. 节点及其编号

C. 箭线及其起始节点编号

D. 箭线及其终点节点编号

【答案】A。

2. 某工作间逻辑关系如图3-3-2所示，则正确的是（　　）。

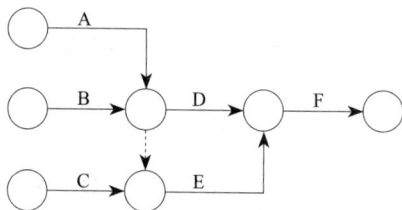

图3-3-2　工作间逻辑关系图

A. A、B均完成后同时进行C、D

B. A、B均完成后进行D

C. A、B、C均完成后同时进行D、E

D. B、C完成后进行E

【答案】B。

3. 某工程双代号网络计划如图3-3-3所示，工作B的后续工作有（　　）。

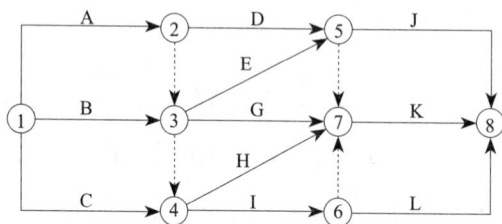

图3-3-3　工程双代号网络计划图

A. 工作 D   B. 工作 E
C. 工作 J   D. 工作 K
E. 工作 L
【答案】BCDE。

第二节　网络图的绘制

【考生必掌握】

快速判断双代号网络图中错误的画法，见表 3-3-1

快速判断双代号网络图中错误的画法　　　　　　表 3-3-1

类型	错误画法	图例
是否存在多个起点节点	如果存在两个或两个以上的节点只有外向箭线、而无内向箭线，就说明存在多个起点节点。图中节点①和②就是两个起点节点	
是否存在多个终点节点	如果存在两个或两个以上的节点只有内向箭线，而无外向箭线，就说明存在多个终点节点。图中节点⑧、⑨就是两个终点节点	
是否存在节点编号错误	（1）如果箭尾节点的编号大于箭头节点的编号，就说明存在节点编号错误	
	（2）如果节点的编号出现重复，就说明存在节点编号错误	
是否存在工作代号重复	如果某一工作代号出现两次或两次以上，就说明工作代号重复。图中的工作 C 出现了两次	
是否存在多余虚工作	（1）如果某一虚工作的紧前工作只有虚工作，那么该虚工作是多余的；图中虚工作⑤→⑥是多余的	
	（2）如果某两个节点之间既有虚工作，又有实工作，那么该虚工作也是多余的。图中虚工作②→④是多余的	
是否存在循环回路	如果从某一节点出发沿着箭线的方向又回到了该节点，这就说明存在循环回路	

续表

类型	错误画法	图例
是否存在逻辑关系错误	根据题中所给定的逻辑关系逐一在网络图中核对，只要有一处与给定的条件不相符，就说明逻辑关系错误。图中，工作H的紧前工作是C、D和E，可以确定逻辑关系错误	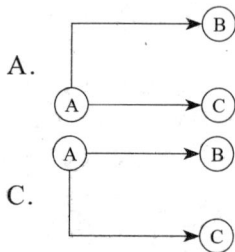

【想对考生说】

双代号网络计划的绘图规则是需要考生重点掌握的知识点，而且要理解网络图中常见的各种工作逻辑关系的表示方法。这一考点考查的题型大致有以下三类：

（1）用文字叙述双代号网络图的绘制方法，判断是否正确。

（2）题干中给出各工作的逻辑关系，判断选项中哪个是正确的网络图。

（3）题目给出一个错误的双代号网络图，判断该图中存在哪些错误。

【历年这样考】

1.【2023年真题】下列双代号网络工作线路图示中，绘图正确的是（　　）。

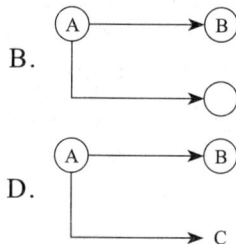

【答案】A。

【解析】选项B无节点编号。选项C出现无箭头连线。选项D节点编号表示方式错误。

2.【2022年真题】某工程双代号网络计划如图3-3-4所示，图中出现的错误有（　　）。

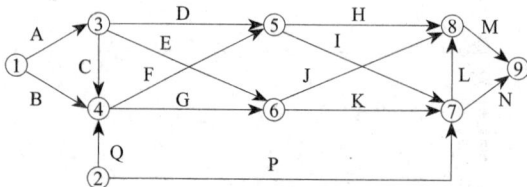

图3-3-4　双代号网络计划图

A．节点编号有误　　　　　　　　　B．多个起点节点

C．多个终点节点　　　　　　　　　D．箭线交叉表达有误

E．存在循环回路

【答案】BD。

【解析】存在①、②两个起点节点；③→⑥、④→⑤、⑤→⑦、⑥→⑧箭线交叉表达有误。

【还会这样考】

1. 根据表 3-3-2 逻辑关系绘制的双代号网络图如图 3-3-5 所示，存在的绘图错误是（　　）。

工作逻辑关系　　　　　　　　　　　　　　　　　　　　　　　表 3-3-2

工作名称	A	B	C	D	E	G	H
紧前工作	—	—	A	A	A、B	C	E

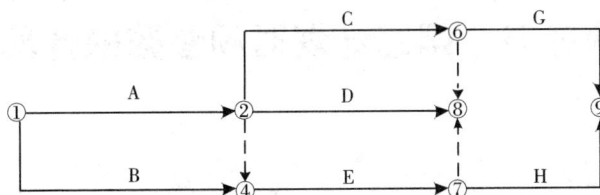

图 3-3-5　双代号网络图

A．节点编号不对　　　　　　　　　B．逻辑关系不对

C．有多个起点节点　　　　　　　　D．有多个终点节点

【答案】D。

【解析】本题中的逻辑关系均正确。双代号网络图中应只有一个起点节点和一个终点节点。本题中存在⑧、⑨两个终点节点。

2. 如图 3-3-6 所示双代号网络图中，存在的绘图错误是（　　）。

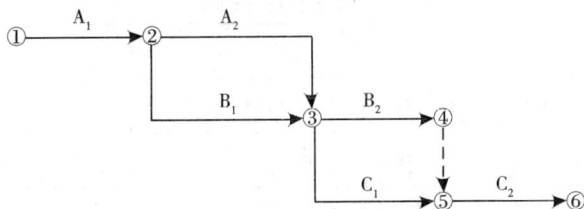

图 3-3-6　双代号网络图

A．节点编号错误　　　　　　　　　B．存在多余节点

C．有多个终点节点　　　　　　　　D．工作编号重复

【答案】D。

【解析】选项 D，工作 A_2 和工作 B_1 都用工作②—③表示是错误的。

3. 关于网络图绘图规则的说法，正确的有（　　）。

A. 双代号网络图只能有一个起点节点，单代号网络图可以有多个

B. 双代号网络图箭线不宜交叉，单代号网络图箭线适宜交叉

C. 网络图中均严禁出现循环回路

D. 双代号网络图中，母线法可用于任意节点

E. 网络图中节点编号可不连续

【答案】CE。

【想对考生说】

单代号网络图的绘制在历年考试中很少考查，这部分考生了解即可。

第三节　网络计划时间参数的计算

【想对考生说】

本节是本章最重要的考点，考生必须完全掌握其知识点，下面会将考试的重点进行详细讲解。

一、网络计划时间参数的概念

【考生必掌握】

1. 工期（T）

工期概念及符号表示见表 3-3-3。

工期概念及符号表示　　　　　　　　　　　　　　　　表 3-3-3

时间参数	概念	符号表示
计算工期	根据网络计划时间参数计算出来的工期	用 T_c 表示
要求工期	任务委托人所要求的工期	用 T_r 表示
计划工期	根据要求工期和计算工期所确定的作为实施目标的工期	用 T_p 表示

【想对考生说】

三种工期的概念要掌握，会考查概念题目。

2. 网络计划中工作的六个时间参数

网络计划中工作的六个时间参数概念及符号表示见表 3-3-4。

网络计划中工作的六个时间参数概念及符号表示　　　　　　表 3-3-4

时间参数	概念	符号表示
最早开始时间	在其所有紧前工作全部完成后，本工作有可能开始的最早时刻	双代号网络计划中，用 ES_{i-j} 表示。单代号网络计划中，用 ES_i 表示
最早完成时间	在其所有紧前工作全部完成后，本工作有可能完成的最早时刻	双代号网络计划中，用 EF_{i-j} 表示。单代号网络计划中，用 EF_i 表示
最迟完成时间	在不影响整个任务按期完成的前提下，本工作必须完成的最迟时刻	双代号网络计划中，用 LF_{i-j} 表示。单代号网络计划中，用 LF_i 表示
最迟开始时间	在不影响整个任务按期完成的前提下，本工作必须开始的最迟时刻	双代号网络计划中，用 LS_{i-j} 表示。单代号网络计划中，用 LS_i 表示
总时差	在不影响总工期的前提下，本工作可以利用的机动时间	双代号网络计划中，用 TF_{i-j} 表示。单代号网络计划中，用 TF_i 表示
自由时差	在不影响其紧后工作最早开始时间的前提下，本工作可以利用的机动时间	双代号网络计划中，用 FF_{i-j} 表示。单代号网络计划中，用 FF_i 表示

【想对考生说】

重点区分总时差与自由时差的概念。

还要注意：对于同一项工作而言，自由时差不会超过总时差。当工作的总时差为零时，其自由时差必然为零。

【历年这样考】

1.【2023 年真题】在工程网络计划中，关于计划工期的说法，正确的是（　　）。

A. 当有要求工期时，计划工期不大于要求工期

B. 当未规定要求工期时，计划工期可小于计算工期

C. 根据网络计划确定计划工期时，计划工期须等于计算工期

D. 根据网络计划确定计划工期时，可不考虑要求工期

【答案】A。

2.【2020 年真题】某工程单代号网络计划如图 3-3-7 所示，图中工作 B 的总时差是指在不影响（　　）的前提下所具有的机动时间。

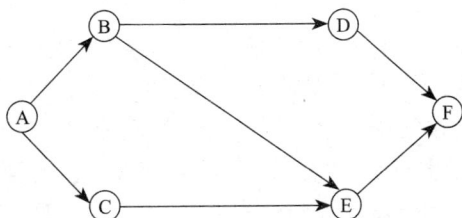

图 3-3-7　工程单代号网络计划图

A．工作 D 最迟开始时间 　　　　B．工作 E 最早开始时间

C．工作 D、E 最迟开始时间 　　D．工作 D、E 最早开始时间

【答案】C。

【解析】不影响总工期，也就是不影响 D、E 工作的最迟开始时间。

【想对考生说】

2019 年也考查了总时差的概念，是这样命题的："网络计划中，工作总时差是本工作可以利用的机动时间，但其前提是（　　）。"

3.【2020 年真题】工程网络计划中，工作的最迟开始时间是指在不影响（　　）的前提下，必须开始的最迟时刻。

A．紧后工作最早开始 　　　　　B．紧前工作最迟开始

C．整个任务按期完成 　　　　　D．所有后续工作机动时间

【答案】C。

【还会这样考】

1. 在工程网络计划中，某项工作的自由时差不会超过该工作的（　　）。

A．总时距 　　　　　　　　　　B．持续时间

C．间歇时间 　　　　　　　　　D．总时差

【答案】D。

2. 工程网络计划中，某项工作的总时差为零时，则该工作的（　　）必然为零。

A．时间间隔 　　　　　　　　　B．时距

C．间歇时间 　　　　　　　　　D．自由时差

【答案】D。

二、双代号网络计划时间参数的计算

采分点1　按工作计算法计算双代号网络计划时间参数

【想对考生说】

按工作计算法是以网络计划中的工作为对象，直接计算各项工作的时间参数，也就是"六时标注法"。"六时标注法"这个方法计算公式很多，计算过程烦琐，而且需要占用很长时间，稍不留神就会出现错误，这里就不再罗列"六时标注法"中涉及的计算公式了，考生可以根据教材进行学习。为了给考生节约时间，确保计算过程简单、计算结果准确无误，这里介绍一个非常简便的方法，称它为"双标号法"。该方法是标号法与时标网络计划结合而成的方法，一是"标号"、二是"时标"，也就是节点和工作同时标号。运用"双标号法"可以确定网络计划的计算工期、关键线路、关键工作，可以计算最早开始时间、最早完成时间；最迟开始时间、最迟完成时间；总时差、自由时差。具体计算，通过下面题目说明。

计算图 3-3-8 所示双代号网络图的时间参数（单位：月）。

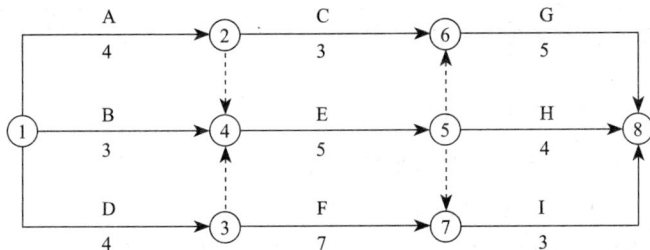

图 3-3-8　双代号网络图

第 1 步：标号

对每一个节点和每一项工作进行标号，如图 3-3-9 所示。

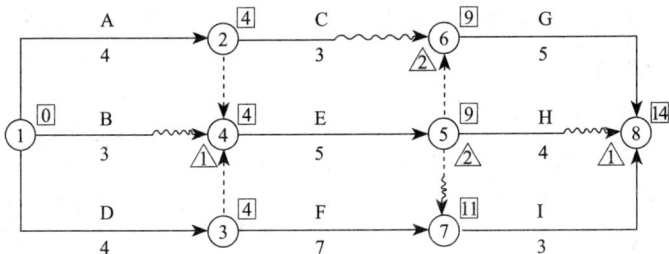

图 3-3-9　双代号网络图标号

起点节点①的标号值为 0；

节点②只有一项工作 A 指向，标号值为 0+4=4。

节点③只有一项工作 D 指向，标号值为 0+4=4。

节点④有一项工作 B 和两项虚工作指向，虚工作的持续时间为 0。标号值 =max{（0+3），（4+0），（4+0）}=4；此时工作 B 为 0+3=3 个月，与标记的 4 个月有 1 个月的差值，用波形线标记在工作 B 上。

节点⑤只有一项工作 E 指向，标号值为 4+5=9。

节点⑥有一项工作 C 和一项虚工作指向，标号值 =max{（4+3），（9+0）}=9；此时工作 C 为 4+3=7 个月，与标记的 9 个月有 2 个月的差值，波形线标记在工作 C 上。

节点⑦有一项工作 F 和一项虚工作指向，标号值 =max{（4+7），（9+0）}=11；此时虚工作为 9+0=9 个月，与标记的 11 个月有 2 个月的差值，波形线标记在虚工作⑤→⑦上。

节点⑧有三项工作 G、H、I 指向，标号值 =max{（9+5），（9+4），（11+3）}=14；此时工作 H 为 9+4=13 个月，与标记的 14 个月有 1 个月的差值，波形线标记在工作 H 上。

第2步：确定计算工期

确定方法：终点节点的标号值就是计算工期。

> 该网络图的终点节点是节点⑧，标号值是14，那么计算工期就是14个月。

第3步：确定关键工作与关键线路

（1）关键工作确定方法：没有波形线的工作就是关键工作。

关键工作：A、D、E、F、G、I。

（2）关键工作确定方法：把关键工作连成完整的线路就是关键线路。

以工作表示关键线路：A→E→G；D→E→G；D→F→I。

以节点表示关键线路：①→②→④→⑤→⑥→⑧；①→③→④→⑤→⑥→⑧；
①→③→⑦→⑧。

> 在考试中可能会这样考核：在网络图中的关键工作包括（ ）。
>
> 关键线路的表示方法有两种，分别是以工作表示和以节点表示，不论以哪种表示，中间只能用箭线连接。
>
> 在本科目考试中可能会这样考核：某工程双代号网络计划如下图所示，其中关键线路有（ ）。在《建设工程监理案例分析》科目中，找出网络图中的关键线路以工作表示或者是以节点表示，一定要看清楚，如果不按要求作答，即使找对了关键线路也不会得分的。

第4步：计算工作的最早开始和最早完成时间

计算方法：

其他工作最早开始时间＝箭尾节点的标号值；

最早完成时间＝最早开始时间＋持续时间

> 网络图中每一项工作的最早开始和最早完成时间都是多少呢？
>
> 工作A：最早开始时间是0，最早完成时间是0+4=4；
>
> 工作B：最早开始时间是0，最早完成时间是0+3=3；
>
> 工作C：最早开始时间是4，最早完成时间是4+3=7；
>
> 工作D：最早开始时间是0，最早完成时间是0+4=4；
>
> 工作E：最早开始时间是4，最早完成时间是4+5=9；
>
> 工作F：最早开始时间是4，最早完成时间是4+7=11；
>
> 工作G：最早开始时间是9，最早完成时间是9+5=14；
>
> 工作H：最早开始时间是9，最早完成时间是9+4=13；
>
> 工作I：最早开始时间是11，最早完成时间是11+3=14。

第5步：计算工作的自由时差和总时差

计算方法：

（1）关键工作的自由时差 = 总时差 =0；

（2）非关键工作的自由时差 = 波形线标记的数值；

特别注意：若某工作的紧后工作全部是虚工作，则此工作的自由时差为所有紧后虚工作波形线标记的数值的最小值；

（3）非关键工作的总时差 =min{ 所有从该工作的起点到达终点节点的各条线路上的自由时差之和 }。

> 根据第（1）条，可以判断关键工作 A、D、E、F、G、I 的总时差和自由时差均为 0。
>
> 根据第（2）条，可以判断非关键工作 B、C、H 的自由时差分别为 1、2、1。
>
> 网络图中工作 E 的紧后工作有两项虚工作，依据"特别注意"来计算其自由时差，自由时差就等于所有紧后虚工作波形线标记的数值的最小值，在这个网络图中，工作 E 是关键工作，如果不是关键工作，虚工作⑤→⑥会标记波形线的，也会有一个数值，那就和 2 来比较大小，取数值小的就是工作 E 的自由时差。
>
> 根据第（3）条，判断工作 B 的总时差：从工作 B 的起点到达终点节点的线路有 3 条，分别是：①→④→⑤→⑥→⑧、①→④→⑤→⑧、①→④→⑤→⑦→⑧，其自由时差之和分别为 1、1+1=2、1+2=3，我们取最小值 1 就是工作 B 的总时差。
>
> 再来判断工作 C 的总时差：从工作 C 的起点到达终点节点的线路只有 1 条，那总时差就等于 2。
>
> 继续判断工作 H 的总时差：从工作 H 的起点到达终点节点的线路只有 1 条，那总时差就等于 1。

第 6 步：计算工作的最迟开始和最迟完成时间

计算方法：

（1）最迟开始时间 = 最早开始时间 + 总时差

（2）最迟完成时间 = 最迟开始时间 + 持续时间

特别指出：

（1）关键工作的最迟开始时间 = 最早开始时间

（2）关键工作的最迟完成时间 = 最早完成时间

> 工作的总时差 = 该工作最迟完成时间 – 最早完成时间（或该工作最迟开始时间 – 最早开始时间），那么要计算工作最迟开始时间就等于最早开始时间 + 总时差。
>
> "特别指出"实际是计算方法的一个特例，因为关键工作的总时差为 0，所以最迟开始时间就等于最早开始时间，特别指出的第（2）条实际就是特别指出的第（1）条的公式两边同时加了一个持续时间。

【想对考生说】

从历年的考题来看，本考点主要有三种题型，且大部分是计算题。

第一种题型是已知某工作和其紧后工作的部分时间参数来求该工作的其他时间参数。

第二种题型是已知双代号网络计划来求某工作的时间参数。

第三种题型是对时间参数计算的表述题。

扫码学习

【历年这样考】

第一种题型：

1.【2023年真题】工作M有四项紧后工作，紧后工作最早开始时间分别为10、13、9、12，工作M最早开始时间为3，工作的持续时间为4，则工作M可利用的最小机动时间为（　）d。

A. 2

B. 3

C. 4

D. 5

【答案】A。

【解析】工作M的总时差 =min{9，10，13，13} —（3+4)=2。

2.【2016年真题】某工程网络计划中，工作M的持续时间为4天，工作M的三项紧后工作的最迟开始时间分别为第21天、第18天和第15天，则工作M的最迟开始时间是第（　）天。

A. 11

B. 14

C. 15

D. 17

【答案】A。

【解析】工作M的最迟完成时间 =min{21，18，15}=15；工作M的最迟开始时间 =15 — 4=11。

第二种题型：

1.【2023年真题】某工程网络计划如图 3-3-10 所示，工作 D 的最迟开始时间和总时差分别是（　）。

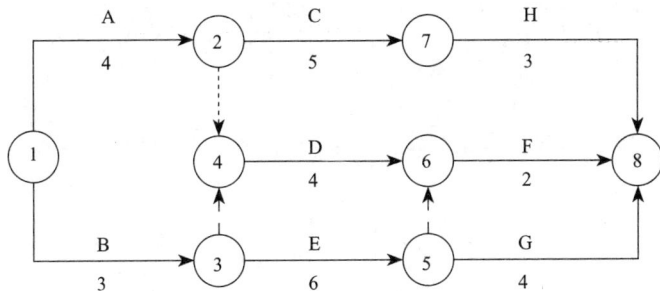

图 3-3-10　工程网络计划图

A. 6 和 2 　　　　　　　　　　B. 6 和 4

C. 7 和 2 　　　　　　　　　　D. 7 和 3

【答案】D。

【解析】工作 F 的最迟开始时间 =13 － 2=11，工作 D 的最迟开始时间 =11 － 4=7。工作的总时差等于该工作最迟完成时间与最早完成时间之差，或该工作最迟开始时间与最早开始时间之差，则工作 D 的总时差 =7 － 4=3。

2.【2022 年真题】某工程双代号网络计划如图 3-3-11 所示，工作 E 的自由时差和总时差分别是（　　）。

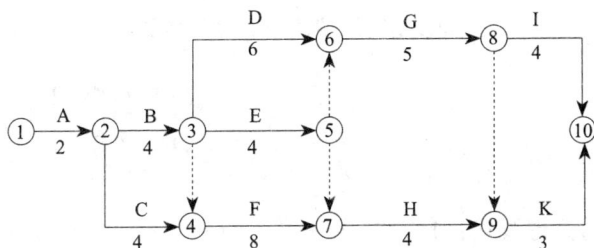

图 3-3-11　双代号网络计划图

A. 1 和 2 　　　　　　　　　　B. 2 和 2

C. 3 和 4 　　　　　　　　　　D. 4 和 4

【答案】B。

【解析】工作 E 的自由时差 =min｛12 － 10，14 － 10｝=2；工作 E 的最迟开始时间 =12 － 4=8，总时差 =8 －（2+4）=2。

采用标号法来计算，如图 3-3-12 所示。

关键线路为：①→②→③→⑥→⑧→⑩、①→②→③→④→⑦→⑨→⑩、①→②→④→⑦→⑨→⑩。工作 E 为非关键工作，其自由时差 =min{2，4}=2；总时差 =min{2，2+1，4}=2。

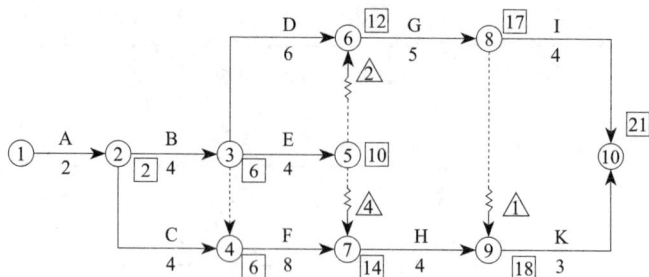

图 3-3-12　工程网络计划标号图

3. 【2021 年真题】某工程双代号网络计划如图 3-3-13 所示，工作 E 最早完成时间和最迟完成时间分别是（　　）。

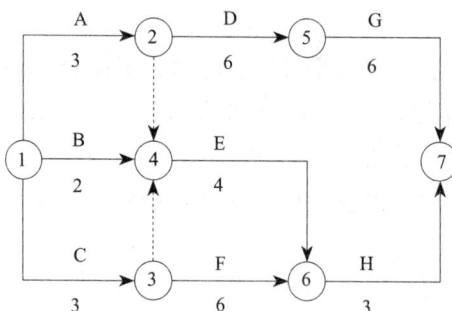

图 3-3-13　双代号网络计划图

A. 6 和 8

B. 6 和 12

C. 7 和 8

D. 7 和 12

【答案】D。

【解析】本题的关键线路：①→②→⑤→⑦，最早开始时间 =max{（3+4），（2+4），（3+4）}=7，最迟完成时间 =15 — 3=12。2019 年、2020 年也是以这种题型考查了最早完成时间和最迟完成时间。

4. 【2021 年真题】某工程双代号网络计划如图 3-3-14 所示，工作 G 的自由时差和总时差分别是（　　）。

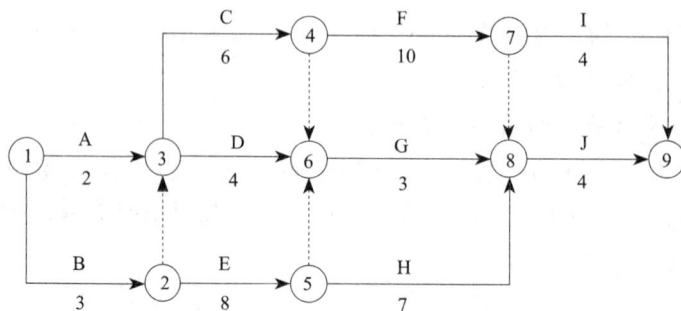

图 3-3-14　双代号网络计划图

A. 0 和 4　　　　　　　　　　B. 4 和 4

C. 5 和 5　　　　　　　　　　D. 5 和 6

【答案】C。

【解析】关键线路是①→②→③→④→⑦→⑧→⑨和①→②→③→④→⑦→⑨，工作 G 的完成节点为关键节点，所以其自由时差 = 总时差 =6+10 — 8 — 3=5。

> 【想对考生说】
> 　　自由时差可由双标号法中的"波形线"长度判定，对于总时差的计算，再来介绍一种方法："取最小值法"，这个方法分为四步：
> 　　一找——找出经过该工作的所有线路（找全）；
> 　　一加——计算各条线路中所有工作的持续时间之和；
> 　　一减——分别用计算工期减去各条线路的持续时间之和；
> 　　取小——取相减后的最小值就是该工作的总时差。

第三种题型：

【2014 年真题】当本工作有紧后工作时，其自由时差等于所有紧后工作最早开始时间与本工作（　　）。

A. 最早开始时间之差的最大值　　B. 最早开始时间之差的最小值

C. 最早完成时间之差的最大值　　D. 最早完成时间之差的最小值

【答案】D。

【还会这样考】

1. 某网络计划中，工作 A 有两项紧后工作 C 和 D，C、D 工作的持续时间分别为 12 天、7 天，C、D 工作的最迟完成时间分别为第 18 天、第 10 天，则工作 A 的最迟完成的时间是第（　　）天。

A. 3　　　　　　　　　　　　B. 5

C. 6　　　　　　　　　　　　D. 8

【答案】A。

【解析】C、D 工作的最迟开始时间分别为第 6 天和第 3 天，所以工作 A 的最迟完成时间是第 3 天。

2. 双代号网络计划中，某工作最早第 3 天开始，工作持续时间 2 天，有且仅有 2 个紧后工作，紧后工作最早开始时间分别是第 5 天和第 6 天，对应总时差是 4 天和 2 天。该工作的总时差和自由时差分别是（　　）。

A. 3 天，0 天　　　　　　　　B. 0 天，0 天

C. 4 天，1 天　　　　　　　　D. 2 天，2 天

【答案】A。

【解析】对于有紧后工作的工作，自由时差等于本工作之紧后工作最早开始时间减本工作最早完成时间所得之差的最小值，所以该工作的总时差 =min{（5 － 3 － 2），（6 － 3 － 2）}=0 天。假设该工作为 A，两项紧后工作分别为 B、C，工作 B、C 的最迟开始时间分别为 9（5+4）和 8（6+2），紧后工作的最迟开始时间也就是该工作最迟完成时间，所以工作 A 的最迟完成时间为 min{8，9}=8，那么该工作的总时差 =8 －（3+2）=3 天。

3. 某双代号网络计划如图 3-3-15 所示（时间单位：天），其计算工期是（   ）天。

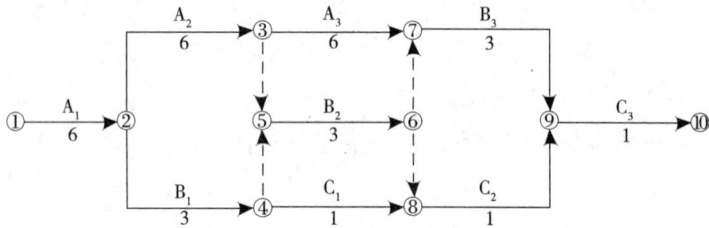

图 3-3-15　双代号网络计划图

A. 12　　　　　　B. 14　　　　　　C. 22　　　　　　D. 17

【答案】C。

【解析】关键线路的持续时间即为计算工期。本题中关键线路为：①→②→③→⑦→⑨→⑩。计算工期 =6+6+6+3+1=22 天。

4. 关于双代号网络计划的工作最迟开始时间的说法，正确的是（   ）。

A. 最迟开始时间等于各紧后工作最迟开始时间的最大值

B. 最迟开始时间等于各紧后工作最迟开始时间的最小值

C. 最迟开始时间等于各紧后工作最迟开始时间的最大值减去持续时间

D. 最迟开始时间等于各紧后工作最迟开始时间的最小值减去持续时间

【答案】D。

采分点 2　按节点计算法计算双代号网络计划时间参数

【想对考生说】

从历年考试情况来看，该采分点主要是对总时差、自由时差、关键线路、关键工作的考查。工作的总时差等于该工作完成节点的最迟时间减去该工作开始节点的最早时间所得差值再减其持续时间。工作的自由时差等于该工作完成节点的最早时间减去该工作开始节点的最早时间所得差值再减其持续时间。其他时间参数的计算考生参考教材学习。

计算口诀：最早看紧前，多个取最大，紧前未知可顺推；最迟看紧后，多个取最小，紧后未知可逆推。

考查题型是已知双代号网络计划求某工作的时间参数，而且以多项选择题为主。

【历年这样考】

1.【2021 年真题】某工程双代号网络计划如图 3-3-16 所示，图中表明的正确信息有（　　）。

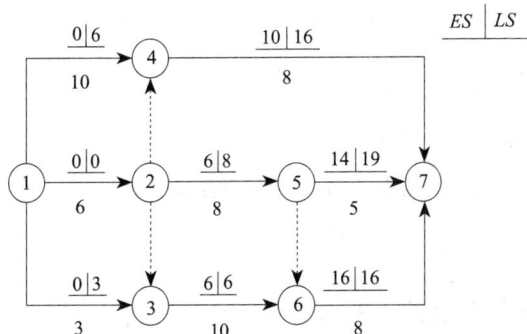

图 3-3-16　双代号网络计划图

A．工作①→③的总时差等于自由时差

B．工作①→④的总时差等于自由时差

C．工作②→⑤的自由时差为零

D．工作⑤→⑦为关键工作

E．工作⑥→⑦为关键工作

【答案】 ACE。

【解析】 本题中关键线路为①→②→③→⑥→⑦，所以工作⑤→⑦为非关键工作，工作⑥→⑦为关键工作。故选项 D 错误，故选项 E 正确。工作①→③的总时差 = 自由时差 =6 − 3 = 3。故选项 A 正确。工作①→④的自由时差为 0，总时差为 6。故选项 B 错误。工作②→⑤的自由时差为 0。故选项 C 正确。

2.【2019 年真题】某工程进度计划如图 3-3-17 所示（时间单位：天），图中的正确信息有（　　）。

A．关键节点组成的线路 1 → 3 → 4 → 5 → 7 为关键线路

B．关键线路有两条

C．工作 E 的自由时差为 2 天

D．工作 E 的总时差为 2 天

E．开始节点和结束节点为关键节点的工作 A、工作 C 为关键工作

【答案】 BCD。

【解析】 关键线路为 1 → 3 → 4 → 7 和 1 → 3 → 4 → 5 → 6 → 7 两条。工作 E 的自由时差 = [8 −（3+3）] = 2 天。工作 E 的总时差 = 8 − 6 = 2 天。工作 C 不是关键工作。

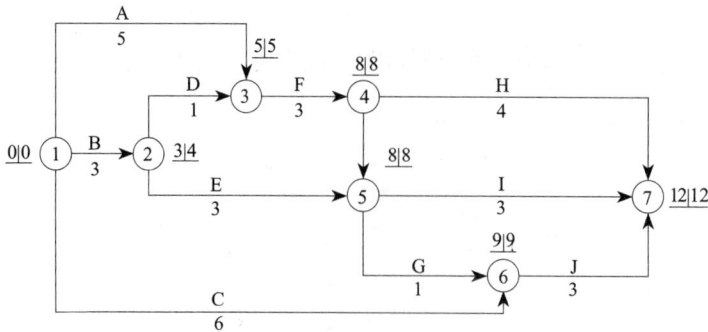

图 3-3-17　工程进度计划图

【还会这样考】

某工程双代号网络计划如图 3-3-18 所示，图中已标明每项工作的最早开始时间和最迟开始时间，该计划表明（　　）。

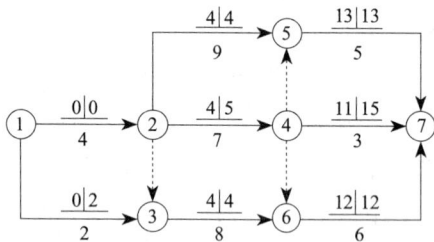

图 3-3-18　工程双代号网络计划图

A．工作 1—3 的自由时差为 2　　　　　　B．工作 2—5 为关键工作

C．工作 2—4 的自由时差为 1　　　　　　D．工作 3—6 的总时差为零

E．工作 4—7 为关键工作

【答案】 ABD。

【解析】 工作 1—3 的自由时差 $=4-0-2=2$；图中的关键线路为①→②→⑤→⑦，①→②→③→⑥→⑦，所以工作 2—5 为关键工作，工作 4—7 为非关键工作；工作 2—4 的自由时差 $=\min\{(13-4-7),(11-4-7),(12-4-7)\}=0$；工作 3—6 的总时差 $=4-4=0$。

三、单代号网络计划时间参数的计算

【想对考生说】

单代号网络计划时间参数的计算可考题型有三种：

第一种题型是已知某工作和其紧后工作的部分时间参数来求该工作的其他时间参数。

第二种题型是已知单代号网络计划来求某工作的时间参数。这种题型是常考题型。

第三种题型是对时间参数计算的表述题。

单代号网络计划时间参数的计算公式考生参考教材来记忆。这里主要通过真题题目详细讲解解题过程。

扫码学习

【历年这样考】

1.【2023年真题】工程单代号网络计划中，工作总时差是指（　　）。

A. 本工作与其紧后工作之间的时间间隔

B. 本工作与其紧后工作之间时间间隔的最小值

C. 本工作与其紧后工作之间时间间隔加该紧后工作总时差之和的最小值

D. 本工作与其紧后工作之间时间间隔加该紧后工作总时差之和的最大值

【答案】C。

2.【2021年真题】某工程单代号网络计划中，工作 E 的最早完成时间和最迟完成时间分别是 6 和 8，紧后工作 F 的最早开始时间和最迟开始时间分别是 7 和 10，工作 E 和 F 之间的时间间隔是（　　）。

A. 1　　　　　　　　　　　　　　B. 2

C. 3　　　　　　　　　　　　　　D. 4

【答案】A。

【解析】相邻两项工作之间的时间间隔是指本工作的最早完成时间与其紧后工作最早开始时间之间可能存在的差值。工作 E 和 F 之间的时间间隔 =7 − 6=1。

3.【2020年真题】工作 A 有 B、C 两项紧后工作，A、B 之间的时间间隔为 3 天，A、C 之间的时间间隔为 2 天，则工作 A 的自由时差是（　　）天。

A. 1　　　　　　　　　　　　　　B. 2

C. 3　　　　　　　　　　　　　　D. 5

【答案】B。

【解析】网络计划终点节点所代表的工作的自由时差等于计划工期与本工作的最早完成时间之差；其他工作的自由时差等于本工作与其紧后工作之间时间间隔的最小值。工作 A 的自由时差 =min{2，3}=2 天。

4.【2016年真题】某工程单代号网络计划如图 3-3-19 所示，工作 E 的最早开始时间是（　　）。

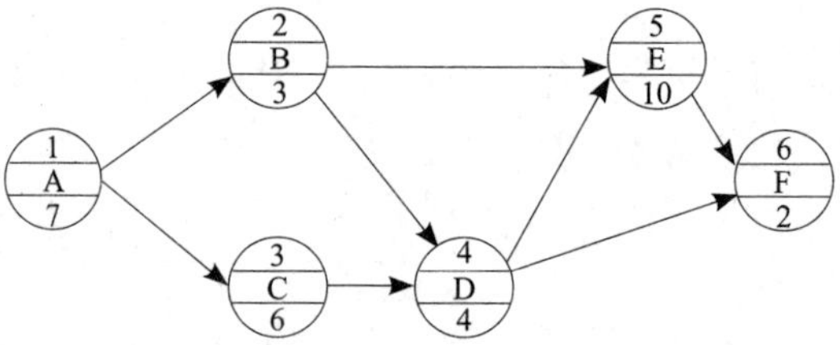

图 3-3-19 　工程单代号网络计划图

A. 10 　　　　　　　　　　　　B. 13

C. 17 　　　　　　　　　　　　D. 27

【答案】C。

【解析】工作 E 的紧前工作有工作 B 和工作 D，工作 B 的最早开始时间为 7，最早完成时间 =7+3=10。工作 D 的紧前工作有工作 B 和工作 C，工作 C 的最早开始时间为 7，最早完成时间 =7+6=13；工作 D 的最早开始时间 =13，最早完成时间 =13+4=17。所以工作 E 的最早开始时间 =max{10，17}=17。

【还会这样考】

第一种题型：

某工作有 2 个紧后工作，紧后工作的总时差分别是 3 天和 5 天，对应的间隔时间分别是 4 天和 3 天，则该工作的总时差是（　　）天。

A. 6 　　　　　　　　　　　　B. 8

C. 9 　　　　　　　　　　　　D. 7

【答案】D。

【解析】该工作的总时差 =min{（3+4），（5+3）}=7 天。

【想对考生说】

自由时差与时间间隔的关系

1. 自由时差的计算公式

（1）各紧后工作的最早开始时间与本工作最早完成时间的差值的最小值，即：

$$FF_i = \min\{ES_j - EF_i\}$$

本工作的最早完成时间 EF_i 是唯一的值，$FF_i = \min\{ES_j\} - EF_i$

助记：自由时差等于"后早始"的最小值减"本早完"。

（2）本工作与各紧后工作之间时间间隔的最小值，即：

$$FF_i = \min\{LAG_{i-j}\}$$

（3）在双代号网络计划中，对于无紧后工作的工作（即以终点节点为完成节点的工作），以计划工期 T_p 代替"后早始"，计算式为：

$$FF_{i-n} = T_p - EF_{i-n}$$

2. 时间间隔的计算公式

$$LAG_{i-j} = ES_j - EF_i （"后早始"减"本早完"）$$

> **3．两者之间的关系**
>
> 某项工作的自由时差 $FF_i = \min\{LAG_{i-j}\}$
>
> （1）当该工作只有一项紧后工作时，其自由时差等于其与紧后工作之间的时间间隔。
>
> （2）当该工作的紧后工作多于一项时，其自由时差等于本工作与各紧后工作之间时间间隔的最小值。

第二种题型：

单代号网络计划中，工作 C 的已知时间参数（单位：天）标注如图 3-3-20 所示，则该工作的最迟开始时间、最早完成时间和总时差分别是（　　）天。

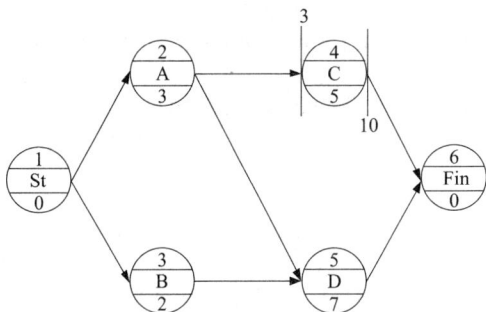

图 3-3-20　单代号网络计划图

A．3、10、5　　　　　　　　　　　　B．3、8、5

C．5、10、2　　　　　　　　　　　　D．5、8、2

【答案】D。

【解析】本题的计算过程如下：

（1）工作 C 的最早开始时间 =3 天。

（2）工作 C 的最早完成时间 =3+5=8 天。

（3）工作 C 的最迟完成时间为 10 天，则总时差 =10－8=2 天。

（4）工作 C 的最迟开始时间 =3+2=5 天。

第三种题型：

单代号网络计划时间参数计算中，相邻两项工作之间的时间间隔（$LAG_{i,j}$）是（　　）。

A．紧后工作最早开始时间和本工作最早开始时间之差

B．紧后工作最早开始时间和本工作最早完成时间之差

C．紧后工作最早完成时间和本工作最早开始时间之差

D．紧后工作最迟完成时间和本工作最早完成时间之差

【答案】B。

四、关键线路与关键工作

【考生必掌握】

【想对考生说】

为了帮助考生更好地学习，下面将双代号网络计划、单代号网络计划、双代号时标网络计划、单代号搭接网络计划的关键线路和关键工作进行总结。

1. 关键线路的正确与错误说法

关键线路的正确与错误说法见表 3-3-5。

关键线路的正确与错误说法   表 3-3-5

正确说法	错误说法
（1）线路上所有工作持续时间之和最长的线路是关键线路。 （2）双代号网络计划中，当 $T_p=T_c$ 时，自始至终由总时差为 0 的工作组成的线路是关键线路。 （3）双代号网络计划中，自始至终由关键工作组成的线路是关键线路。 （4）在时标网络计划中，相邻两项工作之间的时间间隔全部为零的线路就是关键线路。 （5）关键线路上可能有虚工作存在。 （6）在单代号网络计划中，从起点节点到终点节点均为关键工作，且所有工作的时间间隔为零的线路为关键线路。 （7）在搭接网络计划中，从终点节点开始逆着箭线方向依次找出相邻两项工作之间时间间隔为零的线路为关键线路	（1）由总时差为零的工作组成的线路是关键线路。 （2）关键线路只有一条。 （3）关键线路一经确定不可转移。 （4）时标网络计划中，自始至终不出现虚线的线路是关键线路

2. 关键工作的正确与错误说法

关键工作的正确与错误说法见表 3-3-6。

关键工作的正确与错误说法   表 3-3-6

正确说法	错误说法
（1）总时差最小的工作是关键工作。 （2）最迟开始时间与最早开始时间相差最小的工作是关键工作。 （3）最迟完成时间与最早完成时间相差最小的工作是关键工作。 （4）关键线路上的工作均为关键工作	（1）双代号时标网络计划中工作箭线上无波形线的工作是关键工作。 （2）双代号网络计划中两端节点均为关键节点的工作是关键工作。 （3）双代号网络计划中持续时间最长的工作是关键工作。 （4）单代号网络计划中与紧后工作之间时间为零的工作是关键工作。 （5）单代号搭接网络计划中时间间隔为零的关键工作是关键工作。 （6）单代号搭接网络计划中与紧后工作之间时距最小的工作是关键工作

【想对考生说】

从历年考试情况来看，这部分内容考查有两种题型：

第一种题型是已知网络计划图判断关键线路和关键工作。

第二种题型是对关键线路和关键工作的表述题。

3．关键节点与关键工作的关系

（1）开始节点和完成节点均为关键节点的工作，不一定是关键工作。

（2）以关键节点为完成节点的工作，其总时差和自由时差必然相等。

（3）当两个关键节点间有多项工作，且工作间的非关键节点无其他内向箭线和外向箭线时，则两个关键节点间各项工作的总时差均相等。

（4）当两个关键节点间有多项工作，且工作间的非关键节点有外向箭线而无其他内向箭线时，则两个关键节点间各项工作的总时差不一定相等。

【历年这样考】

1．【2023年真题】关于工程网络计划中关键工作的说法，正确的是（　　）。

A．非关键线路上无关键工作

B．关键工作的持续时间最长

C．计划工期等于计算工期时，关键工作无机动时间

D．计划工期大于计算工期时，关键工作自由时差大于零

【答案】C。

2．【2023年真题】关于工程网络计划中关键线路的说法，正确的有（　　）。

A．关键线路上相邻两项工作之间的时距均为零

B．关键线路上的工作是关键工作

C．关键节点组成的线路是关键线路

D．双代号时标网络计划中无波形线的线路是关键线路

E．单代号网络计划中时间间隔均为零的线路是关键线路

【答案】BDE。

3．【2022年真题】某工程单代号网络计划如图3-3-21所示，箭线上的数值为相邻工作之间的时间间隔，则关键线路是（　　）。

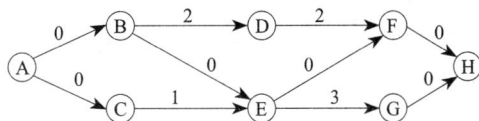

图 3-3-21　双代号网络计划图

A．A→B→D→F→H　　　　　　　　B．A→C→E→F→H

C．A→B→E→F→H　　　　　　　　D．A→B→E→G→H

【答案】C。

4．【2022年真题】单代号搭接网络计划中，关键线路是指（　　）的线路。

A．自始至终由关键节点组成　　　　B．自始至终由关键工作组成

C．相邻两项工作之间时间间隔为零　D．相邻两项工作之间时距为零

【答案】C。

5.【2022年真题】双代号网络计划的计算工期等于计划工期时，关于关键节点和关键工作的说法，正确的有（　　）。

A. 关键工作两端节点必为关键节点

B. 两端为关键节点的工作必为关键工作

C. 完成节点为关键节点的工作必为关键工作

D. 两端为关键节点的工作的总时差等于自由时差

E. 开始节点为关键节点的工作必为关键工作

【答案】AD。

6.【2016年真题】某工程双代号网络计划如图3-3-22所示，其中关键线路有（　　）。

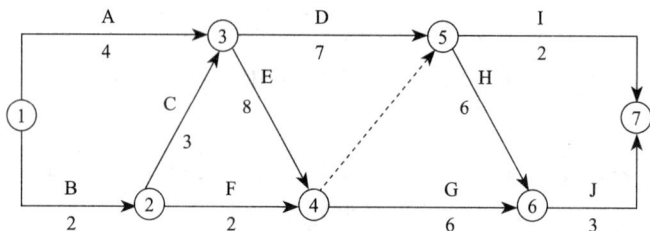

图3-3-22　工程双代号网络计划

A. ①→②→④→⑤→⑦

B. ①→②→③→④→⑤→⑥→⑦

C. ①→③→④→⑤→⑥→⑦

D. ①→③→④→⑤→⑦

E. ①→②→③→④→⑥→⑦

【答案】BE。

【解析】本题中的关键线路包括：①→②→③→④→⑤→⑥→⑦、①→②→③→④→⑥→⑦，总工期为22。

【还会这样考】

1. 在单代号网络计划中，关键线路是指（　　）的线路。

A. 各项工作持续时间之和最小

B. 由关键工作组成

C. 相邻两项工作之间时间间隔均为零

D. 各项工作自由时差均为零

【答案】C。

2. 某工程双代号网络计划如图3-3-23所示，其关键工作有（　　）。

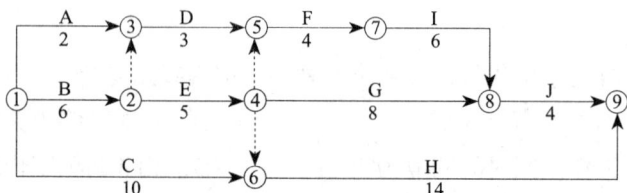

图3-3-23　工程双代号网络计划图

A. 工作 B、E、F、I　　　　　　　　B. 工作 D、F、I、J

C. 工作 B、E、G　　　　　　　　　D. 工作 C、H

【答案】A。

【解析】本题的关键线路为：①→②→④→⑤→⑦→⑧→⑨；①→②→④→⑥→⑨。所以关键工作为工作 B、E、F、I。

3. 某工程单代号网络计划如图 3-3-24 所示，图中关键工作有（　　）。

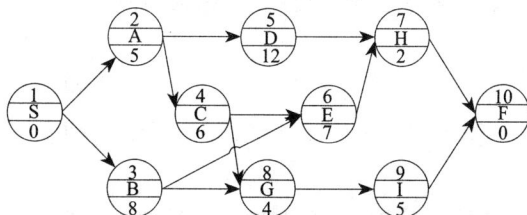

图 3-3-24　工程单代号网络计划图

A. 工作 A　　　　　　B. 工作 B　　　　　　C. 工作 C

D. 工作 D　　　　　　E. 工作 E

【答案】ACE。

【解析】本题中关键线路为：A→C→E→H；A→C→G→I。关键线路上的工作为关键工作。

第四节　双代号时标网络计划

【想对考生说】

从历年考试情况来看，这部分内容主要考查题型是根据双代号时标网络计划图计算时间参数。关于总时差和自由时差的计算一定要特别关注，不仅在本考点内容中的考试题目中考查，在前锋线比较法进行实际进度与计划进度的比较时还会考查，对此一定要理解透彻。关于计算公式考生要根据教材来学习，这里我们通过真题题目来学习计算方法。

【历年这样考】

1.【2023 年真题】某工程双代号时标网络计划如图 3-3-25，工作 C 的最早开始时间和总时差分别是（　　）天。

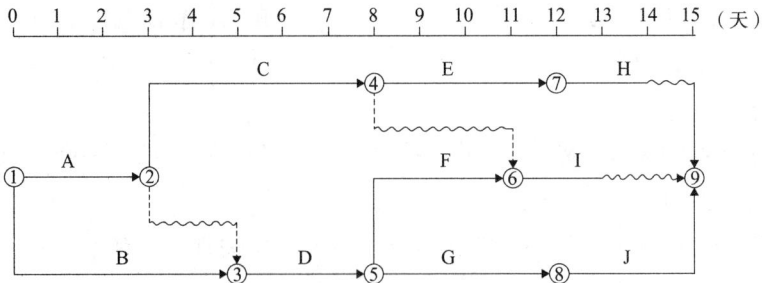

图 3-3-25　双代号时标网络计划图

A．3 和 2　　　　　　　　　　　　B．3 和 1

C．2 和 2　　　　　　　　　　　　D．2 和 1

【答案】B。

【解析】工作 C 的最早开始时间可以直接由图可得，为 3 天；总时差等于其紧后工作的总时差加本工作与该紧后工作之间的时间间隔所得之和的最小值。工作 C 的总时差 =min{（1+0），（2+3）}=1 天。

2.【2020 年真题】双代号时标网络计划如图 3-3-26 所示，关于时间参数及关键线路的说法，正确的有（　　）。

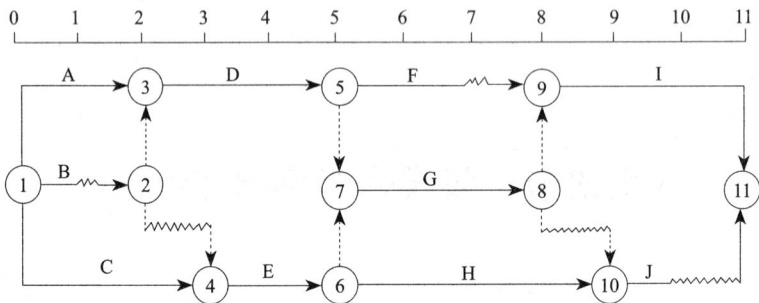

图 3-3-26　双代号时标网络计划图

A．A 工作的总时差为 1，自由时差为 0

B．C 工作的总时差为 0，自由时差为 0

C．B 工作的总时差为 1，自由时差为 1

D．H 工作的最早完成时间为 9，最迟完成时间为 9

E．①→②→④→⑥→⑦→⑧→⑨→⑪是关键线路

【答案】BC。

【解析】本题的关键线路为：①→③→⑤→⑦→⑧→⑨→⑪（A→D→G→I）、①→④→⑥→⑦→⑧→⑨→⑪（C→E→G→I），所以选项 E 错误。工作 A 为关键工作，总时差、自由时差均为 0，所以选项 A 错误。工作 C 为关键工作，总时差、自由时差均为 0，所以选项 B 正确。B 工作的总时差 =min{0+1，0+2}=1，自由时差 =1，所以

选项 C 正确。H 工作的最早完成时间 9，最迟完成时间 =10，所以选项 D 错误。

【想对考生说】
快速看出双代号时标网络图中各工作总时差的方法——取最小法
（1）找到经过该工作的所有线路。
（2）看各条线路中所含的波形线长度。
（3）取最小的数值就是该工作的总时差。

【还会这样考】

1. 双代号时标网络计划中，当某工作之后有虚工作时，则该工作的自由时差为（　　）。
　　A. 该工作的波形线的水平长度
　　B. 本工作与紧后工作间波形线水平长度和最大值
　　C. 本工作与紧后工作间波形线水平长度和最小值
　　D. 后续所有线路段中波形线中水平长度和最小值
【答案】C。

2. 某工程双代号时标网络计划如图 3-3-27 所示，因工作 B、D、G 和 J 共用一台施工机械而必须顺序施工，在合理安排下，该施工机械在现场闲置（　　）天。

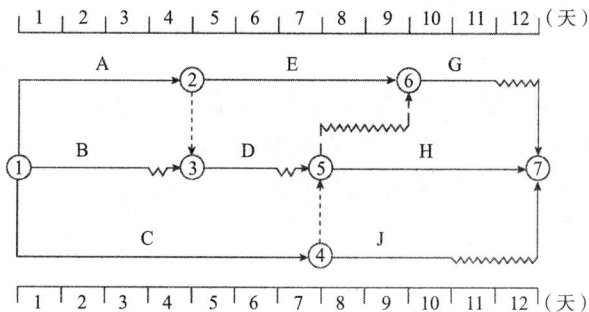

图 3-3-27　双代号时标网络计划图

　　A. 0　　　　　　　B. 1　　　　　　　C. 2　　　　　　　D. 3
【答案】A。
【解析】工作 B、D、G 和 J 共用一台施工机械而顺序施工的顺序是 B、D、J 和 G，在不影响工作 H 最早开始的情况下，该施工机械可以晚进场 2 天，该施工机械在现场闲置 =[12—（3+2+3+2）— 2]=0 天。

【想对考生说】
计算施工机械在现场闲置时间应学习以下几个公式：
施工机械在场时间 = 共用该施工机械的最后一项工作的完成时刻 – 施工机

械进入施工现场的时刻；

　　施工机械工作时间＝共用该施工机械的所有工作的持续时间之和；

　　施工机械闲置时间＝施工机械在场时间－施工机械工作时间；这里需要我们知道一个前提条件：那就是施工机械进场后，一直到需要该施工机械的最后一项工作结束后才能离开现场，中途不会离开现场的。

　　3. 某工程双代号时标网络计划如图 3-3-28 所示，该计划表明（　　）。

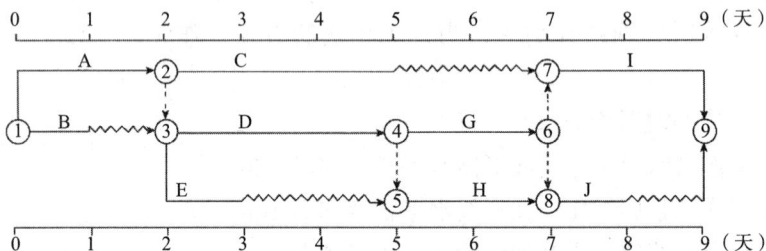

图 3-3-28　双代号时标网络计划图

A. 工作 C 的自由时差为 2 天　　　　　B. 工作 E 的最早开始时间为第 4 天

C. 工作 D 为关键工作　　　　　　　　D. 工作 H 的总时差为零

E. 工作 B 的最迟完成时间为第 1 天

【答案】AC。

【解析】因为工作 C 箭线中波形线的水平投影长度为 2 天，所以自由时差为 2 天。工作 E 的最早开始时间为第 2 天，其最晚开始时间为第 4 天。该网络计划中的关键线路包括工作 A、D、G、I。工作 H 的总时差 =9— 8=1 天。工作 B 的最迟完成时间 =1+1 =2 天。

第五节　网络计划的优化

一、工期优化

【考生必掌握】

　　1. 概念

　　工期优化是指网络计划的计算工期不满足要求工期时，通过<u>压缩关键工作的持续时间</u>以满足要求工期目标的过程。

【想对考生说】

注意不是寻找最优工期。

当工期优化过程中出现多条关键线路时，必须将<u>各条关键线路的总持续时间压缩相同数值</u>。

> 【想对考生说】
> 上述划线部分会作为采分点考查单项选择题，还会出现在判断正确与错误说法的综合题目中。

2. 压缩关键工作考虑的因素
（1）缩短持续时间对<u>质量和安全</u>影响不大的工作。
（2）有<u>充足备用资源</u>的工作。
（3）缩短持续时间所需<u>增加的费用最少</u>的工作。

> 【想对考生说】
> 这部分内容命题者可能会考查压缩关键工作的持续时间应选择哪些工作。

【历年这样考】

1.【2023年真题】通过压缩关键工作的持续时间来调整工程网络计划时，应优先选择（　　）的关键工作作为压缩对象。

A. 资源强度最小　　　　　　　B. 持续时间最大
C. 缩短时间所需总费用增加最少　　D. 缩短时间所需增加直接费最少
E. 缩短时间对安全影响不大

【答案】DE。

2.【2021年真题】工程网络计划工期优化的基本方法是通过（　　）来达到优化目标。

A. 组织关键工作流水作业　　　B. 组织关键工作平行作业
C. 压缩关键工作的持续时间　　D. 压缩非关键工作的持续时间

【答案】C。

3.【2017年真题】关于工程网络计划工期优化的说法，正确的有（　　）。

A. 应分析调整各项工作之间的逻辑关系
B. 应有步骤地将关键工作压缩成非关键工作
C. 应将各条关键线路的总持续时间压缩相同数值
D. 应考虑质量、安全和资源等因素选择压缩对象
E. 应压缩非关键线路上自由时差大的工作

【答案】CD。

【还会这样考】

1. 下列关于工程网络计划工期优化的说法中，正确的是（　　）。

A. 当出现多条关键线路时，应选择其中一条最优线路缩短其持续时间

B．应选择直接费率最小的非关键工作作为缩短持续时间的对象

C．工期优化的前提是不改变各项工作之间的逻辑关系

D．工期优化过程中须将关键工作压缩成非关键工作

【答案】C。

2．为满足要求工期，在对工程网络计划进行工期优化时应（　　）。

A．在多条关键线路中选择直接费用率最小的一项关键工作缩短其持续时间

B．按经济合理的原则将所有的关键线路的总持续时间同时缩短

C．在满足资源限量的前提条件下，寻求工期最短的计划安排方案

D．在缩短工期的同时，尽可能地选择对质量和安全影响小，并使所需增加费用最少的工作

E．在满足资源需用均衡的前提条件下，寻求工作最短的计划安排方案

【答案】BD。

二、费用优化

【考生必掌握】

1．概念

费用优化又称工期成本优化，是指寻求工程总成本最低时的工期安排，或按要求工期寻求最低成本的计划安排的过程。

2．工程费用和工期的关系

直接费会随着工期的缩短而增加，间接费会随着工期的缩短而减少。

3．工作的直接费与持续时间之间的关系

类似于工程直接费与工期之间的关系，工作的直接费随着持续时间的缩短而增加。

4．费用优化的基本思路

不断地在网络计划中找出直接费用率（或组合直接费用率）最小的关键工作，缩短其持续时间，同时考虑间接费随工期缩短而减少的数值，最后求得工程总成本最低时的最优工期安排或按要求工期求得最低成本的计划安排。

5．缩短关键工作持续时间的确定原则

（1）缩短后工作的持续时间不能小于其最短持续时间；

（2）缩短持续时间的工作不能变成非关键工作。

【想对考生说】

这部分内容需要重点掌握概念、工程费用和工期的关系以及费用优化的基本思路。考试时一般会考查文字表述题。

【历年这样考】

【2019年真题】工程总费用由直接费和间接费组成，随着工期的缩短，直接费和

间接费的变化规律是（　　）。

A．直接费减少，间接费增加

B．直接费和间接费均增加

C．直接费增加，间接费减少

D．直接费和间接费均减少

【答案】C。

【还会这样考】

1．工程网络计划费用优化的目标是（　　）。

A．在工期延长最少的条件下使资源需用量尽可能均衡

B．在满足资源限制的条件下使工期保持不变

C．在工期最短的条件下使工程总成本最低

D．寻求工程总成本最低时的工期安排

【答案】D。

2．工程网络计划费用优化的基本思路是，在网络计划中，当有多条关键线路时，应通过不断缩短（　　）的关键工作持续时间来达到优化目的。

A．直接费总和最大

B．组合间接费用率最小

C．间接费总和最大

D．组合直接费用率最小

【答案】D。

三、资源优化

【考生必掌握】

1．"资源有限，工期最短"的优化

通过调整计划安排，在满足资源限制条件下，使工期延长最少的过程。

2．"工期固定，资源均衡"的优化

通过调整计划安排，在工期保持不变的条件下，使资源需用量尽可能均衡的过程。

扫码学习

【想对考生说】

资源优化的目的是通过改变工作的开始时间和完成时间，使资源按照时间的分布符合优化目标。在历年考试中主要考查两种资源优化的概念。

【历年这样考】

1．【2023年真题】工程网络计划资源优化的目标是（　　）。

A．工期固定条件下寻求资源均衡

B．工期固定条件下寻求资源需求最小

C．资源供应充足条件下寻求最短工期

D．寻求资源需求最小时的工期安排

【答案】A。

2.【2020年真题】工程网络计划优化中的资源优化是指（　　）的优化。

A. 资源有限，工期最短　　　　　　　　B. 资源均衡，费用最少

C. 资源有限，工期固定　　　　　　　　D. 资源均衡，资源需用量最少

【答案】A。

【想对考生说】

考试时还会将工期优化、费用优化和资源优化结合在一起综合考查。在2021年、2022年都考查过。

3.【2022年真题】工程网络计划优化的目的是寻求（　　）。

A. 最短工期条件下费用最少的计划安排

B. 工程总成本最低时的工期安排

C. 资源需用量最小时的工期安排

D. 工期固定前提下资源需用量最少的计划安排

【答案】B。

【想对考生说】

历年考试中，没有专门针对三种优化的具体过程进行考查，案例分析题中几乎也不会考查，但应理解三种优化的原理。

【还会这样考】

工程网络计划的资源优化是指通过改变（　　），使资源按照时间的分布符合优化目标。

A. 工作的持续时间　　　　　　　　　　B. 工作的开始时间

C. 工作之间的逻辑关系　　　　　　　　D. 工作的完成时间

E. 工作的资源强度

【答案】BD。

第六节　单代号搭接网络计划和多级网络计划系统

一、搭接关系的种类及表达方式

【考生必掌握】

在搭接网络计划中，工作之间的搭接关系是由相邻两项工作之间的不同时距决定的。所谓时距，就是在搭接网络计划中相邻两项工作之间的时间差值。

五种搭接关系：结束到开始（FTS）的搭接关系；开始到开始（STS）的搭接关系；

结束到结束（*FTF*）的搭接关系；开始到结束（*STF*）的搭接关系；混合搭接关系。

【历年这样考】

1.【2020 年真题】单代号搭接网络计划中，时距是指相邻两项工作之间的（ ）。

A. 时间间隔

B. 时间差值

C. 机动时间

D. 搭接时间

【答案】B。

2.【2015 年真题】某分部工程由 A、B 工作组成，其中 A 工作结束 4 天后，B 工作开始。则 A、B 工作之间的搭接关系是（ ）。

A. 从开始到结束

B. 从结束到结束

C. 从结束到开始

D. 从开始到开始

【答案】C。

【还会这样考】

某道路工程，如果路基铺设工作的进展速度小于路面浇筑工作的进展速度时，须考虑为路面浇筑工作留有充分的工作面。那么路基铺设工作的完成时间与路面浇筑工作的完成时间之间的差值为（ ）。

A. *FTS* 时距

B. *STS* 时距

C. *STF* 时距

D. *FTF* 时距

【答案】D。

二、搭接网络时间参数的计算

【考生必掌握】

关于搭接网络时间参数的计算主要掌握以下内容：

（1）起点节点的最早开始时间为零，最早完成时间为开始加持续。

（2）其他工作的最早时间按时距算。

①时距为 *STS*，$ES_j = ES_i + STS$

②时距为 *STF*，$ES_j = ES_i + STF - D_j$

记忆技巧：前者开始加时距，如遇完成减持续。

③时距为 *FTS*，$ES_j = EF_i + FTS$

④时距为 *FTF*，$ES_j = EF_i + FTF - D_j$

记忆技巧：前者完成加时距，如遇完成减持续。

（3）相邻两项工作之间的时间间隔：

①*FTS* 时的时间间隔：$LAG_{i,j} = ES_j - (EF_i + FTS_{i,j}) = ES_j - EF_i - FTS_{i,j}$

②*STS* 时的时间间隔：$LAG_{i,j} = ES_j - (ES_i + STS_{i,j}) = ES_j - ES_i - STS_{i,j}$

记忆技巧：开始减时距，遇开减开，遇完减完。

③*FTF* 时的时间间隔：$LAG_{i,j} = EF_j - (EF_i + FTF_{i,j}) = EF_j - EF_i - FTF_{i,j}$

④*STF* 时的时间间隔：$LAG_{i,j} = EF_j - (ES_i + STF_{i,j}) = EF_j - ES_i - STF_{i,j}$

记忆技巧：完成减时距，遇开减开，遇完减完。

⑤混合搭接关系时的时间间隔。当相邻两项工作之间存在两种时距及以上搭接关系时，应分别计算出时间间隔，然后取其中的最小值。

【想对考生说】

关于搭接网络时间参数的计算再给大家总结一个方法——万能标号法，时距的代号、含义及万能公式见表 3-3-7。

时距的代号、含义及万能公式　　　　　　　　　　表 3-3-7

相邻两项工作之间的时距		公式	万能公式	LAG 的计算
代号	含义			
STS	开始到开始	$ES_i + STS_{i,j} = ES_j$	时距首字母代表的参数 + 时距 = 时距尾字母所代表的参数	LAG= 时距尾字母所代表的参数 − 时距值 − 首字母所代表的参数
STF	开始到结束	$ES_i + STF_{i,j} = EF_j$		
FTS	结束到开始	$EF_i + FTS_{i,j} = ES_j$		
FTF	结束到结束	$EF_i + FTF_{i,j} = EF_j$		

扫码学习

【历年这样考】

【2014 年真题】某工程单代号搭接网络计划如图 3-3-29 所示，其中 B 和 D 工作的最早开始时间是（　　）。

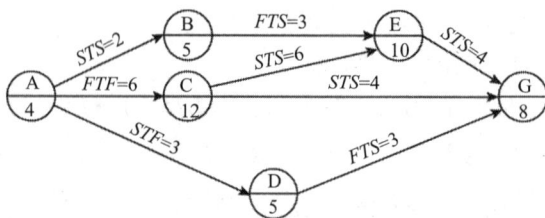

图 3-3-29　单代号搭接网络计划图

A. 4 和 4　　　　　　　　　　　B. 6 和 7

C. 2 和 0　　　　　　　　　　　D. 2 和 2

【答案】C。

【解析】首先我们先来看下各搭接关系应如何计算：

工作 B 的最早开始时间 $ES_B=ES_A+STS_{A,B}=0+2=2$；

工作 A 与工作 D 之间的时距为 STF，所以 $EF_D=ES_A+STF_{A,D}=0+3=3$，$ES_D=EF_D-D_D=3-5=-2$；

工作 D 的最早开始时间出现负值，显然是不合理的，所以工作 D 的最早开始时间 $ES_D=0$，$EF_D=0+5=5$。单代号搭接网络计划时间参数的计算结果如图 3-3-30 所示。

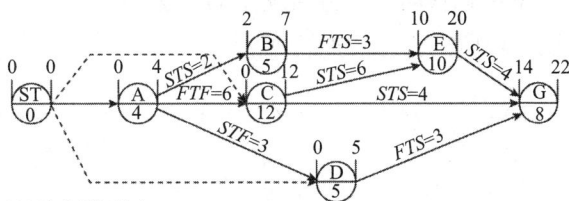

图 3-3-30　单代号搭接网络计划时间参数的计算结果

【还会这样考】

单代号搭接网络的时间参数计算时，若某项中间工作的最早开始时间为负值，则应当（　　）。

A. 将该工作与最后一项工作联系起来

B. 增大该工作的时间间隔

C. 调整其紧前工作的持续时间

D. 在该工作与起点节点之间添加虚箭线

【答案】D。

三、多级网络化系统

【考生必掌握】

多级网络化系统具体内容见表 3-3-8。

多级网络化系统具体内容　　　　　　　　　　表 3-3-8

项目	内容
概念	多级网络计划系统是指由处于不同层级且相互有关联的若干网络计划所组成的系统
特点	（1）应分阶段逐步深化。 （2）层级与建设工程规模、复杂程度及进度控制的需要有关。 （3）不同层级的网络计划，应该由不同层级的进度控制人员编制。 （4）多级网络计划系统可以随时进行分解和综合

续表

项目	内容
编制原则	整体优化、连续均衡、简明适用
编制方法	必须采用自顶向下、分级编制的方法

【历年这样考】

【2016年真题】关于建设工程多级网络计划系统的说法，正确的有（　　）。

A. 计划系统由不同层次网络计划组成

B. 处于同一层级的网络计划相互关联和搭接

C. 能够使用一个网络图来表达工程的所有工作内容

D. 进度计划通常采用自顶向下，分级编制的方法

E. 能够保证建设工程所需资源的连续性

【答案】ADE。

第四章
建设工程进度计划实施中的监测与调整

第一节　实际进度监测与调整的系统过程

【考生必掌握】

实际进度监测与调整的系统过程如图 3-4-1 所示。

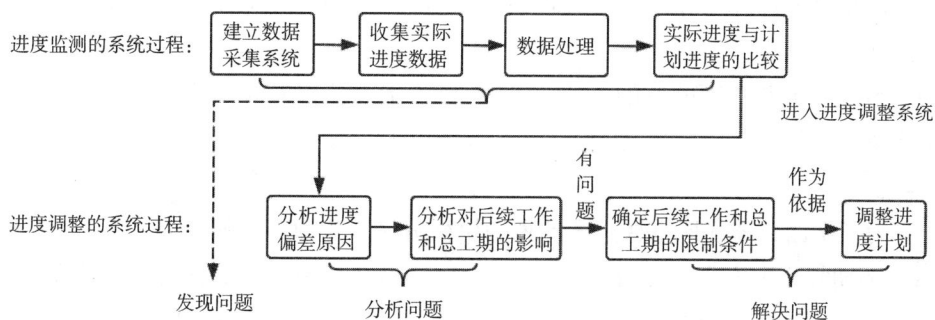

图 3-4-1　实际进度监测与调整的系统过程

【想对考生说】

进度监测的系统过程是发现问题的过程，进度调整的系统过程是分析问题、解决问题的过程。

（1）进度监测的系统过程是记忆关键词："数据""进度比较"。对进度计划执行情况进行跟踪检查是进度控制的关键步骤，应做好三方面的工作：定期收集资料；现场实地检查工程进展情况；定期召开现场会议。该采分点在 2011 年、2012 年、2016 年、2018 年、2020 年、2021 年进行了考查，以单项选择题为主。考查时只有两个采分点，第一个是考查建设工程进度监测系统过程中的工作内容。第二个是进度计划执行中跟踪检查的内容。

（2）进度调整的系统过程是记忆关键词：分析原因，分析影响，定调整范围，调整。

【历年这样考】

1.【2023 年真题】建设工程进度调整系统过程中，需要进行的工作是（　　）。

A. 建立进度数据采集系统　　　　　　B. 收集实际进度数据

C. 分析进度偏差产生的原因　　　　　D. 实际进度与计划进度的对比分析

【答案】C。

2.【2021 年真题】下列工作中，属于建设工程进度监测系统过程中工作内容的是（　　）。

A. 分析进度偏差产生的原因　　　　　B. 分析进度偏差对工期的影响

C. 确定工期的限制条件　　　　　　　D. 比较实际进度与计划进度

【答案】D。

【想对考生说】

进度监测系统过程中工作内容与进度调整系统过程的工作内容会相互作为干扰选项。

【还会这样考】

1. 在建设工程进度计划执行过程中，当出现进度偏差影响到后续工作和总时差，需要进行进度调整时，需要（　　）。

A. 确定可调整进度的范围　　　　　　B. 分析采取措施的成本

C. 确定可利用的资源数量　　　　　　D. 分析比较各种措施的优劣

【答案】A。

2. 为了全面、准确地掌握进度计划的执行情况，监理工程师应（　　）。

A. 定期收集进度报表资料　　　　　　B. 现场实地检查工程进展情况

C. 定期召开现场会议　　　　　　　　D. 签发工程进度款支付凭证

E. 协助承包单位实施进度计划

【答案】ABC。

第二节　实际进度与计划进度的比较方法

【想对考生说】

本节内容是本章的一个重点，考生需要重点理解横道图比较法、S 曲线比较法和前锋线比较法。下面将带着考生一起学习这部分内容，看一下这部分考试时会考些什么题目，我们复习时应该怎么去学。

一、横道图比较法

【考生必掌握】

非匀速进展横道图比较法如图 3-4-2 所示。

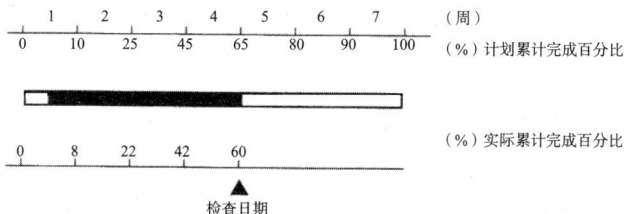

图 3-4-2 非匀速进展横道图比较法

（1）粗线右端落在左侧，表明实际进度拖后。
（2）粗线右端落在右侧，表明实际进度超前。
（3）粗线右端与检查日期重合，表明实际进度与计划进度一致。
（4）上方累计百分比 > 下方累计百分比：拖欠任务量为二者差。
（5）上方累计百分比 < 下方累计百分比：超前任务量为二者差。
（6）上方累计百分比 = 下方累计百分比：表明实际进度与计划进度一致。

> **【想对考生说】**
>
> [易错点] 观察横道图时，要特别注意其中未涂黑的时间段，其中停工时间的意义一定要清楚。

【历年这样考】

> **【想对考生说】**
>
> 学习了上面知识点是不是还是很茫然，下面通过历年考试题目对这部分内容进行说明。

1. 【2023 年真题】某工程横道计划如图 3-4-3 所示，图中表明的正确信息是（　　）。

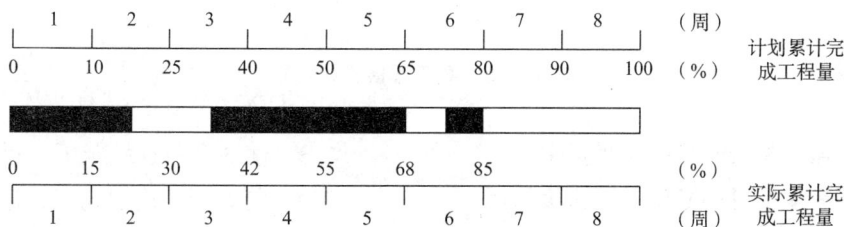

图 3-4-3 某工程横道计划图

A．第 2 周中断施工，进度拖后　　　　B．第 3 周中断施工，进度拖后

C．第 5 周连续施工，进度超前　　　　D．第 6 周连续施工，进度超前

【答案】B。

【解析】选项 A 错误，第 2 周中断施工，实际进度为 30% — 15%=15%，计划进度为 25% — 10%=15%，进度正常；选项 B 正确，第 3 周中断施工，实际进度为 42% — 30%=12%，计划进度为 40% — 25%=15%，进度拖后；选项 C 错误，第 5 周连续施工，实际进度为 68% — 55%=13%，计划进度为 65% — 50%=15%；选项 D 错误，第 6 周中断施工，实际进度为 85% — 68%=17%，计划进度为 80% — 65%=15%；进度超前。

2．【2022 年真题】某工程横道计划如图 3-4-4 所示，图中表明的正确信息是（　　）。

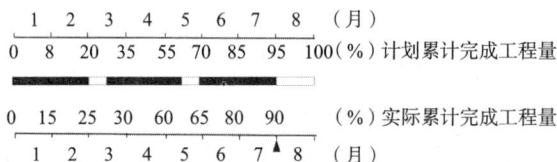

图 3-4-4　某工程横道计划图

A．第 2 个月连续施工，进度超前　　　B．第 3 个月连续施工，进度拖后

C．第 5 个月中断施工，进度超前　　　D．前 2 个月连续施工，进度超前

【答案】D。

【解析】选项 A 错误，第 2 个月连续施工，进度拖后。计划进度：20% — 8%=12%；实际进度：25% — 15%=10%。选项 B 错误，第 3 个月中断施工，进度拖后。计划进度：35% — 20%=15%；实际进度：30% — 25%=5%。选项 C 错误，第 5 个月中断施工，进度拖后。计划进度：70% — 55%=15%；实际进度：65% — 60%=5%。选项 D 正确，前 2 个月连续施工，进度超前。计划进度 20%，实际进度 25%。

3．【2021 年真题】某工程横道计划如图 3-4-5 所示，图中表明的正确信息是（　　）。

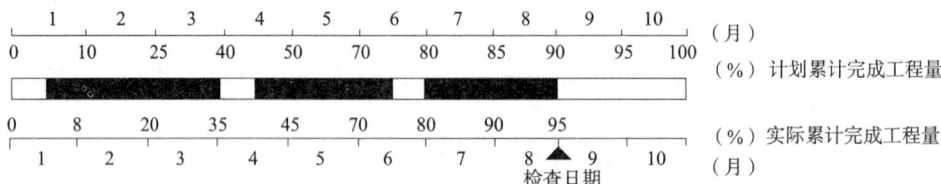

图 3-4-5　某工程横道计划图

A．截止检查日期，进度超前　　　　　B．前 3 个月连续施工，进度正常

C．第 4 个月中断施工，进度拖后　　　D．前 6 个月连续施工，进度正常

【答案】A。

【解析】选项 B，前 3 个月未连续施工，进度拖后 5%；选项 C，第 4 个月中断施工，当月实际进度与计划进度一致均为 10%；选项 D，前 6 个月未连续施工，进度正常。

4.【2020 年真题】某工作计划进度和实际进度横道图如图 3-4-6 所示，图中表明的正确信息是（　　）。

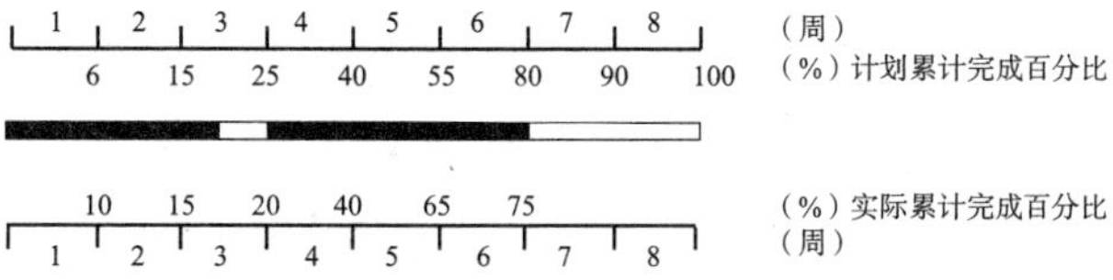

图 3-4-6　某工作计划进度和实际进度横道图

A. 前 6 周连续施工　　　　　　　　　B. 第 2 周进度正常

C. 第 4 周末进度正常　　　　　　　　D. 第 6 周进度正常

【答案】C。

【解析】选项 A 错误，第 3 周未连续施工。选项 B 错误，第 2 周计划应完成 15% — 6%=9%，实际完成 15% — 10%=5%，比计划进度拖后 4%。选项 D 错误，第 6 周计划应完成 80% — 55%=25%，实际完成 75% — 65%=10%，比计划进度拖后 15%。

【想对考生说】

该考点在 2011 ~ 2023 年每年都会考查一道题目，或单选或多选。这里只对 2020 ~ 2023 年考试题目进行讲解，相信考生把这几道题目掌握了，这部分内容也就掌握了。

二、S 曲线比较法

【考生必掌握】

在工程项目实施过程中，按照规定时间将检查收集到的实际累计完成任务量绘制在原计划 S 曲线图上，即可得到实际进度 S 曲线，如图 3-4-7 所示。

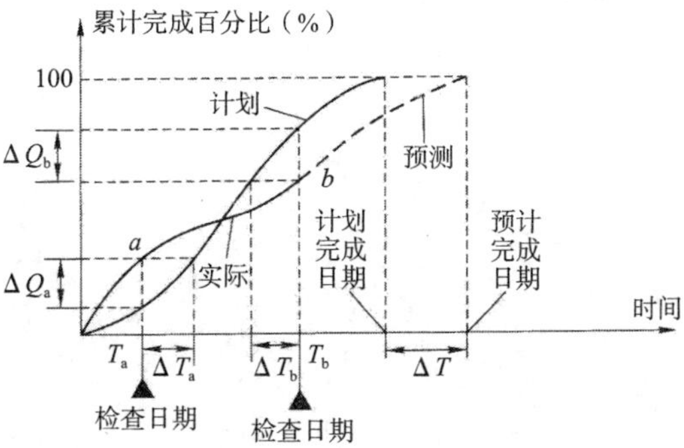

图 3-4-7　S 曲线比较图

比较实际进度 S 曲线与计划进度 S 曲线，可获得的信息见表 3-4-1。

比较实际进度 S 曲线与计划进度 S 曲线获得的信息　　　　　表 3-4-1

实际进展点	结论	两者间距离	两者间距离的含义
在计划 S 曲线右侧	实际进度落后	竖直	拖欠的任务量
		水平	落后的时间
在计划 S 曲线左侧	实际进度超前	竖直	超额的任务量
		水平	超前的时间
与 S 曲线延长线相交	实际进度落后	延长的水平	工期拖延预测值 ΔT

【想对考生说】

本考点考查时一般是给出某工程实施过程中的 S 曲线图，判断备选项中的结论是否正确。解答的理论依据就是上述获知的信息。

【历年这样考】

1.【2021 年真题】采用 S 曲线比较工程实际进度与计划进度，可获得的信息有（　　）。

A. 工程实际拥有的总时差

B. 工程实际进展情况

C. 工程实际进度超前或拖后的时间

D. 工程实际超额或拖欠完成的任务量

E. 后期工程进度预测值

【答案】BCDE。

2.【2019 年真题】某工作实施过程中的 S 曲线如图 3-4-8 所示，图中 a 和 b 两点的进度偏差状态是（　　）。

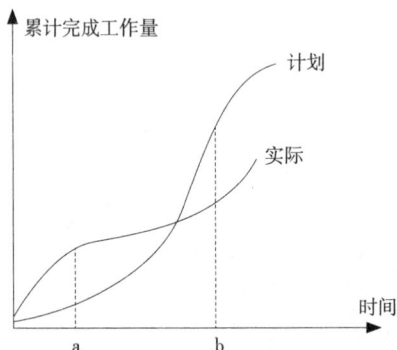

图 3-4-8　S 曲线图

A. a 点进度拖后和 b 点进度拖后　　　　B. a 点进度拖后和 b 点进度超前

C. a 点进度超前和 b 点进度拖后　　　　D. a 点进度超前和 b 点进度超前

【答案】C。

【解析】同一时间,工作的实际进度曲线在计划进度曲线之上,说明进度超前;反之,进度拖后。

3.【2018 年真题】某分项工程月计划工程累计曲线（单位:万 m³）如图 3-4-9 所示,该工程 1 ~ 4 月份实际工程量分别为 6 万 m³、7 万 m³、8 万 m³ 和 15 万 m³,则通过比较获得的正确结论是（　　）。

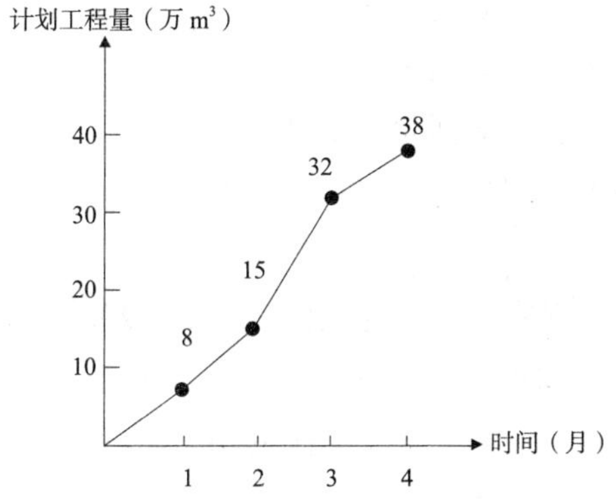

图 3-4-9　分项工程月计划工程累计曲线图

A. 第 1 月实际工程量比计划工程量超额 2 万 m³

B. 第 2 月实际工程量比计划工程量超额 2 万 m³

C. 第 3 月实际工程量比计划工程量拖欠 2 万 m³

D. 4 月底累计实际工程量比计划工程量拖欠 2 万 m³

【答案】D。

【解析】选项 A 错误,第 1 月实际工程量比计划工程量拖欠 2 万 m³;选项 B 错误,第 2 月计划工程量为 15 − 8=7 万 m³,与实际工程量一致;选项 C 错误,第 3 月计划工程量为 32 − 15=17 万 m³,实际工程量比计划工程量拖欠 9m³;选项 D 正确,4 月底累计实际工程量为 6+7+8+15=36 万 m³,比计划工程量拖欠 2 万 m³。

【还会这样考】

1. 利用 S 曲线比较工程项目的实际进度与计划进度时,如果检查日期实际进展点落在计划曲线的右侧,则该实际进展点与计划 S 曲线在水平距离表示工程项目的（　　）。

A. 实际超额完成的任务量　　　　　　　B. 实际拖欠的任务量

C. 实际进度拖后的时间　　　　　　　　D. 实际进度超前的时间

【答案】C。

2. 某钢筋工程计划进度和实际进度 S 曲线如图 3-4-10 所示,从图中可以看出（　　）。

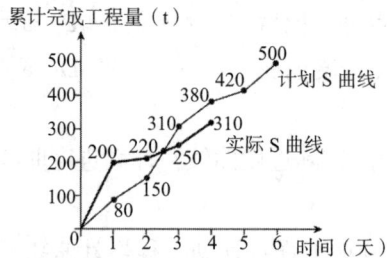

图 3-4-10　钢筋工程计划进度和实际进度 S 曲线图

A. 第 1 天末该工程实际拖欠的工程量为 120t

B. 第 2 天末实际进度比计划进度超前 1 天

C. 第 3 天末实际拖欠的工程量 60t

D. 第 4 天末实际进度比计划进度拖后 1 天

E. 第 4 天末实际拖欠工程量 70t

【答案】CDE。

【解析】第 1 天末该工程实际超额完成的工程量 =200 — 80=120t；第 2 天末实际进度比计划进度超前，但不能确定是 1 天；第 3 天末实际拖欠的工程量 =310 — 250=60t；第 4 天末实际进度与计划进度第 3 天的工程量相同，因此进度拖后 1 天；第 4 天末实际拖欠的工程量 =380 — 310=70t。

三、香蕉曲线比较法

【考生必掌握】

香蕉曲线是以工作按最早开始时间安排进度和按最迟开始时间安排进度分别绘制的两条 S 曲线组合而成的闭合曲线。如图 3-4-11 所示。

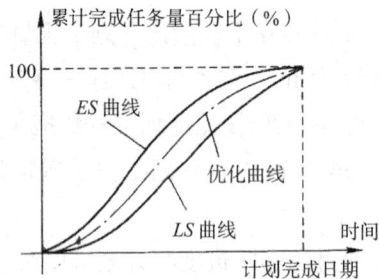

图 3-4-11　香蕉曲线比较图

通过实际进度与计划进度的比较获得的信息见表 3-4-2。

实际进度与计划进度的比较获得的信息　　　　　　　表 3-4-2

实际进展点	结论
落在 ES 曲线的左侧	进度超前
落在 LS 曲线的右侧	进度拖后

【历年这样考】

【2016 年真题】用来比较实际进度与计划进度的香蕉曲线法中，组成香蕉曲线的两条线分别是按各项工作的（　　）安排绘制的。

A. 最早开始时间和最迟开始时间　　　　B. 最迟开始时间和最迟完成时间

C. 最早开始时间和最早完成时间　　　　D. 最早开始时间和最迟完成时间

【答案】A。

【想对考生说】

历年考试中都没有根据香蕉曲线比较图来判断实际进度与计划进度比较的题目。考生对这部分内容简单了解即可。

四、前锋线比较法

【考生必掌握】

通过实际进度与计划进度的比较可以获得的信息见表 3-4-3。

实际进度与计划进度的比较可以获得的信息　　　　　　　表 3-4-3

直观反映	表明关系		预测影响	
实际进展位置点	实际进度	拖后或超前时间	对后续工作影响	对总工期影响
落在检查日左侧	拖后	检查时刻—位置点时刻	超过自由时差就影响，超几天就影响几天	超过总时差就影响，超几天就影响几天
与检查日重合	一致	0	不影响	不影响
落在检查日右侧	超前	位置点时刻—检查时刻	需结合其他工作分析	需结合其他工作分析

【想对考生说】

本考点在考试时一般是根据时标网络图，判断检查日期时工作是拖后还是提前，是否影响总工期及后续工作。该考点是每年必考考点，这部分内容的考试题目难度较大，不仅需要本考点知识，还需要根据计算总时差和自由时差来判断是否影响工期及后续工作。对于总时差和自由时差的计算应熟练掌握。

[易错点] 若图上有两条以上检查折线，折线之间的检查情况互不影响。

【历年这样考】

1.【2023年真题】某工程进度计划执行到第3月底和第8月底的前锋线如图3-4-12所示，图中表明的正确信息有（　　）。

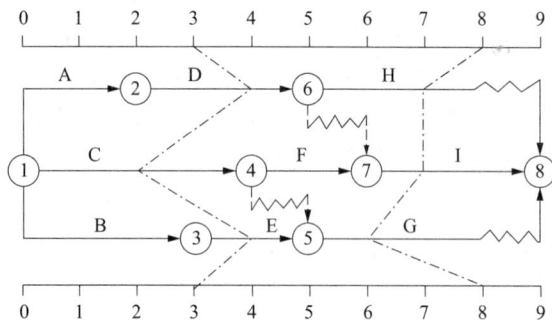

图3-4-12　工程实际进度前锋线

A. 工作C在第3月底检查时拖后1个月，影响工期

B. 工作D在第3月底检查时超前1个月，不影响工期

C. 工作H在第8月底检查时拖后1个月，不影响工期

D. 工作I在第8月底检查时进度正常，不影响工期

E. 工作G在第8月底检查时拖后1个月，不影响工期

【答案】ABC。

【解析】选项D错误，工作I为关键工作，在第8月底检查时拖后1个月，影响工期；选项E错误，工作G总时差为1个月，在第8月底检查时拖后2个月，影响工期。

2.【2022年真题】某工程进度计划执行到第4月底和第8月底的前锋线如图3-4-13所示，图中表明的正确信息有（　　）。

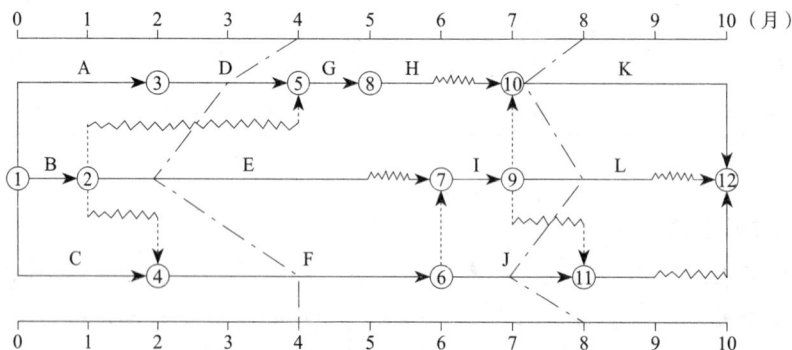

图3-4-13　工程实际进度前锋线

A. 工作D在第4月底检查时拖后1个月，影响工期1个月

B. 工作E在第4月底检查时拖后2个月，不影响工期

C. 工作 F 在第 4 月底检查时进度正常，不影响工期

D. 工作 K 在第 8 月底检查时拖后 1 个月，影响工期 1 个月

E. 工作 J 在第 8 月底检查时拖后 1 个月，影响工期 1 个月

【答案】CD。

【解析】工作 D 在第 4 月底检查时拖后 1 个月，但是有 1 个月的总时差，不影响工期，故选项 A 错误。工作 E 在第 4 月底检查时拖后 2 个月，总工期为 1 个月，影响工期 1 个月，故选项 B 错误。工作 F 在第 4 月底检查时进度正常，不影响工期，故选项 C 正确。工作 K 在第 8 月底检查时拖后 1 个月，为关键工作，所以影响工期 1 个月，故选项 D 正确。工作 J 在第 8 月底检查时拖后 1 个月，总时差为 1 个月，不影响工期，故选项 E 错误。

3. 【2020 年真题】某工程时标网络计划实施至第 7 周末检查绘制的实际进度前锋线如图 3-4-14 所示，前锋线上各项工作实际进度及其影响程度正确的有（　　）。

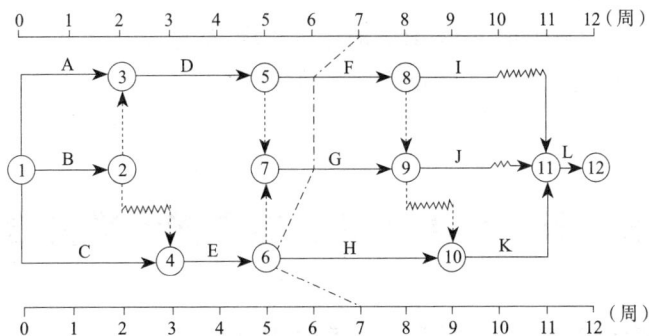

图 3-4-14　工程实际进度前锋线

A. F 工作拖延 1 周，影响 I 工作 1 周

B. F 工作拖延 1 周，影响总工期 1 周

C. G 工作正常，不影响后续工作及总工期

D. H 工作拖延 2 周，影响 K 工作 2 周

E. H 工作拖延 2 周，影响总工期 2 周

【答案】ADE。

【解析】第 7 周末检查时，F 工作拖延 1 周，F 工作总时差为 1 周，自由时差为 0，不影响总工期，影响后续 I 工作 1 周。所以选项 A 正确，选项 B 错误。第 7 周末检查时，G 工作拖延 1 周，G 工作总时差为 1 周，自由时差为 0，不影响总工期，影响后续 J 工作、K 工作 1 周。所以选项 C 错误。第 7 周末检查时，H 工作拖延 2 周，H 工作总时差、自由时差均为 0，影响后续 K 工作 2 周、影响总工期 2 周。所以选项 D、E 正确。

【还会这样考】

某工程双代号时标网络计划执行到第 5 周末时，实际进度前锋线如图 3-4-15 所示。从图中可以看出（　　）。

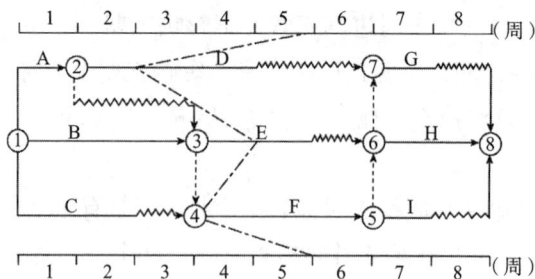

图 3-4-15　工程实际进度前锋线

A．工作 D 拖延 2 周，不影响工期　　　　B．工作 E 拖延 1 周，影响工期 1 周

C．工作 F 拖延 2 周，影响工期 2 周　　　　D．工作 D 拖延 3 周，不影响后续工作

【答案】C。

【解析】由图可以看出，工作 D 拖延 3 周，因为工作 D 有 3 周的总时差，2 周的自由时差，因此其拖延不影响工期，但影响后续工作 1 周；故选项 A、D 均不正确。工作 E 拖延 1 周，不影响工期，因为其总时差为 1 周，故选项 B 错误。工作 F 拖延 2 周，将影响工期 2 周，因为工作 F 为关键工作，故选项 C 正确。

第三节　进度计划实施中的调整方法

一、分析进度偏差对后续工作及总工期的影响

【考生必掌握】

分析进度偏差对后续工作及总工期的影响见表 3-4-4。

分析进度偏差对后续工作及总工期的影响　　　　　　　　　表 3-4-4

分析出现进度偏差	分析
是否为关键工作	（1）关键工作：必定对后续工作和总工期产生影响。 （2）非关键工作：进一步分析进度偏差值与总时差和自由时差的关系
是否超过总时差	（1）进度偏差>总时差：必定影响其后续工作和总工期。 （2）进度偏差≤总时差：不影响总工期，对后续工作的影响程度，还需要根据偏差值与其自由时差的关系作进一步分析
是否超过自由时差	（1）进度偏差>自由时差：对其后续工作产生影响。 （2）进度偏差≤自由时差：不影响后续工作

【历年这样考】

1.【2023 年真题】工程网络计划中，某工作实际进度拖后超过总时差，则该工

作实际进度偏差对后续工作及总工期的影响是（　　）。

A．影响后续工作，也影响总工期

B．不影响后续工作，也不影响总工期

C．影响后续工作，但不影响总工期

D．不影响后续工作，但影响总工期

【答案】A。

2.【2022 年真题】工程进度计划实施中检查发现，某工作进度拖后 5 天。该工作总时差和自由时差分别为 6 天和 2 天，则该工作实际进度偏差对总工期及后续工作的影响是（　　）。

A．影响总工期，但不影响后续工作

B．不影响总工期，但影响后续工作

C．既不影响总工期，也不影响后续工作

D．影响总工期，也影响后续工作

【答案】B。

【解析】进度拖后 5 天，未超过总时差 6 天，因此不影响总工期。进度拖后 5 天，超过自由时差 2 天，因此影响后续工作。

3.【2020 年真题】工程网络计划中某工作的实际进度偏差小于总时差，则该工作实际进度造成的后果是（　　）。

A．对后续工作无影响，对工期有影响

B．影响后续工作的最早开始时间，对工期有影响

C．对后续工作无影响，对工期无影响

D．对后续工作不一定有影响，对工期无影响

【答案】D。

4.【2019 年真题】某工程进度计划执行过程中，发现某工作出现了进度偏差，经分析该偏差仅对后续工作有影响而对总工期无影响。则该偏差值应（　　）。

A．大于总时差，小于自由时差　　　　B．大于总时差，大于自由时差

C．小于总时差，小于自由时差　　　　D．小于总时差，大于自由时差

【答案】D。

【还会这样考】

下列关于某项工作进度偏差对后续工作及总工期的影响的说法，正确的是（　　）。

A．工作的进度偏差大于该工作的总时差时，则此进度偏差只影响后续工作

B．工作的进度偏差大于该工作的总时差时，则此进度偏差只影响总工期

C．工作的进度偏差未超过该工作的自由时差时，则此进度偏差不影响后续工作

D．非关键工作出现进度偏差时，则此进度偏差不会影响后续工作

【答案】C。

二、进度计划的调整方法

【考生必掌握】

1. 改变某些工作间的逻辑关系

可以改变关键线路和超过计划工期的非关键线路上的有关工作之间的逻辑关系，达到缩短工期的目的。例如，将顺序进行的工作改为平行作业、搭接作业以及分段组织流水作业等，都可以有效地缩短工期。

2. 缩短某些工作的持续时间

通过采取增加资源投入、提高劳动效率等措施来缩短某些工作的持续时间。这些被压缩持续时间的工作是位于关键线路和超过计划工期的非关键线路上的工作。同时，这些工作又是其持续时间可被压缩的工作。其调整方法一般可分为以下三种情况：

（1）网络计划中某项工作进度拖延的时间已超过其自由时差但未超过其总时差。

此时只对其后续工作产生影响。

（2）网络计划中某项工作进度拖延的时间超过其总时差。

无论该工作是否为关键工作，其实际进度都将对后续工作和总工期产生影响。此时，进度计划的调整方法又可分为以下三种情况：

①如果项目总工期不允许拖延，则只能采取缩短关键线路上后续工作持续时间的方法来达到调整计划的目的。这种方法实质上就是工期优化的方法。

②项目总工期允许拖延，此时只需以实际数据取代原计划数据，并重新绘制实际进度检查日期之后的简化网络计划即可。

③项目总工期允许拖延的时间有限，具体的调整方法是以总工期的限制时间作为规定工期，对检查日期之后尚未实施的网络计划进行工期优化。

【想对考生说】

以上三种情况均是以总工期为限制条件调整进度计划的。值得注意的是，当某项工作实际进度拖延的时间超过其总时差而需要对进度计划进行调整时，除需考虑总工期的限制条件外，还应考虑网络计划中后续工作的限制条件。

（3）网络计划中某项工作进度超前。

无论是进度拖延还是超前，都可能造成其他目标的失控。如果建设工程实施过程中出现进度超前的情况，进度控制人员必须综合分析进度超前对后续工作产生的影响，并同承包单位协商，提出合理的进度调整方案，以确保工期总目标的顺利实现。

【想对考生说】

进度计划的这两种调整方法一定要理解掌握，对上述内容中的划线部分要重点关注，是考试题目中的重要采分点。

【历年这样考】

1.【2023年真题】当工程实际进度偏差影响到后续工作、总工期而需要调整进度计划时，可采用（　　）等方法改变某些工作的逻辑关系。

A. 增加资源投入量

B. 提高劳动效率

C. 将顺序进行的工作改为平行作业

D. 将顺序进行的工作改为搭接作业

E. 分段组织流水作业

【答案】CDE。

2.【2022年真题】工程网络计划实施过程中，当某项工作实际进度拖后而影响工程总工期时，在不改变工作逻辑关系的前提下，可通过（　　）的方法有效缩短工期。

A. 缩短某些工作持续时间　　　　B. 组织搭接或平行作业

C. 减少某些工作机动时间　　　　D. 分段组织流水施工

【答案】A。

3.【2020年真题】工程网络计划中某工作的实际进度偏差影响总工期时，可通过压缩（　　）的工作持续时间来进行调整。

A. 总时差最小　　　　　　　　B. 自由时差最小

C. 总时差最大　　　　　　　　D. 自由时差最大

【答案】A。

4.【2016年真题】当某项工作实际进度拖延的时间超过其总时差而需要调整进度计划时，应考虑该工作的（　　）。

A. 资源需求量　　　　　　　　B. 后续工作的限制条件

C. 自由时差的大小　　　　　　D. 紧后工作的数量

【答案】B。

【还会这样考】

采用缩短某项工作持续时间的方法来调整建设项目进度计划，需要满足的要求是（　　）。

A. 改变非关键线路上有关工作的逻辑关系

B. 优先压缩自由时差大的工作持续时间

C. 有关工作的进度拖延时间不能超过总时差

D. 采用增加资源投入措施

【答案】D。

第五章
建设工程设计阶段进度控制

第一节　设计阶段进度控制的意义和工作程序

【考生必掌握】

建设工程设计阶段进度控制的主要任务是出图控制，通过采取有效措施使工程设计者如期完成初步设计、技术设计、施工图设计等各阶段的设计工作，并提交相应的设计图纸及说明。

【还会这样考】

建设工程设计阶段进度控制的主要任务是（　　）。

A. 部署项目工作进度

B. 设计工作量计划

C. 编制项目施工的工作计划

D. 出图控制

【答案】D。

第二节　设计阶段进度控制目标体系

【考生必掌握】

本节内容应熟悉两个采分点：

（1）确定建设工程设计进度控制总目标时的主要依据。

（2）设计准备、初步设计、技术设计、施工图设计的工作时间目标。

【还会这样考】

下列目标体系中，属于是进度控制分阶段目标的有（　　）。

A. 设计准备工作时间目标

B. 技术设计工作时间目标

C. 方案设计时间目标

D. 施工图设计工作时间目标

E. 基础设计时间目标

【答案】ABD。

第三节　设计进度控制措施

一、影响设计进度的因素

【考生必掌握】

影响设计进度的因素如图 3-5-1 所示。

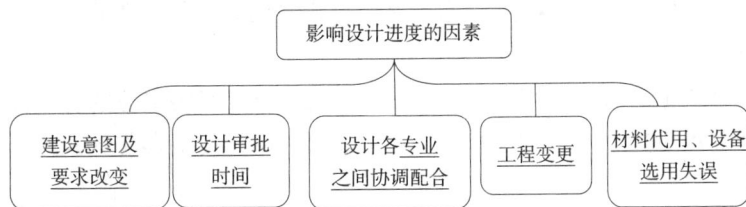

图 3-5-1　影响设计进度的因素

【历年这样考】

【2020 年真题】影响建设工程设计进度的因素有（　　）。

A．建设项目工作编码体系不全　　　　B．工程进度计划系统结构不合理

C．工程建设意图和要求改变　　　　　D．设计各专业之间协调配合不畅

E．材料代用、设备选用失误

【答案】CDE。

【想对考生说】

这部分内容考试时也就这么一种题型，可能考查多项选择题也可能考查单项选择题。

二、监理单位的进度控制

【考生必掌握】

监理单位的进度控制工作包括：

（1）应落实项目监理班子中专门负责设计进度控制的人员。

（2）在设计工作开始之前，首先应由监理工程师审查设计单位所编制的进度计划的合理性和可行性。在进度计划实施过程中，监理工程师应定期检查设计工作的实际完成情况，并与计划进度进行比较分析。

（3）在设计进度控制中，对设计单位填写的设计图纸进度表进行核查分析，并提出自己的见解。

【想对考生说】

这部分内容虽然不多，但考查概率较大，在 2011 ～ 2013 年、2015 年、2016 年、2018 年、2022 年都是以单项选择题考查。

【历年这样考】

1.【2022 年真题】监理工程师在设计阶段进度控制的工作内容是（　　）。

A. 确定规划设计条件
B. 编制设计总进度计划
C. 审查设计单位提交的进度计划
D. 填写设计进度表

【答案】C。

2.【2018 年真题】项目监理机构控制设计进度时，在设计工作开始之前应审查设计单位编制的（　　）。

A. 进度计划的合理性和可行性
B. 技术经济定额的合理性和可行性
C. 设计准备工作计划的完整性
D. 材料设备供应计划的合理性

【答案】A。

【还会这样考】

监理工程师受业主委托控制建设工程设计进度时，控制设计进度的工作内容是（　　）。

A. 编制设计工作年度计划
B. 核查分析设计图纸进度表
C. 检查工程设计人员专业构成情况
D. 实行设计工作技术经济责任制

【答案】B。

三、建筑工程管理方法

【考生必掌握】

建筑工程管理（CM）方法的基本指导思想是缩短工程项目的建设周期，它采用快速路径的生产组织方式，特别适用于那些实施周期长、工期要求紧迫的大型复杂建设工程。

在进度控制方面的优势体现在三方面：

（1）有利于缩短建设工期。

（2）可以减少施工阶段因修改设计而造成的实际进度拖后。

（3）可以避免因设备供应工作的组织和管理不当而造成的工程延期。

【历年这样考】

【2021 年真题】建筑工程管理（CM）方法是指工程实施采用（　　）的生产组织方式。

A. 敏捷作业
B. 关键路径
C. 精益作业
D. 快速路径

【答案】D。

【还会这样考】

建筑工程管理（CM）方法的特点是（　　）。

A. 使设计与施工能够充分地搭接，实现分期分批交付使用

B. 待施工图设计全部完成后，再分阶段施工，分期分批交付使用

C. 分阶段进行施工图设计，待工程全部竣工后一并交付使用

D. 使设计与施工能够充分地搭接，待工程全部竣工后一并交付使用

【答案】A。

第六章

建设工程施工阶段进度控制

第一节　施工阶段进度控制目标的确定

一、施工进度控制目标体系

【考生必掌握】

建设工程施工进度控制目标体系见表 3-6-1。

建设工程施工进度控制目标体系

表 3-6-1

分解规则	任务	目标体系
按项目组成	确定各单位工程开工及动用日期	工程动用日期
按承包单位	明确分工条件和承包责任	土建工程完工日期、采暖工程完工日期
按施工阶段	划定进度控制分界点	基础工程完工日期、结构工程完工日期、装修工程完工日期
按计划期	组织综合施工	首期工程进度目标、二期工程进度目标。 一季度进度目标、二季度进度目标。 一月（旬）进度目标、二月（旬）进度目标

【历年这样考】

1.【2023 年真题】按计划期分解施工进度控制目标时，新分解的目标可用（　　）表示。

A. 实物工程量　　　　　　　　　　B. 资源消耗量

C. 货币工作量　　　　　　　　　　D. 形象进度

E. 里程碑事件

【答案】ACD。

2.【2014 年真题】施工阶段进度控制目标体系可按（　　）进行分解。

A. 计划期　　　　　　　　　　　　B. 年度投资计划

C. 施工阶段　　　　　　　　　　　D. 项目组成

E. 设计图纸交付顺序

【答案】ACD。

【还会这样考】

1. 在建设工程施工阶段，按项目组成分解建设工程施工进度总目标的任务是（　）。

A. 确定各单位工程开工及动用日期　　　B. 明确分工条件和承包责任

C. 划定进度控制分界点　　　　　　　　D. 组织综合施工

【答案】A。

2. 为了有效控制施工进度，要将施工进度总目标从不同角度进行层层分解，其中按施工阶段分解总目标的是（　）。

A. 工程动用日期　　　　　　　　　　　B. 土建工程完工日期

C. 基础工程完工日期　　　　　　　　　D. 首期工程进度目标

【答案】C。

二、施工进度控制目标的确定

【考生必掌握】

施工进度控制目标的确定需要掌握确定依据及考虑的问题，见表 3-6-2。

施工进度控制目标的确定　　　　　　　　表 3-6-2

项目	内容
确定依据	（1）建设工程总进度目标对施工工期的要求。 （2）工期定额、类似工程项目的实际进度。 （3）工程难易程度和工程条件的落实情况等
考虑问题	（1）对于大型建设工程项目，应根据尽早提供可动用单元的原则，集中力量分期分批建设。 （2）合理安排土建与设备的综合施工。 （3）结合本工程的特点，参考同类建设工程的经验来确定施工进度目标。 （4）做好资金供应能力、施工力量配备、物资（材料、构配件、设备）供应能力与施工进度的平衡工作。 （5）考虑外部协作条件的配合情况。 （6）考虑工程项目所在地区地形、地质、水文、气象等方面的限制条件

【历年这样考】

1.【2021 年真题】确定建设工程施工进度分解目标时，需要考虑的因素有（　）。

A. 合理安排土建与设备的综合施工　　　B. 尽早提供可动用单元

C. 同类工程建设经验　　　　　　　　　D. 承包单位控制能力

E. 外部协作条件配合情况

【答案】ABCE。

2.【2018 年真题】制定科学、合理的施工进度控制目标的主要依据有（　）。

A. 施工图设计工作时间　　　　　　　　B. 类似工程项目实际进度

C．工期定额 D．工程难易程度

E．工程条件的落实情况

【答案】BCDE。2020 年以单项选择题考查了该考点。

第二节 施工阶段进度控制的内容

一、建设工程施工进度控制工作内容

【考生必掌握】

建设工程施工进度控制工作内容如图 3-6-1 所示。

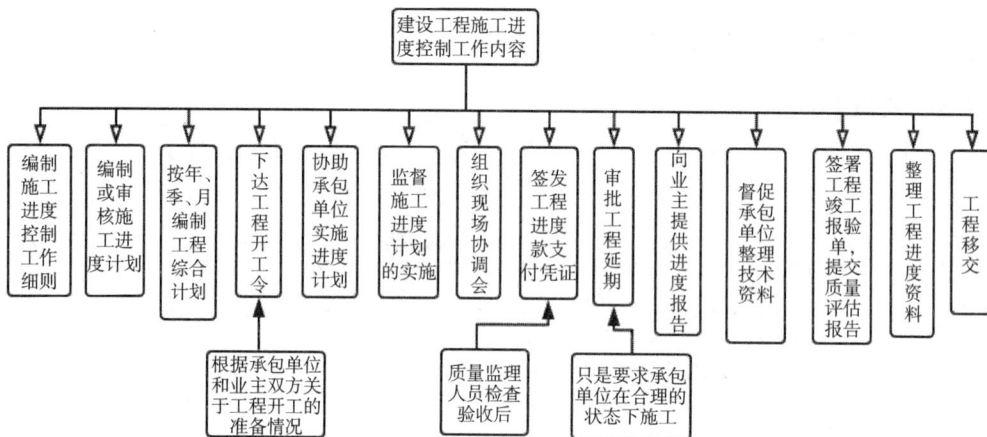

图 3-6-1 建设工程施工进度控制工作内容

【想对考生说】

建设工程施工进度控制工作内容包括十四项，要牢记，单项选择题、多项选择题都会考查到。施工进度控制工作细则的内容和编制或审核施工进度计划的规定是考试的重点，会在后面单独讲解。

【历年这样考】

1．【2022 年真题】工程施工中，因施工承包单位原因造成实际进度拖后而需要调整施工进度计划时，监理工程师批准施工承包单位调整的施工进度计划，意味着监理工程师的行为是（ ）。

A．解除了施工承包单位的责任 B．认可施工进度计划的合理性

C. 批准了工程延期   D. 同意延长合同工期

【答案】B。

2.【2021年真题】监理工程师控制工程施工进度的工作内容有（   ）。

A. 监督施工进度计划的实施   B. 编制单位工程施工进度计划

C. 向业主提供工程进度报告   D. 编制施工索赔报告

E. 组织施工现场协调会

【答案】ACE。

3.【2019年真题】项目监理机构发布工程开工令的依据是（   ）。

A. 施工承包合同约定   B. 工程开工的准备情况

C. 批准的施工总进度计划   D. 施工图纸的准备情况

【答案】B。

4.【2018年真题】项目监理机构应对承包单位申报的已完分项工程量进行核实，在（   ）后签发工程进度款支付凭证。

A. 与建设单位代表协商   B. 监理员现场计量

C. 质量监理人员检查验收   D. 与承包单位协商

【答案】C。

【还会这样考】

在建设工程施工过程中，因施工单位原因造成实际进度拖延，监理工程师确认施工单位修改后的施工进度计划，表明（   ）。

A. 同意延长施工合同工期

B. 免除承包商的误期损失赔偿

C. 施工进度计划满足合同工期要求

D. 同意施工单位在合理状态下施工

【答案】D。

二、施工进度控制工作细则的编制内容

【想对考生说】

施工进度控制工作细则是在建设工程监理规划的指导下，由项目监理班子中进度控制部门的监理工程师负责编制的更具有实施性和操作性的监理业务文件。施工进度控制工作细则主要内容在 2014 ～ 2017 年、2020 年的考查都是多项选择题，在 2011 年、2022 年、2023 年是以单项选择题考查的。设置的干扰选项会有："施工总进度计划编制程序""单位工程施工进度计划编制要求""施工项目开、竣工时间及相互搭接关系""建设单位负责提供的施工条件的时间节点""进度计划协调性分析""保证工期的技术组织措施"等。

编制施工进度控制工作细则共有8条细分内容（如图3-6-2所示），其中有7条是含有"进度控制"这个关键词。可以这样记：

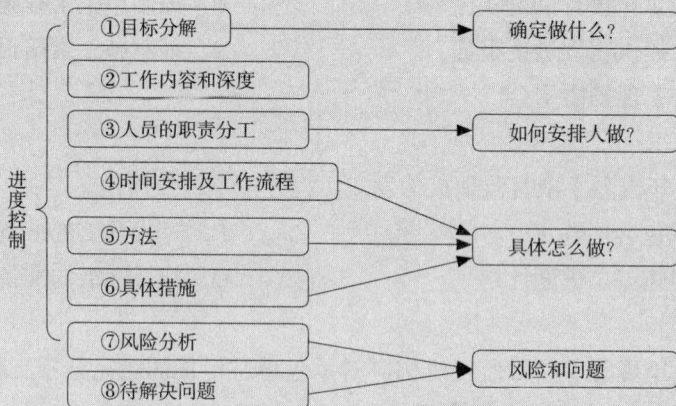

图3-6-2　施工进度控制工作细则

【历年这样考】

1.【2023年真题】监理工程师编制的施工进度控制工作细则应包含的内容是（　）。

A. 工程延期审批工作程序　　　　　B. 与进度控制有关的工作流程

C. 工期延误处置措施　　　　　　　D. 工程材料设备检验计划

【答案】B。

2.【2021年真题】监理工程师编制的施工进度控制工作细则，可看作是开展工程监理工作的（　）。

A. 施工图设计　　　　　　　　　　B. 初步设计

C. 总体性设计　　　　　　　　　　D. 方案设计

【答案】A。

3.【2018年真题】施工进度控制工作细则是对（　）中有关进度控制内容的进一步深化和补充。

A. 施工总进度计划　　　　　　　　B. 单位工程施工进度计划

C. 建设工程监理规划　　　　　　　D. 建设工程监理大纲

【答案】C。

三、编制或审核施工进度计划

【考生必掌握】

应分清哪种情况下监理工程师应编制施工进度计划，哪种情况下只审核不编制，如图3-6-3所示。

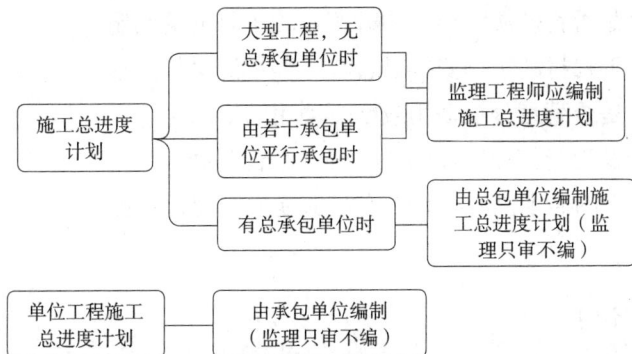

图 3-6-3　编制或审核施工进度计划

监理工程师在审查施工进度计划的过程中发现问题时，应及时向承包单位提出<u>书面修改意见</u>（也称<u>整改通知书</u>）。重大问题应及时向业主汇报。

承包单位将施工进度计划提交给监理工程师审查的目的是听取<u>监理工程师的建设性意见。</u>

【历年这样考】

1.【2023 年真题】监理工程师审查施工进度计划时发现有重大问题的，应进行的工作是（　　）。

A. 口头通知施工单位确定整改方案

B. 及时向建设单位汇报

C. 及时组织消除存在的问题

D. 建立避免出现类似重大问题的相关制度

【答案】B。

2.【2020 年真题】关于监理人审核承包单位提交的施工进度计划的说法，正确的是（　　）。

A. 监理人对施工进度计划的批准可以解除承包单位的部分责任

B. 经监理人确认的施工进度计划应当视为合同文件的一部分

C. 监理人审查施工进度计划的目的是确保及时向承包单位支付进度款

D. 监理人审核发现施工进度计划中的问题，应及时向业主汇报

【答案】B。

3.【2019 年真题】监理工程师在审查施工进度计划的过程中发现问题，应采取的措施之一是（　　）。

A. 向承包单位提出整改通知书　　　　B. 向建设单位提出指令单

C. 向承包单位提出工程暂停令　　　　D. 向建设单位提出建议书

【答案】A。

4.【2011 年真题】监理工程师审核施工进度计划的内容有（　　）。

A. 进度安排是否符合施工合同中开工、竣工日期的约定

B. 劳动力、工程材料进场安排是否与工程量清单相一致

C. 分期施工是否满足分散动用或配套动用的要求

D. 施工管理及现场作业人员的职责分工是否明确

E. 在生产要素的需求高峰期是否有足够能力实现计划供应

【答案】ACE。

【想对考生说】

施工进度计划审核的内容除了 ACE 项外，还包括以下几项内容：

（1）进度安排是否符合工程项目建设总进度计划中总目标和分目标的要求。

（2）施工总进度计划中的项目是否有遗漏。

（3）施工顺序的安排是否符合施工工艺的要求。

（4）生产要素的供应计划是否能保证施工进度计划的实现，供应是否均衡。

（5）各项单位工程施工进度计划之间是否相协调，专业分工与计划衔接是否明确合理。

（6）对于业主负责提供的施工条件，在施工进度计划中安排的是否明确、合理，是否有造成因业主违约而导致工程延期和费用索赔的可能存在。

【还会这样考】

在建设工程施工阶段，承包单位将施工进度计划提交给监理工程师审查，是为了（　　）。

A. 听取监理工程师的建设性意见　　　　B. 解除对其施工进度计划的责任和义务

C. 请求监理工程师优先施工进度计划　　D. 表明其履行合同的能力

【答案】A。

第三节　施工进度计划的编制与审查

一、施工总进度计划的编制

【考生必掌握】

施工总进度计划的编制步骤和方法见表 3-6-3。

施工总进度计划的编制步骤和方法　　　　　　　　　　表 3-6-3

步骤	方法
计算工程量	工程量只需粗略地计算即可
确定各单位工程的施工期限	根据合同工期确定，同时还要考虑建筑类型、结构特征、施工方法、施工管理水平、施工机械化程度及施工现场条件等因素

续表

步骤	方法
确定各单位工程的开竣工时间和相互搭接关系	（1）同一时期施工的项目不宜过多。 （2）尽量做到均衡施工。 （3）尽量提前建设可供工程施工使用的永久性工程。 （4）急需和关键的工程先施工。 （5）施工顺序必须与主要生产系统投入生产的先后次序相吻合。 （6）注意季节对施工顺序的影响。 （7）安排一部分附属工程或零星项目作为后备项目，用以调整主要项目的施工进度。 （8）注意主要工种和主要施工机械能连续施工
编制初步施工总进度计划	施工总进度计划应安排全工地性的流水作业。全工地性的流水作业安排应以工程量大、工期长的单位工程为主导，组织若干条流水线，并以此带动其他工程
编制正式施工总进度计划	初步施工总进度计划编制完成后，要对其进行检查。主要是检查总工期是否符合要求，资源使用是否均衡且其供应是否能得到保证

【想对考生说】

施工总进度计划的编制步骤应记住两个关键词："各单位""总进度"。这部分内容考试时会考查四种题型：

一是考查编制施工总进度计划的内容包括哪些。

二是对施工总进度计划编制步骤的考查，可能是对其中几项的排序，也可能是考查某项工作的紧前或紧后工作。

三是考查确定各单位工程的开竣工时间和相互搭接关系主要考虑因素，这在 2016 年、2018 年都是以多项选择题考查的。

四是对各项编制步骤中具体方法的考查。

【历年这样考】

1.【2023 年真题】编制施工总进度计划时，需要进行的工作是（　　）。

A. 按工艺确定分项工程之间的逻辑关系

B. 按组织确定分部工程之间的逻辑关系

C. 确定各单位工程的施工期限

D. 确定各分项工程的施工期限

【答案】C。

2.【2018 年真题】在施工总进度计划的编制过程中，确定各单位工程的开竣工时间和相互搭接关系时主要应考虑的内容有（　　）。

A. 尽量使整个工期范围内劳动力供应达到均衡

B. 尽量延缓施工困难较多的建设工程

C. 能够使主要工种和主要施工机械连续施工

D. 保证施工顺序与竣工验收顺序相吻合

E．注意季节性气候条件对施工顺序的影响

【答案】ACE。

3．【2016年真题】编制初步施工总进度计划时，应尽量安排以（   ）的单位工程为主导的全工地性流水作业。

A．工程技术复杂、工期长　　　　　B．工程量大、工程技术相对简单

C．工程造价大、工期长　　　　　　D．工程量大、工期长

【答案】D。

【还会这样考】

在施工总进度计划的编制过程中，计算工程量后首先应进行的工作是（   ）。

A．确定各单位工程的施工期限

B．确定各单位工程的开竣工时间和相互搭接关系

C．编制初步施工总进度计划

D．确定施工作业场地范围

【答案】A。

二、单位工程施工进度计划的编制

【考生必掌握】

单位工程施工进度计划的编制见表3-6-4。

单位工程施工进度计划的编制 　　　　　　　　　　　　　表3-6-4

编制程序	方法
收集编制依据	—
划分工作项目	根据计划的需要来决定
确定施工顺序	一般受施工工艺和施工组织两方面的制约
计算工程量	应根据施工图和工程量计算规则，针对所划分的每一个工作项目进行
计算劳动量和机械台班数	（1）综合时间定额的计算。 $$H=(Q_1H_1+Q_2H_2+\cdots+Q_iH_i+\cdots+Q_nH_n)/(Q_1+Q_2+\cdots+Q_i+\cdots+Q_n)$$ 式中　H——综合时间定额（工日 /m³，工日 /m²，工日 /t…）； 　　　Q_i——工作项目中第 i 个分项工程的工程量； 　　　H_i——工作项目中第 i 个分项工程的时间定额。 （2）劳动量和机械台班数的计算。 $$P=QH$$ 或 $$P=Q/S$$ 式中　P——工作项目所需要的劳动量（工日）或机械台班数（台班）； 　　　Q——工作项目的工程量（m³，m²，t…）； 　　　S——工作项目所采用的人工产量定额（m³/ 工日，m²/ 工日，t/ 工日…）或机械台班产量定额（m³/ 台班，m²/ 台班，t/ 台班…）。 其他符号同上

编制程序	方法
确定工作项目的持续时间	$$D=P/（R·B）$$ 式中　D——完成工作项目所需要的时间，即持续时间（天）； 　　　R——每班安排的工人数或施工机械台数； 　　　B——每天工作班数。 其他符号同前。 需要注意的是，最小工作面限定了每班安排人数的上限，而最小劳动组合限定了每班安排人数的下限
绘制施工进度计划图	绘制施工进度计划图，首先应选择施工进度计划的表达形式。常用的方法有横道图和网络图两种形式
施工进度计划的检查与调整	进度计划检查的主要内容包括： （1）各工作项目的施工顺序、平行搭接和技术间歇是否合理； （2）总工期是否满足合同规定； （3）主要工种的工人是否能满足连续、均衡施工的要求； （4）主要机具、材料等的利用是否均衡和充分
编制正式施工进度计划	—

【想对考生说】

单位工程施工进度计划的编制程序一般考查三种题型：

（1）判断某项工作之前或之后应完成的工作。

（2）判断几项工作的正确顺序。

（3）编制单位工程施工进度计划的步骤有哪些。

计算综合时间定额有两种思路：

（1）综合时间定额实际上是各分项工程时间定额的加权平均值，权重为各分项工程的工程量，若给出的是产量定额，产量定额的倒数就是时间定额。

（2）采用量纲分析法，综合时间定额的单位为工日/m^3，可知其意义为完成单位工程量需要消耗的工日数，先计算出总的工日数和总的工程量，用总的工日数除以总的工程量即可求得。

【历年这样考】

1.【2023 年真题】施工进度计划审查的主要内容有（　　）。

A．应符合施工合同中工期的约定

B．对施工进度计划执行情况的检查应符合要求

C．施工顺序的安排应符合施工工艺要求

D．施工进度计划应符合建设单位提供的资金施工条件

E．施工进度计划应符合建设单位提供的施工场地、物资等施工条件

【答案】ACDE。

2.【2022年真题】施工进度计划检查内容中，用来决定是否需要进行进度计划优化的因素有（　　）。

A. 主要工种的工人是否满足连续、均衡施工要求

B. 主要施工机具的使用是否均衡和充分

C. 主要材料的利用是否均衡和充分

D. 技术间歇是否科学合理

E. 施工顺序是否科学合理

【答案】ABC。

3.【2021年真题】在绘制单位工程施工进度计划图前，需要完成的先导工作有（　　）。

A. 安排资金使用量 　　　　　　B. 确定施工顺序

C. 编制施工平面图 　　　　　　D. 计算工程量

E. 划分工作项目

【答案】BDE。

4.【2012年真题】编制单位工程施工进度计划的工作包括：①计算劳动量和机械台班数；②计算工程量；③划分工作项目；④确定施工顺序；⑤确定工作项目的持续时间。上述工作的正确顺序是（　　）。

A. ②①③④⑤ 　　　　　　B. ③④②①⑤

C. ③⑤④②① 　　　　　　D. ②③④⑤①

【答案】B。

【还会这样考】

1. 某项工作是由3个同类性质的分项工程合并而成的，各分项工程的工程量 Q_i 和时间定额分别是：$Q_1=2500m^3$，$Q_2=3000m^3$，$Q_3=2800m^3$；$H_1=0.30$ 工日/m^3，$H_2=0.40$ 工日/m^3，$H_3=0.20$ 工日/m^3。该项工作的综合时间定额为（　　）工日/m^3。

A. 0.108 　　B. 0.135 　　C. 0.302 　　D. 0.602

【答案】C。

【解析】综合时间定额 =2500×0.30+3000×0.40+2800×0.20/（2500+3000+2800）=0.302。

2. 某项工作的工程量为300m^3，时间定额为0.5工日/m^3。如果每天安排2个工作班次、每班5个人完成该项工作，则其持续时间为（　　）天。

A. 5 　　B. 10 　　C. 15 　　D. 20

【答案】C。

【解析】工日数 =300×0.5=150工日/m^3，持续时间 =150/（2×5）=15天。

三、项目监理机构对施工进度计划的审查

【想对考生说】

该考点掌握施工进度计划审查的基本内容就可以了。这里就不再罗列这几项内容了，主要来看下历年是如何命题的，又设置了哪些干扰选项。

【历年这样考】

1.【2019年真题】项目监理机构对施工进度计划审核的主要内容有（　　）。

A. 施工进度计划应符合施工合同中工期的约定

B. 对施工进度计划执行情况的检查应符合动态要求

C. 施工顺序的安排应符合施工工艺要求

D. 施工人员、工程材料、施工机械等资源供应计划应满足施工进度计划的需要

E. 施工进度计划应符合建设单位提供的资金、施工图纸等施工条件

【答案】ACDE。

2.【2014年真题】项目监理机构对施工总进度计划审查的基本要求是（　　）。

A. 满足施工计划工期

B. 施工材料和设备供应合同已签订

C. 施工顺序的安排符合搭接要求

D. 主要工程项目无遗漏

【答案】D。

第四节　施工进度计划实施中的检查与调整

一、施工进度的动态检查

【考生必掌握】

施工进度的动态检查见表3-6-5。

施工进度的动态检查　　　　　　　　　　　　　　　表3-6-5

项目	具体内容
施工进度的检查方式	（1）定期地、经常地收集由承包单位提交的有关进度报表资料。 （2）由驻地监理人员现场跟踪检查建设工程的实际进展情况。 （3）由监理工程师定期组织现场施工负责人召开现场会议
施工进度的检查方法	主要方法是对比法。将经过整理的实际进度数据与计划进度偏差的大小数据进行比较，从中发现是否出现进度偏差以及进度偏差的大小

【历年这样考】

【2013年真题】施工进度计划实施中常用的检查方式是（　　）。

A. 不定期的现场实地抽查和监督

B. 召开施工单位负责人参加的现场会议

C. 定期收集工程绩效报表资料

D. 邀请建设单位管理人员面对面交流

【答案】B。

【还会这样考】

施工进度检查的主要方法是将经过整理的实际进度数据与计划进度偏差的大小数据进行比较，这样做的目的是（　　）。

A. 分析影响施工进度的原因

B. 掌握各项工作时差的利用情况

C. 提供计划调整和优化的依据

D. 发现是否出现进度偏差以及进度偏差的大小

【答案】D。

扫码学习

二、施工进度计划的调整

【考生必掌握】

施工进度计划的调整方法有两种：一是通过缩短某些工作的持续时间来缩短工期；二是通过改变某些工作间的逻辑关系来缩短工期。两种方法的特点前面已经讲过了，这里就不再阐述了。下面来学习缩短某些工作的持续时间来缩短工期的具体措施，如图3-6-4所示。

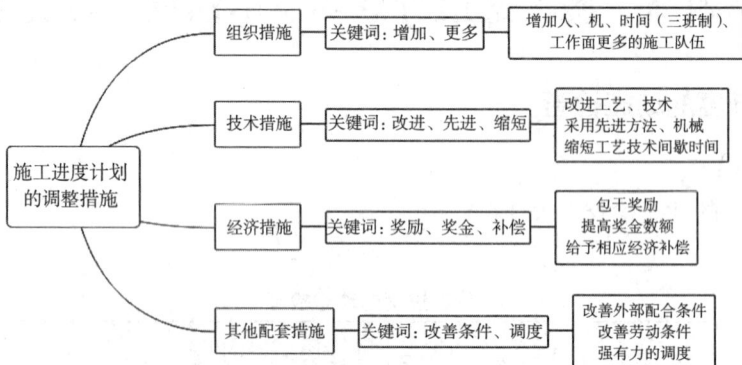

图3-6-4　施工进度计划的调整措施

【考生这样记】

组织要增加、技术需改进、奖励属经济、改善归配套。

【历年这样考】

1.【2022 年真题】调整施工进度计划可采取的组织措施是（　　）。

A. 增加工作面
B. 改善劳动条件

C. 改进施工工艺
D. 调整施工方法

【答案】A。

2.【2021 年真题】为了达到调整施工进度计划的目的，可采用的技术措施是（　　）。

A. 采用更先进的施工机械
B. 增加工作面

C. 实施强有力的调度
D. 增加施工队伍

【答案】A。

3.【2016 年真题】调整施工进度计划时，通过增加劳动力和施工机械的数量缩短某些工作持续时间的措施属于（　　）。

A. 经济措施
B. 技术措施

C. 组织措施
D. 合同措施

【答案】C。

【想对考生说】

考查题型只有两种：

一是题干中给出某项具体的调整措施，判断属于哪个类型的措施。

二是选项中给出某项具体的调整措施，判断属于哪个类型的措施。

【还会这样考】

1. 采用缩短某些工作持续时间的方法来调整施工进度计划的经济措施是（　　）。

A. 实行包干奖励
B. 增加工作面

C. 改进施工工艺
D. 增加劳动力

【答案】A。

2. 当建设工程实际进度拖后而需要调整施工进度计划时，可采取其他配套措施有（　　）。

A. 改善外部配合条件
B. 缩短工艺技术间歇时间

C. 改善劳动条件
D. 提高奖金数额

E. 实施强有力的调度

【答案】ACE。

<h1 style="text-align:center">第五节　工程延期</h1>

一、工程延期的申报与审批

采分点1　申报工程延期的条件

【想对考生说】

　　申报延期的条件包括5个，2019年在此考查了一道多项选择题，考生可以通过这道题目来学习这5个条件。

【历年这样考】

　　【2019年真题】下列导致工程拖期的原因或情形，监理工程师按合同规定可以批准工程延期的有（　　）。

　　A．异常恶劣的气候条件

　　B．属于承包单位自身以外的原因

　　C．工程拖期事件发生在非关键线路上，且延长的时间未超过总时差

　　D．工程拖期的时间超过其相应的总时差，且由分包单位原因引起

　　E．监理工程师对已隐蔽的工程进行剥离检查，经检查合格而拖期的时间

　　【答案】ABE。

　　【解析】申报延期的5个条件中，除了ABE项还包括：监理工程师发出工程变更指令而导致工程量增加；由业主造成的任何延误、干扰或障碍，如未及时提供施工场地、未及时付款等。

采分点2　工程延期的审批程序

【考生必掌握】

　　工程延期的审批程序如图3-6-5所示。

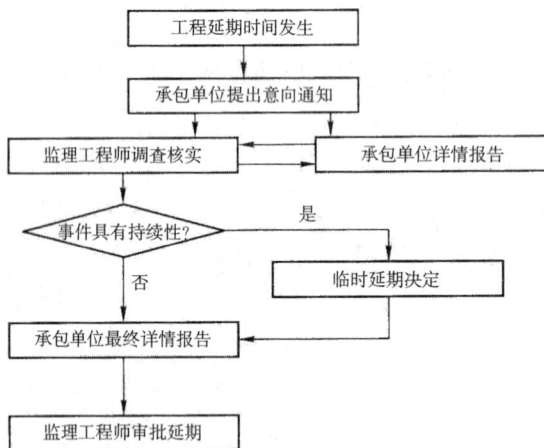

图3-6-5　工程延期的审批程序

工程延期审批程序中承包单位应提交的文件，如图3-6-6所示。

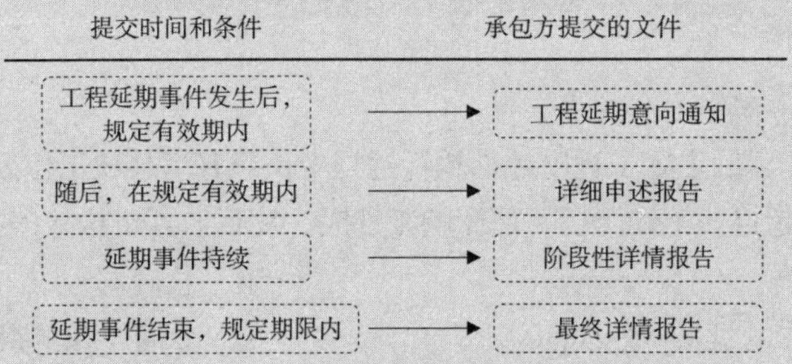

图 3-6-6　工程延期审批程序中承包单位应提交的文件

【历年这样考】

【2020年真题】当工程延期事件发生后，施工承包单位在合同约定的有效期内通知监理人的书面文件称为（　）。

A．工程延期调查报告　　　　　　　B．工程延期审核报告

C．工程延期意向通知　　　　　　　D．工程延期临时决定

【答案】C。

【还会这样考】

承包单位在合同规定的有效期内不能提交最终详细的申述报告时，应先向监理工程师提交（　）。

A．工程延期估计值　　　　　　　　B．阶段性的详情报告

C．延期意向通知书　　　　　　　　D．临时延期申请书

【答案】B。

采分点3　工程延期的审批原则

【考生必掌握】

工程延期的审批原则如图3-6-7所示。

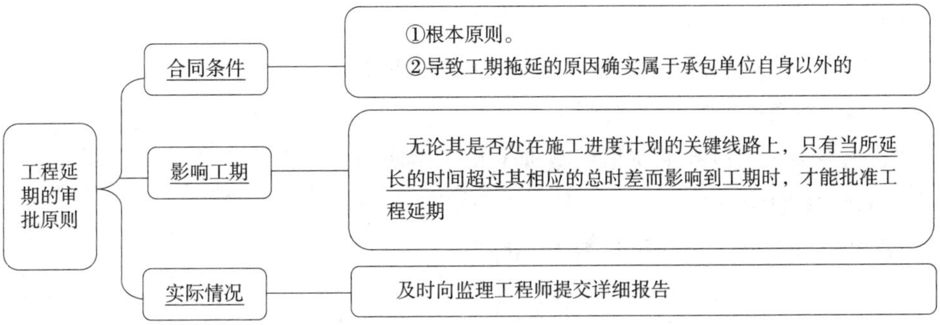

图 3-6-7　工程延期的审批原则

【想对考生说】

该采分点在历年考试中都是以单项选择题出现，会是判断正确与错误说法的综合题目，也会就某一句话单独成题。

【历年这样考】

1.【2018 年真题】施工进度计划执行过程中，只有当某项工作因非承包商原因造成持续时间延长超过该工作（　　）而影响工期时，项目监理机构才能批准工程延期。

A. 自由时差 　　　　　　　　　　B. 总时差

C. 紧后工作的最早开始时间 　　　D. 紧后工作的最早完成时间

【答案】B。

2.【2014 年真题】项目监理机构批准工程延期的基本原则是（　　）。

A. 项目监理机构对施工现场进行了详细考察和分析

B. 延期事件发生在非关键线路上，且延长时间未超过总时差

C. 工作延长的时间超过其相应总时差，且由承包单位自身原因引起

D. 延期事件是由承包单位自身以外的原因造成的

【答案】D。

【还会这样考】

关于工程延期审批原则的说法，正确的是（　　）。

A. 导致工期拖延确实属于承包单位的原因

B. 工程延期事件必须位于施工进度计划的关键线路上

C. 承包单位应在合同规定的有效期内以书面形式提出意向通知

D. 批准的工程延期必须符合实际情况

【答案】D。

二、工程延期的控制与工程延误的处理

【考生必掌握】

1. 工程延期的控制

（1）选择合适的时机下达工程开工令。

（2）提醒业主履行施工承包合同中所规定的职责。

（3）妥善处理工程延期事件。

（4）业主在施工过程中应尽量减少干预、多协调。

2. 工程延误的处理

工程延误处理的 3 个手段见表 3-6-6。

工程延误处理的 3 个手段   表 3-6-6

处理手段	应用
拒绝签署付款凭证	当承包单位的施工进度拖后且又不采取积极措施时采用这种手段
误期损失赔偿	承包单位未能按合同规定的工期和条件完成整个工程，则应向业主支付投标书附件中规定的金额，作为该项违约的损失赔偿费
取消承包资格	承包单位接到监理工程师的开工通知后，无正当理由而推迟开工时间，或在施工过程中无任何理由要求延长工期，施工进度缓慢，又无视监理工程师的书面警告等，都可以采用这种方式处罚

【想对考生说】

工程延期的控制如果考查的话会是多项选择题；工程延误的处理在考查时，一般会给出适用条件，判断采取的手段。

【历年这样考】

1.【2022 年真题】监理工程师对工程延误应采用的处理方式是（   ）。

A. 及时下达工程开工令   B. 妥善处理工期索赔事件

C. 拒绝签署付款凭证   D. 及时审批施工进度计划

【答案】C。

2.【2021 年真题】监理工程师在审批工程延期时间时，应根据（   ）来确定是否批准。

A. 工程延误时间   B. 合同规定

C. 承包单位赶工费用   D. 建设单位要求

【答案】B。

【还会这样考】

在建设工程施工阶段，为了减少或避免工程延期事件的发生，监理工程师应采取的措施有（   ）。

A. 选择合适的时机下达工程开工令

B. 及时提供工程设计图纸

C. 妥善处理工程延期事件

D. 业主在施工过程中应尽量减少干预、多协调

E. 提醒业主履行施工承包合同中所规定的职责

【答案】ACDE。

第六节　物资供应进度控制

一、物资供应计划的编制

【考生必掌握】

这部分内容主要从各物资供应计划的编制依据与作用或用途方面进行讲解，见表 3-6-7。

物资供应计划的编制　　　　　　　　　　　　表 3-6-7

物资供应计划		编制依据	作用（用途）
物资需求计划	一次性需求计划	整个工程项目及各分部、分项工程材料的需用量	主要用于组织货源和专用特殊材料、制品的落实
	各计划期需求计划	已分解的各年度施工进度计划，按季、月作业计划确定相应时段的需求量	主要用于组织物资采购、订货和供应
物资储备计划		物资需求计划、储备定额、储备方式、供应方式和场地条件等	为保证施工所需材料的连续供应而确定的材料合理储备
物资供应计划		需求计划、储备计划和货源资料等	组织指导物资供应工作
申请、订货计划		有关材料供应政策法令、预测任务、概算定额、分配指标、材料规格比例和供应计划	根据需求组织订货
采购、加工计划		需求计划、市场供应信息、加工能力及分布	组织和指导采购与加工工作
国外进口物资计划		设计选用进口材料所依据的产品目录、样本	组织进口材料和设备的供应工作

【想对考生说】

各需求计划的编制依据相互作为干扰选项。

【历年这样考】

1.【2023 年真题】物资供应计划完成后，申请、订货计划的编制依据是（　　）。

A. 材料供应政策法令　　　　　　　　B. 市场供应信息

C. 储备计划和货源资料　　　　　　　D. 加工能力及分布

【答案】A。

2.【2022 年真题】编制建设工程物资供应计划时，首先应考虑的是（　　）的平衡。

A. 数量　　　　　　　　　　　　　　B. 时间

C. 产销　　　　　　　　　　　　　　D. 供需

【答案】A。

3.【2020 年真题】在编制建设工程物资供应计划的准备阶段，项目监理机构必须明确的物资供应方式有（　　）。

A. 建设单位采购供应　　　　　　　　B. 施工单位自行采购

C. 设计单位指定采购　　　　　　D. 专门物资采购部门供应

E. 监理单位指定采购

【答案】ABD。

【还会这样考】

1. 关于物资需求计划的说法，正确的是（　　）。

A. 编制依据：概算文件、项目总进度计划

B. 组成内容：一次性需求计划和各计划期需求计划

C. 主要作用：确定材料的合理储备

D. 编制单位：各施工承包单位

【答案】B。

2. 物资供应计划是用来组织指导物资供应工作的计划，其编制依据主要包括（　　）。

A. 物资加工计划、物资订货计划　　　B. 物资采购计划、物资加工计划

C. 需求计划、储备计划　　　　　　　D. 物资申请计划、物资采购计划

【答案】C。

二、监理工程师控制物资供应进度的工作内容

【考生必掌握】

监理工程师控制物资供应进度的工作内容如图 3-6-8 所示。

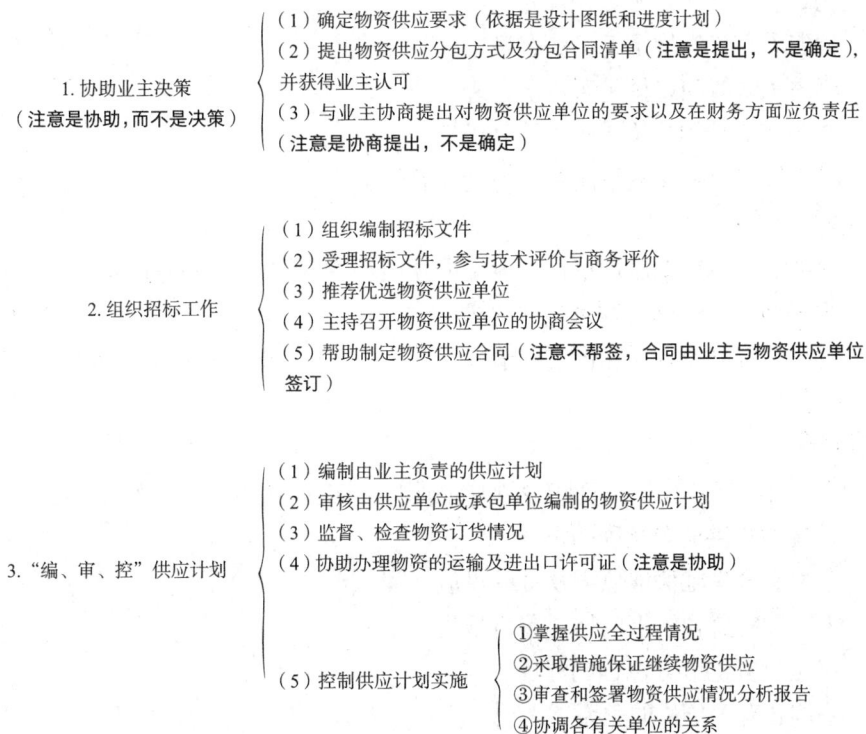

图 3-6-8　监理工程师控制物资供应进度的工作内容

【想对考生说】

这部分内容在考查时会从三个方向命题：

一是监理工程师控制物资供应进度的工作内容。

二是协助业主进行物资供应决策的工作内容。

三是组织物资供应招标工作的内容。

【历年这样考】

1.【2022年真题】监理工程师控制物资供应进度的工作内容有（　　）。

A. 进行物资供应决策　　　　　　　B. 参与投标文件的技术评价

C. 主持召开物资供应单位协商会议　　D. 签订物资供应合同

E. 审核和控制物资供应计划

【答案】BCE。

2.【2021年真题】监理工程师在协助业主进行物资供应决策时，应进行的工作是（　　）。

A. 编制物资供应招标文件　　　　　B. 提出物资供应分包方式

C. 确定物资供应单位　　　　　　　D. 签订物资供应合同

【答案】B。

3.【2021年真题】监理工程师审核物资供应计划的内容有（　　）。

A. 物资生产工人是否足额配置

B. 物资库存量安排是否经济合理

C. 物资采购时间安排是否经济合理

D. 物资供应计划与施工进度计划的匹配性

E. 物资供应紧张或不足使施工进度拖后的可能性

【答案】BCDE。

4.【2020年真题】监理单位受业主委托组织物资供应招标的工作内容是（　　）。

A. 根据施工条件确定物资供应要求　　B. 参与投标文件的技术评价

C. 提出物资分包方式和供应商清单　　D. 审核物资供应计划

【答案】B。

【还会这样考】

在建设工程实施阶段，监理工程师控制物资供应进度的工作内容包括（　　）。

A. 掌握物资供应全过程的情况

B. 采取有效措施保证急需物资的供应

C. 审查和签署物资供应情况分析报告

D. 确定物资供应分包合同清单

E. 协调各有关单位的关系

【答案】ABCE。